SAMMLUNG GÖSCHEN BAND 86

DIFFERENTIAL- UND INTEGRALRECHNUNG

von

DR. MARTIN BARNER
o. Prof. an der Universität Freiburg i. Br.

I
GRENZWERTBEGRIFF, DIFFERENTIALRECHNUNG

Zweite, durchgesehene Auflage

WALTER DE GRUYTER & CO.
vormals G. J. Göschen'sche Verlagshandlung · J. Guttentag, Verlagsbuchhandlung · Georg Reimer · Karl J. Trübner · Veit & Comp.
BERLIN 1963

Inhalt

Literatur

(Auswahl deutschsprachiger Lehrbücher)

Alexandroff, P. S., Einführung in die Mengenlehre und die Theorie der reellen Funktionen, Berlin 1956.

Aumann, G., Reelle Funktionen, Berlin 1954.

Courant, R., Vorlesungen über Differential- und Integralrechnung, Bd. I, 3. Aufl., Berlin 1955.

Duschek, A., Vorlesungen über Höhere Mathematik, Bd. I, 3. Aufl., Wien 1956.

Erwe, F., Differential- und Integralrechnung I, Mannheim 1962.

Haupt, O. — G. Aumann — C. Pauc, Differential- und Integralrechnung, Bd. I bis III, 2. Aufl., Berlin 1948, 1950 und 1955.

Landau, E., Einführung in die Differential- und Integralrechnung, Groningen-Batavia 1934.

Maak, W., Differential- und Integralrechnung, 2. Aufl., Göttingen 1960.

v. Mangoldt, H. — K. Knopp, Einführung in die Höhere Mathematik, Bd. I und II, 11. Aufl., Stuttgart 1958.

Ostrowski, A., Vorlesungen über Differential- und Integralrechnung, Bd. I und II, Basel 1945 und 1951.

Rothe, R., Höhere Mathematik, Teil I, 15. Aufl., Stuttgart 1958.

Smirnow, W. I., Lehrgang der Höheren Mathematik, Teil I, 2. Aufl., Berlin 1956.

Strubecker, K., Einführung in die Höhere Mathematik, Bd. I, München 1956.

Toeplitz, O. — G. Köthe, Die Entwicklung der Infinitesimalrechnung, Bd. I, Berlin 1949.

Vietoris, L. — G. Lochs, Vorlesungen über Differential- und Integralrechnung, Innsbruck 1951.

I. Eigenschaften der reellen Zahlen

Die Differential- und Integralrechnung beruht auf der Theorie der reellen Zahlen. — Mit den reellen Zahlen in Gestalt der Dezimalzahlen hat man in der Schule und im täglichen Leben umgehen gelernt. Daran wird hier erinnert. Um aber eine sichere Grundlage zu haben, werden in diesem Kapitel solche Eigenschaften der reellen Zahlen zusammengestellt und kurz erläutert, die das System der reellen Zahlen kennzeichnen. Es sind dies:

die Körpereigenschaften,
die Anordnungseigenschaften,
die Eigenschaft der Vollständigkeit.

Auf diese Eigenschaften lassen sich die weiteren Begriffsbildungen gründen und alle zu beweisenden Aussagen zurückführen.

Die Körpereigenschaften bestimmen das Rechnen mit den Zeichen $+$, $\cdot$, die Anordnungseigenschaften die Regeln für die Größer- und Kleinerbeziehungen $>$, $<$. Zur Erläuterung der Eigenschaft der Vollständigkeit gehen wir von einem für die Fragestellung charakteristischen Beispiel aus. Der Flächeninhalt des Einheitskreises, π, wird etwa so gewonnen, daß man alle möglichen, dem Einheitskreis einbeschriebenen n-Ecke und die Flächeninhalte dieser n-Ecke betrachtet. Unter all diesen Flächeninhalten gibt es natürlich keinen größten, denn zu einem n-Eck kann man durch Hinzunahme eines weiteren Eckpunktes ein $(n + 1)$-Eck mit größerem Inhalt angeben. Andererseits ist klar, daß die Inhalte all dieser n-Ecke nicht beliebig groß werden können, ihre Größe ist etwa durch den Inhalt des umbeschriebenen Quadrats, also durch die Zahl 4, nach oben beschränkt. Aber es wird auch kein Flächeninhalt eines einbeschriebenen n-Ecks die Zahl π erreichen. π ist also ebenfalls eine obere Schranke für die Inhalte der einbeschriebenen n-Ecke, und zwar die kleinste obere Schranke. Man wird die Zahl π als kleinste obere Schranke der Flächeninhalte aller dem Einheitskreis einbeschriebenen Vielecke definieren. Daß es unter allen oberen Schranken stets eine kleinste gibt, bezeichnet man als die Eigenschaft der Vollständigkeit der reellen Zahlen.

Der Leser mag diese Zusammenstellung der fundamentalen (und wie gesagt kennzeichnenden) Eigenschaften der reellen Zahlen als eine Zusammenfassung der Schul- und Lebenserfahrung oder als eine „axiomatische Festlegung“ des Systems der reellen Zahlen betrachten (vgl. I. 4. Bem. 1 und 3). — Die Übersicht über die Eigenschaften der reellen Zahlen wird hier noch durch Hinweis auf die natürlichen Zahlen in Verbindung mit der Beweismethode der vollständigen Induktion ergänzt.

1. Körpereigenschaften

Je zwei reellen Zahlen a, b ist eindeutig eine reelle Zahl $a + b$, ihre *Summe*, zugeordnet. Ebenso gehört zu a, b eindeutig die reelle Zahl $a \cdot b$, das *Produkt* von a und b. Diese Zuordnungen nennt man *Addition* bzw. *Multiplikation*. Es gelten:

Die Körpereigenschaften			
(1. a)	Addition	$a + b = b + a$	Kommutativgesetz
(1. b)		$a + (b + c) = (a + b) + c$	Assoziativgesetz
(1. c)		Es gibt eine Zahl 0, so daß für alle a gilt: $a + 0 = a$	Existenz der 0
(1. d)		Zu jedem a gibt es ein x, so daß gilt: $a + x = 0$	Lösbarkeit der Gleichung $a + x = 0$
(2. a)	Multiplikation	$a \cdot b = b \cdot a$	Kommutativgesetz
(2. b)		$a \cdot (b \cdot c) = (a \cdot b) \cdot c$	Assoziativgesetz
(2. c)		Es gibt eine von 0 verschiedene Zahl 1, so daß für alle a gilt: $a \cdot 1 = a$	Existenz der 1
(2. d)		Zu jedem $a \neq 0$ gibt es ein x, so daß gilt: $a \cdot x = 1$	Lösbarkeit der Gleichung $a \cdot x = 1$
(3)		$a \cdot (b + c) = a \cdot b + a \cdot c$	Distributivgesetz

Die folgenden Bemerkungen geben Ergänzungen zu den Körpereigenschaften und dienen zugleich als Beispiele dafür, wie sich rein formal aus den Körpereigenschaften weitere Aussagen ableiten lassen[1]).

Bemerkung 1: Es gibt genau eine Zahl 0 mit der Eigenschaft (1 . c); denn aus $a + 0 = a$ und $a + \bar{0} = a$ für alle a folgt speziell $\bar{0} + 0 = \bar{0}$ und $0 + \bar{0} = 0$ und daraus wegen des Kommutativgesetzes (1. a) $0 = \bar{0}$.

Bemerkung 2: Die Gleichung $a + x = 0$ in (1. d) hat genau eine Lösung. Gilt nämlich auch $a + y = 0$, so folgt $(a + y) + x = x$, und wegen $(a + y) + x = (a + x) + y = 0 + y = y$ also $y = x$. Dabei wurde das Kommutativ- und das Assoziativgesetz benutzt.

Die durch die Gleichung $a + x = 0$ zu jedem a eindeutig bestimmte Zahl x wird mit $-a$ bezeichnet. Statt $b + (-a)$ schreibt man auch $b - a$.

Die Gleichung $a + x = b$ mit gegebenem a und b besitzt die eindeutig bestimmte Lösung $x = b - a$. Das Auflösen der Gleichung $a + x = b$ bezeichnet man als *Subtraktion* und das Ergebnis als *Differenz* $b - a$.

Bemerkung 3: Entsprechend zu Bem. 1 und 2 zeigt man: Die Zahl 1 in (2. c) ist eindeutig bestimmt.

Die Gleichung $a \cdot x = 1$ mit $a \neq 0$ in (2. d) besitzt eine eindeutig bestimmte Lösung x, die mit $x = \frac{1}{a}$ oder mit $x = a^{-1}$ bezeichnet wird; statt $b \cdot \frac{1}{a}$ schreibt man auch $\frac{b}{a}$.

Die Gleichung $a \cdot x = b$ mit gegebenem a und b, wobei $a \neq 0$ ist, besitzt die eindeutig bestimmte Lösung $x = \frac{b}{a}$. Das Auflösen der Gleichung $a \cdot x = b$ bezeichnet man als *Division* und das Ergebnis $\frac{b}{a}$ als *Quotient*.

Bemerkung 4: Für jedes a gilt $a \cdot 0 = 0 \cdot a = 0$. Das folgt aus dem Distributivgesetz (3), wenn man dort $b = 0$ setzt. Umgekehrt kann $a \cdot b = 0$ nur dann gelten, wenn mindestens ein Faktor 0 ist. Wenn nämlich etwa $a \neq 0$ ist, folgt $\frac{1}{a} \cdot (a \cdot b) = \left(\frac{1}{a} \cdot a\right) \cdot b = b = 0$.

Die Gleichung $(-a) \cdot b = -a \cdot b$ ergibt sich so:
$0 = 0 \cdot b = (a + (-a)) \cdot b = a \cdot b + (-a) \cdot b$, d. h. $(-a) \cdot b$ ist Lösung der Gleichung $a \cdot b + x = 0$, also wegen der Eindeutigkeit der Lösung $(-a) \cdot b = -a \cdot b$.

[1]) Eine ausführliche Diskussion findet man zum Beispiel bei H. Hasse, Höhere Algebra I, Sammlung Göschen Band 931 (1957).

Durch nochmalige Anwendung dieses Schlusses folgt $(-a) \cdot (-b) = a \cdot b$.

Bemerkung 5: Zur Abkürzung setzt man $a \cdot a = a^2$, $a \cdot a \cdot a = a^3$. Entsprechend bezeichnet man ein Produkt mit n Faktoren a mit a^n. Statt $\frac{1}{a^m}$ (m eine natürliche Zahl) schreibt man auch a^{-m}. Man legt fest $a^0 = 1$. Statt $a \cdot b$ schreibt man einfach ab.

Wir verwenden weiterhin die Körpereigenschaften und die daraus folgenden Regeln, ohne darauf besonders zu verweisen.

2. Anordnungseigenschaften

Zwischen je zwei reellen Zahlen a, b besteht eine und nur eine der Relationen $a < b$, $a = b$, $b < a$. Es gelten:

Die Anordnungseigenschaften		
(a)	Aus $a < b$, $b < c$ folgt $a < c$	Transitivgesetz
(b)	Aus $a < b$ folgt $a + c < b + c$	Monotoniegesetz der Addition
(c)	Aus $a < b$, $0 < c$ folgt $ac < bc$	Monotoniegesetz der Multiplikation

Bemerkung 1: Statt $a < b$ (lies: a kleiner b) schreibt man auch $b > a$ (lies: b größer a). Es würde genügen, das Zeichen $<$ zu verwenden. Doch läßt sich die Bedeutung einer Aussage oft durch das eine der Zeichen besser hervorheben als durch das andere, da wir gewohnt sind, von links nach rechts zu lesen.

$a \leqq b$ (lies: a kleiner gleich b) drückt aus, daß entweder $a < b$ oder $a = b$ gilt. Wenn $a \leqq b$ nicht gilt, so ist $a > b$ und wenn $a > b$ nicht gilt, ist $a \leqq b$. — Sinngemäß verwendet man die Schreibweise $a \geqq b$ (lies: a größer gleich b).

Durch die Körpereigenschaften (1) ist die Zahl Null ausgezeichnet (vgl. I. 1, Bem. 1). Ist $a > 0$, so heißt die reelle Zahl a *positiv*, ist dagegen $a < 0$, so heißt die Zahl *negativ*.

Eine Beziehung der Art $a < b$ oder $a \leqq b$ nennt man *Ungleichung*, in gewissen Zusammenhängen auch *Abschätzung*. Statt Ungleichnng angeben sagt man auch *abschätzen*. Ist $a \leqq b$, so ist b durch a nach unten und a durch b nach oben abgeschätzt.

Auf Grund der Anordnungseigenschaften lassen sich die reellen Zahlen den Punkten einer Geraden, der sogenannten Zahlengeraden, zuordnen. Die Zahlengerade ist einem Maßstab vergleichbar, bei dem vom Nullpunkt ausgehend nach rechts die positiven Zahlen und nach links die negativen Zahlen in entsprechenden Abständen angetragen sind (siehe Fig. 1). $a < b$ bedeutet im Bild der Zahlengeraden, daß a links von b liegt; $a < b$ ist gleichwertig mit $b > a$, und dies bedeutet auf der Zahlengeraden: b liegt rechts von a. Ist $a < z < b$, so sagt man, z liegt *zwischen* a und b.

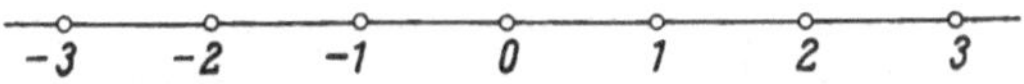

Fig. 1

In ihrer anschaulichen Deutung auf der Zahlengeraden verstehen sich die Gesetze (a) und (b) von selbst. Das Transitivgesetz (a) sagt aus: Wenn b rechts von a und c rechts von b liegt, so liegt auch c rechts von a (Fig. 2). Figur 2 veranschaulicht auch das Monotoniegesetz der Addition (b).

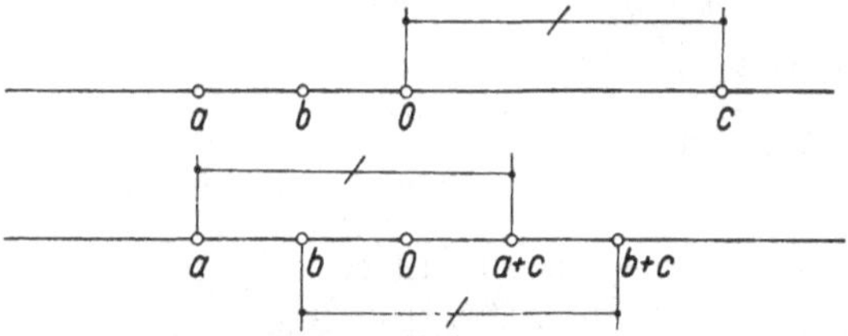

Fig. 2

Nach (b) ist $a < b$ gleichbedeutend mit $b - a > 0$ und $ac < bc$ gleichbedeutend mit $bc - ac > 0$. Somit können wir die Eigenschaft (c) auch wie folgt formulieren: Aus $b - a > 0$ und $c > 0$ folgt $(b - a)\,c = bc - ac > 0$. In dieser Formulierung sagt also das Monotoniegesetz der Multiplikation (c) aus, daß das Produkt zweier positiver Zahlen wieder positiv ist.

Wir weisen bei dieser Gelegenheit auf die prinzipielle Bedeutung anschaulicher Hilfsmittel, wie sie die Zahlengerade darstellt, hin. Die Größen und Begriffe, mit denen wir es zu tun haben, sind unabhängig von der Anschauung definiert; wir sind verpflichtet, alle Beweise unabhängig von der Anschauung zu führen. Trotzdem empfehlen wir die Verwendung von Figuren und anschaulichen Hilfsmitteln zur Orientierung; läßt doch eine solche Figur oft schon das Wesen des betrachteten Sachverhaltes erkennen.

Wir geben noch einige Regeln für das Rechnen mit Ungleichungen an; die Zurückführung dieser Regeln auf die Anordnungseigenschaften ist angedeutet.

Bemerkung 2: Aus $a < b$ folgt $-b < -a$. Man verwende das Monotoniegesetz der Addition (b) und setze dort $c = -a - b$.

Bemerkung 3: Aus $a < b$ und $c < 0$ folgt $bc < ac$. Nach Bem. 2 folgt aus $c < 0$ die Ungleichung $-c > 0$. Nach dem Monotoniegesetz der Multiplikation ist dann $a \cdot (-c) < b \cdot (-c)$ und daraus nach Bem. 2 $bc < ac$.

Bemerkung 4: Es ist $1 > 0$. Aus den Körpereigenschaften folgt $1 \neq 0$. Wäre $1 < 0$, so würde aus $a < b$ wegen $1 < 0$ folgen: $b \cdot 1 < a \cdot 1$ also $b < a$; dies widerspricht der Voraussetzung $a < b$. Also ist $1 < 0$ nicht richtig.

Bemerkung 5: Aus $a > 0$ folgt $\frac{1}{a} > 0$. Aus $a < b$ folgt $\frac{1}{b} < \frac{1}{a}$ bei $ab > 0$ und $\frac{1}{a} < \frac{1}{b}$ bei $ab < 0$.

Aufgabe 1: Man zeige: Liegt x zwischen a und b, $a \neq b$, dann gibt es zwei positive Zahlen α, β mit $\alpha + \beta = 1$, so daß $x = \alpha a + \beta b$ gilt. Läßt sich diese Aussage umkehren?

Aufgabe 2: Man beweise, daß für jede reelle Zahl $a \neq 0$ die Zahl a^2 positiv ist.

Aufgabe 3: Man zeige: a) Ist $a_1^2 + a_2^2 + \cdots + a_n^2 = 0$ für n reelle Zahlen $a_1, a_2, \ldots, a_n$, so ist $a_1 = 0, a_2 = 0, \ldots, a_n = 0$. b) Ist $a_1^2 + a_2^2 + \cdots + a_n^2 = a_0^2$ mit $a_0 > 0$, so ist $-a_0 \leqq a \leqq a_0$ für $i = 1, 2, \ldots, n$.

3. Eigenschaft der Vollständigkeit

Während in den Körper- und Anordnungseigenschaften Beziehungen zwischen zwei oder drei reellen Zahlen hergestellt werden, betrifft die Eigenschaft der Vollständigkeit *Mengen* reeller Zahlen (vgl. das folgende Kapitel). Dabei treten die folgenden Begriffsbildungen auf:

Nicht leer heißt eine Menge reeller Zahlen, wenn mindestens eine reelle Zahl der Menge angehört.

Nach oben beschränkt nennt man eine Menge reeller Zahlen, wenn es eine Zahl K gibt, so daß für alle reellen Zahlen x, die der Menge angehören, $x \leqq K$ ist; K heißt dann obere Schranke. Die Zahl ξ heißt kleinste obere Schranke, wenn für jede obere Schranke K der Menge $\xi \leqq K$ ist.

Für die reellen Zahlen gilt:

Die Eigenschaft der Vollständigkeit
Jede nicht leere, nach oben beschränkte Menge reeller Zahlen besitzt eine kleinste obere Schranke.

Aufgabe 1: Man zeige, daß die kleinste obere Schranke eindeutig bestimmt ist.

Als Grundlage für die weiteren Untersuchungen verwenden wir nur die genannten Eigenschaften der reellen Zahlen, die Körpereigenschaften, die Anordnungseigenschaften und die Eigenschaft der Vollständigkeit. Da das Rechnen mit reellen Zahlen geläufig ist, benützen wir Folgerungen aus den Körpereigenschaften ohne besonderen Hinweis. Auch an das Umgehen mit Ungleichungen werden wir uns bald so gewöhnt haben, daß Hinweise auf die Anordnungseigenschaften nicht mehr notwendig sind. Die Verwendung der Eigenschaft der Vollständigkeit wird jedoch ausdrücklich genannt werden.

4. Bemerkungen

1. Beim Rechnen mit reellen Zahlen spielen hauptsächlich die Körpereigenschaften eine Rolle; aber auch in anderen Bereichen der Mathematik treten dieselben Rechengesetze als charakteristische Eigenschaften einer gewissen Gesamtheit mathematischer Dinge auf. Diese Gleichartigkeit unter einem übergeordneten Gesichtspunkt zusammenzufassen, hat sich als wichtiges Prinzip in der modernen Mathematik erwiesen. Man spricht von einer mathematischen Struktur, die einer zugrundeliegenden, ursprünglich strukturlosen Menge aufgeprägt ist. In diesem Sinne versteht man unter einem *Körper* eine Menge von Dingen mit den folgenden

Eigenschaften: Es gibt in der Menge zwei Verknüpfungen; jede dieser Verknüpfungen ordnet je zwei Elementen der Menge eindeutig ein drittes Element der Menge zu. Man bezeichnet das den Elementen a, b in der einen Verknüpfung zugeordnete Element mit $a + b$, das in der anderen Verknüpfung zugeordnete Element mit $a \cdot b$. Es gelten dann für diese Verknüpfungen die Körpereigenschaften (siehe die Tabelle S. 6). *Die reellen Zahlen bilden einen Körper.* Außer diesem gibt es natürlich noch andere Körper, beispielsweise den der rationalen Zahlen (vgl. folgende Bem. 3).

Gibt es in einem Körper eine Beziehung, beschrieben durch das Zeichen $<$, der Art, daß für je zwei Elemente a, b des Körpers entweder $a < b$ oder $a = b$ oder $b < a$ gilt, und genügt diese Beziehung den Anordnungseigenschaften (siehe die Tabelle S. 8), so heißt der Körper angeordnet. *Die reellen Zahlen bilden einen angeordneten Körper.* Es gibt aber außer diesem noch andere angeordnete Körper, beispielsweise den der rationalen Zahlen.

Ohne Beweis[1]) geben wir das für die Kennzeichnung des Körpers der reellen Zahlen wichtige Ergebnis an: *Jeder beschränkt vollständige*[2]), *angeordnete Körper ist dem Körper der reellen Zahlen isomorph.* Das heißt, daß man die Elemente eines solchen Körpers den reellen Zahlen so eindeutig und umkehrbar eindeutig zuordnen kann, daß in dieser Zuordnung auch die Verknüpfungsoperationen und Anordnungsgesetze erhalten bleiben. (Sind also den Elementen $\bar{a}, \bar{b}, \bar{c}, \bar{d}$ die reellen Zahlen a, b, c, d zugeordnet, so gilt mit $\bar{a} + \bar{b} = \bar{c}$ auch $a + b = c$ und mit $\bar{a} \cdot \bar{b} = \bar{d}$ auch $a \cdot b = d$ und mit $\bar{a} < \bar{b}$ auch $a < b$.) Das bedeutet praktisch, daß das System der reellen Zahlen durch die angegebenen Eigenschaften voll gekennzeichnet wird.

2. Ist in einer Menge mathematischer Dinge eine Verknüpfung erklärt, die je zwei Elementen a, b der Menge wieder ein Element $a + b$ zuordnet, und erfüllt diese Verknüpfungsoperation die Gesetze (1) der Tabelle S. 6, so nennt man die Menge eine *Gruppe* und zwar genauer, wegen (1. a), eine *kommutative Gruppe.*

Die ganzen Zahlen, auch die rationalen und auch die reellen Zahlen bilden bezüglich der Addition eine kommutative Gruppe; die positiven rationalen Zahlen und auch die positiven reellen Zahlen bilden bezüglich der Multiplikation eine Gruppe.

---

[1]) Man vgl. etwa: G. Aumann, Reelle Funktionen, Berlin, Göttingen, Heidelberg 1954.

[2]) „Beschränkt vollständig" soll darauf hinweisen, daß die Existenz der kleinsten oberen Schranke für nach oben *beschränkte* Mengen gefordert wird.

Die Tabelle der Körpereigenschaften erlaubt dann die folgende Zergliederung: unter (1) sind die Gruppeneigenschaften bezüglich der Addition, unter (2) die Gruppeneigenschaften bezüglich der Multiplikation aufgeführt; das Distributivgesetz (3) betrifft beide Verknüpfungsoperationen gemeinsam.

3. Die Mathematik ist eine deduktive Wissenschaft. Man bemüht sich, von gewissen Voraussetzungen, die nicht bewiesen werden, den sogenannten Axiomen, ausgehend durch logische Folgerungen zu den Sätzen einer Theorie zu gelangen. In diesem Sinne kann man die Körper- und Anordnungseigenschaften und die Eigenschaft der Vollständigkeit als Axiome der reellen Zahlen betrachten.

Ein solcher axiomatischer Aufbau erfordert den Nachweis, daß es solche mathematischen Dinge, denen alle geforderten Eigenschaften zukommen, überhaupt gibt. Man kann diese Frage für das System der reellen Zahlen nicht durch den Hinweis erledigen — so berechtigt dieser ist —, daß man ja schon seit Jahrhunderten mit den reellen Zahlen in Form von Dezimalzahlen arbeitet und dabei nie auf Widersprüche stieß. Vielmehr muß man ein Modell, das die Axiome erfüllt, konstruieren.

Man geht von den *natürlichen Zahlen* 1, 2, 3, . . . aus. Damit die Addition umkehrbar wird, erweitert man den Bereich der natürlichen Zahlen zu dem System der *ganzen Zahlen* . . . , — 2, — 1, 0, 1, 2, . . . Damit die Multiplikation umkehrbar wird, geht man von den ganzen Zahlen zu den *rationalen Zahlen* (Brüche ganzer Zahlen) über. Es läßt sich leicht nachweisen, daß den rationalen Zahlen die Körper- und Anordnungseigenschaften zukommen. Die rationalen Zahlen besitzen jedoch nicht die Eigenschaft der Vollständigkeit.

(Man mache sich dies an Hand der Dezimalbruchdarstellung der reellen Zahlen klar. Die rationalen Zahlen werden — woran wir erinnern — durch abbrechende oder periodische Dezimalbrüche dargestellt. Der nicht abbrechende, nicht periodische Dezimalbruch 0,101001000100001 . . . stellt eine reelle Zahl dar, die sicher keine rationale Zahl ist. Diese Zahl ist kleinste obere Schranke der Menge der rationalen Zahlen 0,1, 0,101, 0,101001, 0,1010010001, . . . Man überlege sich, daß es unter den rationalen Zahlen zu jeder oberen Schranke dieser Menge eine noch kleinere obere Schranke der Menge gibt; daraus folgt, daß im Bereich der rationalen Zahlen eine kleinste obere Schranke dieser Menge nicht existiert.)

Um die rationalen Zahlen konstruktiv zum System der reellen Zahlen zu erweitern, gebraucht man Begriffsbildungen und

Methoden, die in den nächsten Kapiteln besprochen werden (Dedekindsche Schnitte (vgl. II. 3, Bem. 6), konzentrierte Folgen (vgl. IV. 3. 2) oder Intervallschachtelungen (vgl. IV. 3. 2. Bem. 2)). Man kann zusammenfassend sagen, daß eine „reelle Zahl" durch ein Menge bzw. Folge rationaler Zahlen erklärt wird. Es ist nachzuweisen[1]), daß die so erklärten „reellen Zahlen" die Körper- und Anordnungseigenschaften und auch die Eigenschaft der Vollständigkeit besitzen. Dieses Zahlsystem stellt dann also ein Modell für das zugrunde gelegte Axiomensystem dar.

Die Konstruktion eines Modells und die Herleitung der Sätze aus den Axiomen geschieht, wie wir schon sagten, durch logische Folgerungen. Diesen Begriff „logische Folgerung" haben wir nicht näher präzisiert, sondern nehmen an, daß er dem Leser geläufig ist. Von diesem Standpunkt aus ist der skizzierte Aufbau des Systems der reellen Zahlen befriedigend. Eine Präzisierung der logischen Hilfsmittel, die aus verschiedenen Gründen wünschenswert erscheint, wirft zahlreiche neue Probleme auf[2]).

4. *Die Methode des indirekten Beweises.* Es seien für diese Bemerkung a und b positive Zahlen.

Aus $a < b$ folgt nach dem Monotoniegesetz der Multiplikation nach Multiplikation mit a bzw. b: $a^2 < ab$, $ab < b^2$ und daraus nach dem Transitivgesetz $a^2 < b^2$. Wir haben also durch direkte Anwendung von Rechengesetzen aus $a < b$ gefolgert $a^2 < b^2$. Damit ist ein *direkter Beweis* dafür gegeben, daß aus $a < b$ folgt $a^2 < b^2$.

Wir wenden uns nun der Aufgabe zu, aus $a^2 < b^2$ auf $a < b$ zu schließen. Der oben durchgeführte Beweisgang läßt sich nicht einfach umkehren, da aus $a^2 < b^2$ nicht unmittelbar $a^2 < ab$ und auch nicht $ab < b^2$ gefolgert werden kann. Jedoch kann man durch die Methode des *indirekten Beweises* unter Verwendung derselben Beweisschritte wie oben zum Ziel gelangen. Hierbei schließt man so: Würde aus $a^2 < b^2$ nicht $a < b$, sondern $a \geqq b$ folgen, so wäre $a^2 \geqq ab$, $ab \geqq b^2$ und also $a^2 \geqq b^2$; dies ist aber ein Widerspruch zur Voraussetzung $a^2 < b^2$. Die Annahme, daß aus $a^2 < b^2$ die Aussage $a \geqq b$ folgt, kann also nicht richtig sein, da wir zu einem Widerspruch gelangen. Also folgt aus $a^2 < b^2$, wie behauptet, $a < b$.

---

[1]) Man vgl. etwa: E. Landau, Grundlagen der Analysis, Leipzig 1930. — O. Perron, Irrationalzahlen, Berlin 1960. — A. Vogel, Klassische Grundlagen der Analysis, Leipzig 1952.

[2]) Vgl. den Artikel „Grundlagen der Mathematik" von H. Hermes und W. Markwald in H. Behnke, K. Fladt, W. Süss, Grundzüge der Mathematik, Bd. 1, Göttingen 1958.

Logische Grundlage der indirekten Beweismethode ist der Satz vom ausgeschlossenen Dritten: Von zwei Aussagen, von denen die eine die Verneinung der anderen ist (kontradiktorische Aussagen), ist die eine richtig und die andere falsch.

Die indirekte Methode dient hauptsächlich zum Beweis begrifflicher Aussagen und ist dabei ein außerordentlich brauchbares Hilfsmittel (man vergleiche das folgende Kapitel). Rechnerische Aussagen lassen sich meist auch direkt beweisen; dies trifft auch für unser Beispiel, das wir zur Erläuterung verwendet haben, zu (vgl. die folgende Bem. 5). In I. 2, Bem. 4 wurde bereits ein indirekter Beweis angedeutet.

5. *Die Begriffe: notwendige Bedingung, hinreichende Bedingung.* Wir betrachten hier verschiedene Aussagen und beschäftigen uns mit den logischen Beziehungen, die zwischen diesen Aussagen bestehen.

Beispiel 1: Aussage (1): Es ist $a > 0$ und $b > 0$.
Aussage (2): Es ist $a + b > 0$.

Aus Aussage (1) folgt $a + b > b > 0$, d. h. es folgt die Aussage (2). Die Aussage (1) reicht also hin zum Beweis von (2). Man nennt deshalb (1) eine *hinreichende Bedingung* für (2): Dann, wenn (1) gilt, gilt auch (2).

Bisher hatten wir die Aussage (1) als Voraussetzung, die Aussage (2) als Folgerung betrachtet. Wir wollen jetzt klären, welche Bedeutung (2) für (1) hat.

(2) ist eine Folge von (1); (2) muß also immer dann gelten, wenn (1) gilt. Wenn (2) nicht richtig ist, so kann auch (1) nicht richtig sein; denn wäre (1) richtig, so müßte auch (2) richtig sein. Die Bedingung (2) ist also notwendig für die Richtigkeit von (1). Man nennt deshalb (2) eine *notwendige Bedingung* für (1): Nur dann, wenn (2) gilt, kann (1) gelten.

Beispiel 2: Es soll die Aussage:

(A) $a \cdot b > 0$

mit folgenden drei Aussagen

(B_1) $a > 0,\ b > 0,$
(B_2) $a \neq 0,$
(B_3) $a > 0,\ b > 0$ oder $a < 0,\ b < 0$

in Verbindung gebracht werden.

Aus (B_1) folgt (A) nach dem Monotoniegesetz der Multiplikation. Also ist (B_1) eine hinreichende Bedingung für (A). (B_1) ist aber nicht notwendig für (A), wie man durch ein *Gegenbeispiel* zeigt:

Mit $a = -1$ und $b = -1$ ist (A) richtig $((-1)\cdot(-1) > 0)$, während (B_1) nicht zutrifft.

Aus (A) folgt (B_2); denn $a = 0$ würde $a \cdot b = 0$ nach sich ziehen. (B_2) ist also notwendig erfüllt, wenn (A) gilt. (B_2) ist daher eine notwendige Bedingung für die Richtigkeit der Aussage (A). (B_2) ist aber nicht hinreichend für (A): Mit $a = -1$ und $b = 1$ ist zwar (B_2) erfüllt, jedoch (A) nicht richtig (es gilt nicht: $(-1)\cdot 1 > 0$).

Während (B_1) zwar hinreichend, aber nicht notwendig und (B_2) zwar notwendig, aber nicht hinreichend für die Richtigkeit von (A) ist, gilt jedoch: (B_3) ist notwendig *und* hinreichend für die Richtigkeit der Aussage (A). Der Beweis zerfällt in zwei Teile:

1. Aus (B_3) folgt (A), d. h. (B_3) ist hinreichend für (A). Bei $a > 0, b > 0$ ist $a \cdot b > 0$; bei $a < 0, b < 0$ ist $-a > 0, -b > 0$ und also $(-a)\cdot(-b) > 0$ und somit $a \cdot b > 0$.

2. Aus (A) folgt (B_3), d. h. (B_3) ist notwendig für (A). Zum Beweis machen wir die *Fallunterscheidung* $a = 0$, $a > 0$, $a < 0$. $a = 0$ erfüllt die Voraussetzung $a \cdot b > 0$ nicht; bei $a > 0$ folgt $\frac{1}{a} > 0$ und also $\frac{1}{a} \cdot ab > 0$, d. h. $b > 0$; bei $a < 0$ folgt $\frac{1}{a} < 0$ und also $\frac{1}{a} \cdot ab < 0$ und also $b < 0$. Aus der Aussage (A) folgt also entweder $a > 0, b > 0$ oder $a < 0, b < 0$, d. h. (B_3).

Wir fassen zusammen: (A) und (B) seien zwei Aussagen.

Es gelte: die Aussage (B) folgt aus (A).

Dann sagt man: (A) ist hinreichend für (B); (B) ist notwendig für (A); (B) gilt dann, wenn (A) gilt; (A) gilt nur dann, wenn (B) gilt.

Es gelte: Die Aussage (A) folgt aus (B) und die Aussage (B) folgt aus (A).

Dann sagt man: (A) ist notwendig und hinreichend für (B); (B) ist notwendig und hinreichend für (A); (B) gilt dann und nur dann, wenn (A) gilt; (A) gilt dann und nur dann, wenn (B) gilt; (A) gilt genau dann, wenn (B) gilt; die beiden Aussagen (A) und (B) sind gleichwertig; (A) und (B) sind äquivalente Aussagen; (A) heißt charakteristisch oder kennzeichnend für (B); (B) kennzeichnet oder charakterisiert (A).

Man beachte, daß der Beweis eines Satzes, der die Ausdrücke „notwendig und hinreichend“ bzw. „dann und nur dann“ enthält, immer in zwei Teile zerfällt: Teil 1: aus (A) folgt (B), Teil 2: aus (B) folgt (A).

5. Vollständige Induktion

In der Menge aller reellen Zahlen ist die Menge $\mathfrak{Z}$ der natürlichen Zahlen enthalten. Die natürlichen Zahlen lassen sich durch fortgesetzte Addition aus der Zahl 1 erzeugen. Die Menge $\mathfrak{Z}$ ist die kleinste[1]) Menge von reellen Zahlen mit den folgenden Eigenschaften: Die Zahl 1 gehört zu $\mathfrak{Z}$. Gehört die Zahl n zu $\mathfrak{Z}$, so gehört auch $n + 1$ zu $\mathfrak{Z}$.

Damit ist bereits der Gedankengang aufgezeigt, der der Beweismethode der *vollständigen Induktion* zugrunde liegt. Mit ihr zeigt man die Richtigkeit solcher Aussagen, die irgendwie von einer natürlichen Zahl n abhängen und für alle natürlichen Zahlen, von einer kleinsten n_0 an, gültig sind. Der Beweis erfolgt in zwei Schritten:

Schritt 1: Man beweist die Richtigkeit der Aussage für $n = n_0$.

Schritt 2: Man beweist, daß aus der Annahme, die Aussage sei richtig für die natürlichen Zahlen n mit $n_0 \leqq n \leqq k$, folgt, daß die Aussage auch für $k + 1$ gilt.

Nach dem Schritt 1 gilt die Aussage für $n = n_0$; nach dem Schritt 2 folgt dann die Gültigkeit für $n = n_0 + 1$ und bei nochmaliger Anwendung für $n = (n_0 + 1) + 1$ und nach m-facher Anwendung auch für $n = n_0 + m$. Man gelangt so nie zu einer letzten Zahl, denn aus der Gültigkeit der Aussage für alle natürlichen Zahlen n mit $n_0 \leqq n \leqq k$ folgt nach Schritt 2 auch die Gültigkeit für $n = k + 1$. Man schließt deshalb auf die Gültigkeit der Aussage für alle natürlichen Zahlen $n \geqq n_0$, indem man tatsächlich nur die beiden Schritte 1 und 2 durchführt. Man spricht deshalb auch von dem *Schluß von n auf n + 1.*

Es folgen Beispiele für die Beweismethode der vollständigen Induktion.

Beispiel 1: Die Aussage laute

$$1 + 3 + 5 + \cdots + (2n - 1) = n^2.$$

Die Richtigkeit dieser Aussage ist für $n \geqq 1$ $(n_0 = 1)$ zu erweisen

Schritt 1: Wir setzen $n = 1$; dann lautet die Aussage $1 = 1$.

[1]) d. h. jede Menge mit den beiden genannten Eigenschaften enthält $\mathfrak{Z}$.

Schritt 2: Aus der Aussage für $n = k$

$$1 + 3 + 5 + \cdots + (2k - 1) = k^2$$

folgt durch Addition von $(2k + 1)$ auf beiden Seiten der Gleichung:

$$1 + 3 + 5 + \cdots + (2k - 1) + (2k + 1) = k^2 + 2k + 1$$

und also: $1 + 3 + 5 + \cdots + (2(k + 1) - 1) = (k + 1)^2$, und dies ist unsere Aussage für $n = k + 1$.

Beispiel 2: Die Aussage laute

$$2^n > n^2$$

Diese Aussage ist für $n = 1$ $(2 > 1)$ richtig, nicht aber für $n = 2$ (nicht $4 > 4$), $n = 3$ (nicht $8 > 9$), $n = 4$ (nicht $16 > 16$). Die Richtigkeit der Aussage ist für $n \geqq 5$ $(n_0 = 5)$ zu erweisen.

Schritt 1: Für $n = 5$ ist tatsächlich $2^5 > 5^2$.

Schritt 2: Aus $2^k > k^2$ folgt zunächst $2^{k+1} > 2k^2 = k^2 + k^2$. Bei $k \geqq 3$ ist $k \geqq 3 > 2 + \frac{1}{k}$ wegen $1 > \frac{1}{k}$. Damit wird $k^2 + k^2 > k^2 + k\left(2 + \frac{1}{k}\right) = k^2 + 2k + 1 = (k + 1)^2$, also $2^{k+1} > (k + 1)^2$. Dies ist unsere Aussage für $n = k + 1$.

Anmerkung: Im Laufe der Rechnung zu Schritt 2 mußten wir die zusätzliche Voraussetzung $k \geqq 3$ machen. Wäre unsere Aussage für $k = 3$ richtig, so würde, wie unsere Überlegung zeigt, auch die Richtigkeit für $n = 4, 5, \ldots$ folgen. Tatsächlich ist aber unsere Aussage erst für $n = 5$ und damit, wie bewiesen, auch für $n > 5$ richtig. — Daß unsere Aussage zufällig auch für $n = 1$ richtig ist, nützt uns gar nichts, da der Schluß von n auf $n + 1$ erst für $n \geqq 3$ durchgeführt werden kann.

Beispiel 3: Die Bernoulli*sche Ungleichung* lautet

$$(1 + h)^n \geqq 1 + nh \qquad \text{bei } h > -1$$

Diese Ungleichung gilt für alle $n \geqq 1$.

Schritt 1: Es ist $(1 + h)^1 \geqq 1 + 1 \cdot h$. (Es gilt das Gleichheitszeichen.)

Schritt 2: Aus der Aussage für $n = k$: $(1 + h)^k \geqq 1 + kh$ folgt durch Multiplikation mit der positiven Zahl $(1 + h)$ die Beziehung $(1 + h)^{k+1} \geqq (1 + kh)(1 + h) = 1 + (k + 1)h + kh^2$ und wegen $kh^2 \geqq 0$ weiter $1 + (k + 1)h + kh^2 \geqq 1 + (k + 1)h$, also:

$(1 + h)^{k+1} \geqq 1 + (k + 1)h$; das ist unsere Aussage für $n = k + 1$.

Beispiel 4: Die Aussage laute: „Unter n ($n \geqq 2$) voneinander verschiedenen reellen Zahlen $a_1, a_2, \ldots, a_n$ gibt es stets eine größte."

Schritt 1: Für $n = 2$ folgt aus $a_1 \neq a_2$ entweder $a_1 < a_2$ oder $a_1 > a_2$; es ist entweder a_1 oder a_2 die größte der beiden Zahlen.

Schritt 2: Sei die Zahl a_i die größte unter den reellen Zahlen $a_1, a_2, \ldots, a_k$, d. h. es sei $a_l < a_i$ für $l = 1, 2, \ldots, k$, $l \neq i$. Da $a_{k+1} \neq a_i$ ist, gilt entweder $a_{k+1} < a_i$ oder $a_{k+1} > a_i$. Im ersten Fall folgt $a_l < a_i$ für $l = 1, 2, \ldots, k+1$, $l \neq i$, im zweiten Fall aber $a_l < a_{k+1}$ für $l = 1, 2, \ldots, k$. Also: Gibt es unter den k reellen Zahlen $a_1, a_2, \ldots, a_k$ eine größte, so auch unter den $k + 1$ Zahlen $a_1, a_2, \ldots, a_k, a_{k+1}$.

Aufgabe 1: Man beweise, daß es unter k nicht notwendig verschiedenen reellen Zahlen $a_1, a_2, \ldots, a_n$ stets eine Zahl a_i gibt, für die gilt: $a_1 \leqq a_i, a_2 \leqq a_i, \ldots, a_n \leqq a_i$.

Aufgabe 2: Man beweise die *binomische Formel*

$$(a + b)^n = a^n + \binom{n}{1} a^{n-1}b + \cdots + \binom{n}{n-1} ab^{n-1} + b^n .$$

Hierin sind die *Binomialkoeffizienten* $\binom{n}{m}$ durch

$$\binom{n}{0} = 1, \binom{n}{m} = \frac{n \cdot (n-1) \cdot (n-2) \cdot \cdots \cdot (n-m+1)}{1 \cdot 2 \cdot 3 \cdot \cdots \cdot m}$$

für alle natürlichen n und für $m = 1, 2, \ldots, n$ definiert. Beim Beweis verwende man, daß zwischen den Binomialkoeffizienten die Beziehungen bestehen:

$$\binom{k+1}{m} = \binom{k}{m-1} + \binom{k}{m} \qquad \text{für } m = 1, 2, \ldots, k .$$

Aufgabe 3: Durch vollständige Induktion beweise man für $q \neq 1$ die Formel:

$$1 + q + q^2 + \cdots + q^n = \frac{1 - q^{n+1}}{1 - q} .$$

Aufgabe 4: Es sei x eine reelle Zahl mit $0 < x < 1$. Durch die Vorschrift $x_1 = x$,

$$x_{n+1} = \frac{1}{n} (x_1 + x_2^2 + x_3^3 + \cdots + x_n^n), \qquad n = 1, 2, 3, \ldots$$

werden die Zahlen $x_1, x_2, x_3, \ldots$ bestimmt. Man zeige, daß $0 < x_n \leqq x$ für alle natürlichen Zahlen n gilt.

6. Archimedische Eigenschaft

Die Menge der natürlichen Zahlen ist nicht nach oben beschränkt. Den Beweis dieses Satzes führen wir indirekt (vgl. I. 4, Bem. 4). Wäre die Menge der natürlichen Zahlen nach oben beschränkt, so gäbe es auf Grund der Eigenschaft der Vollständigkeit eine kleinste obere Schranke ξ; für jede natürliche Zahl n wäre also $n \leqq \xi$. Wir zeigen die Unmöglichkeit dieser Annahme, indem wir folgern, daß es immer eine natürliche Zahl $n_1 > \xi$ gibt.

Es gibt eine natürliche Zahl n_0 mit $\xi - 1 < n_0$; sonst wäre ja mit ξ auch $\xi - 1$ obere Schranke der Menge der natürlichen Zahlen; wir hatten jedoch angenommen, ξ sei die kleinste obere Schranke. Aus $\xi - 1 < n_0$ folgt aber nun $\xi < n_0 + 1$, d. h. für die natürliche Zahl $n_0 + 1 = n_1$ ist $n_1 > \xi$. Somit kommen wir zu einer natürlichen Zahl $n_1 > \xi$ und damit zu einem Widerspruch zu der Annahme, ξ sei obere Schranke der Menge der natürlichen Zahlen. Die Menge der natürlichen Zahlen ist also, wie behauptet, nicht nach oben beschränkt.

Diese Aussage ist gleichwertig mit: *Zu den positiven reellen Zahlen a, b gibt es immer eine natürliche Zahl n, so daß $n \cdot a > b$ ist.* Andernfalls wäre ja $\frac{b}{a}$ obere Schranke für die Menge der natürlichen Zahlen. Man bezeichnet diesen Sachverhalt als *archimedische Eigenschaft* der reellen Zahlen.

Ferner zieht unsere Aussage den folgenden, für die Grenzwerttheorie wichtigen Satz nach sich: Wenn die nicht negative Zahl α die Ungleichung $\alpha < \frac{1}{n}$ für alle natürlichen Zahlen n erfüllt, so ist $\alpha = 0$. Wäre $\alpha \neq 0$, also $\alpha > 0$, so würde aus der Voraussetzung $\alpha < \frac{1}{n}$ folgen $n < \frac{1}{\alpha}$ für alle n; $\frac{1}{\alpha}$ wäre eine obere Schranke für die Menge der natürlichen Zahlen; eine solche Schranke gibt es aber nicht. Die Annahme $\alpha > 0$ hat zum Widerspruch geführt; es muß $\alpha = 0$ sein.

Aufgabe 1: Jede nach oben beschränkte Menge natürlicher Zahlen besteht aus endlich vielen natürlichen Zahlen (vgl. I. 5, Beisp. 4).

Aufgabe 2: Man zeige: Sind a und b reelle Zahlen mit $a < b$, so gibt es (mindestens) eine rationale Zahl r mit $a < r < b$. Man suche r unter den rationalen Zahlen $\frac{m}{n}$ (m ganze Zahl, n natürliche Zahl), wobei n so gewählt ist, daß $0 < \frac{1}{n} < b - a$ gilt.

II. Mengen reeller Zahlen

Der Mengenbegriff spielt heute in fast allen mathematischen Disziplinen eine fundamentale Rolle. Hier beschäftigen wir uns zwar mit Mengen reeller Zahlen und entnehmen die Beispiele diesem Bereich, doch erklären wir auch einige allgemein übliche Begriffsbildungen. Für den Aufbau der Differential- und Integralrechnung wichtiger sind jedoch die Begriffe, die an den Umgebungsbegriff gekoppelt sind und sich damit, von einem übergeordneten Gesichtspunkt aus, der mengentheoretischen Topologie unterordnen. Hier führen wir den Umgebungsbegriff auf die Anordnungseigenschaften der reellen Zahlen zurück.

Der Satz von Bolzano-Weierstraß ist für den Aufbau der Differential- und Integralrechnung von grundlegender Bedeutung. Er besagt, anschaulich gesprochen, daß unendlich viele Punkte, die in einem beschränkten Bereich eingeschlossen sind, sich an mindestens einer Stelle häufen müssen.

Für das Verständnis des Folgenden sind aus diesem Kapitel unbedingt erforderlich die Definitionen der Begriffe Intervall, Umgebung, Häufungspunkt und das Ergebnis des Satzes von Bolzano-Weierstraß. Für diesen Satz geben wir später in IV. 3, Bem. 5 noch einen zweiten einfacheren Beweis.

1. Definition und Beispiele

Wir nennen eine Gesamtheit reeller Zahlen eine *Menge*, wenn festgelegt ist, welche reellen Zahlen zu der Gesamtheit gehören und welche nicht. Die reellen Zahlen, die zu einer Menge gehören, heißen *Elemente* der Menge; nach Definition sind je zwei Elemente einer Menge voneinander verschieden. Auf die Problematik der Definition des Mengenbegriffs machen wir ausdrücklich aufmerksam und verweisen auf die Literatur[1]).

[1]) Vgl. etwa E. Kamke, Mengenlehre, Sammlung Göschen Bd. 999/999a, 1955, und die dort angegebene Literatur.

Mengen bezeichnen wir mit großen Frakturbuchstaben. Können wir eine Menge $\mathfrak{M}$ durch explizite Angabe ihrer Elemente festlegen, so bezeichnen wir diese Menge, indem wir ihre Elemente in Klammern $\{\ \}$ setzen (vgl. die folgenden Beisp. 1 und 4). Besteht eine Menge $\mathfrak{M}$ aus allen Elementen x, die eine bestimmte Eigenschaft P haben, so verwenden wir das Symbol $\mathfrak{M} = \{x \mid P\}$ (vgl. folgendes Beisp. 6).

Beispiel 1: $\mathfrak{B}_1$ bestehe aus den reellen Zahlen 3, 5, 7. Wir schreiben hierfür $\mathfrak{B}_1 = \{3, 5, 7\}$.

Beispiel 2: $\mathfrak{B}_2$ bestehe aus allen geraden Zahlen.

Beispiel 3: $\mathfrak{B}_3$ bestehe aus allen natürlichen Zahlen, die durch 3 teilbar sind.

Beispiel 4: $\mathfrak{B}_4$ bestehe aus den Zahlen $1, \frac{1}{2}, \frac{1}{3}, \frac{1}{4}, \ldots$. Hier und überall, wo in einer Aufzählung oder Formel ... erscheinen, muß durch die Angabe das allgemeine Bildungsgesetz eindeutig erkennbar sein; bei Anwendung dieser Schreibweise kommt man überein, die Aufzählung oder Formel nach diesem allgemeinen Bildungsgesetz zu ergänzen. Wir schreiben auch: $\mathfrak{B}_4 = \left\{1, \frac{1}{2}, \frac{1}{3}, \frac{1}{4}, \ldots\right\}$.

Beispiel 5: $\mathfrak{B}_5$ sei wie folgt festgelegt: Die Zahlen 1 und 2 gehören zur Menge $\mathfrak{B}_5$; ferner gehöre mit a und b auch die Zahl $\frac{1}{2}(a + b)$ und die Zahl $\frac{1}{2}\, a \cdot b$ zur Menge $\mathfrak{B}_5$. $\mathfrak{B}_5$ möge alle und nur die Zahlen enthalten, die sich so, von 1 und 2 ausgehend, erzeugen lassen.

Beispiel 6: Zur Menge $\mathfrak{B}_6$ gehören alle x mit $x > 0$ und $x^2 < 2$; $\mathfrak{B}_6 = \{x \mid x > 0 \text{ und } x^2 < 2\}$.

Wir vermehren die Beispiele durch Angabe solcher Mengen reeller Zahlen, die im folgenden immer wieder auftreten werden und denen wir deshalb eine besondere Bezeichnung zukommen lassen:

$\mathfrak{R}$ die Menge aller reellen Zahlen,

$\mathfrak{R}_0$ die Menge aller rationalen Zahlen,

$\mathfrak{Z}$ die Menge aller natürlichen Zahlen.

Die Menge aller reellen Zahlen x, die einer Ungleichung $a \leqq x \leqq b$ oder $a < x < b$ genügen, nennt man *Intervall*. Auf der Zahlengeraden entspricht einem Intervall die Gesamtheit der Punkte einer Strecke. Gehören die Endpunkte a, b mit zur Menge, so heißt das Intervall *abgeschlossen*; gehören sie nicht mit zur Menge, so heißt das Intervall *offen*. Ein offenes Intervall $x_0 - \varepsilon < x < x_0 + \varepsilon$ $(\varepsilon > 0)$ mit dem Mittelpunkt x_0 heißt *Umgebung* von x_0, in Zeichen $\mathfrak{U}(x_0)$; ist die positive Größe ε von Bedeutung, so sprechen wir von einer ε-Umgebung und schreiben $\mathfrak{U}_\varepsilon(x_0)$.

Es folgt eine Übersicht, die zugleich die Bezeichnungen definiert. (Durch die Klammern], [wird angedeutet, ob der betreffende Punkt zu dem Intervall gehört oder nicht.) Es ist $a < b$ vorausgesetzt:

$[a, b] = \{x \mid a \leqq x \leqq b\}$ abgeschlossenes Intervall 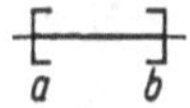

$[a, b[\; = \{x \mid a \leqq x < b\}$ (halboffenes Intervall) 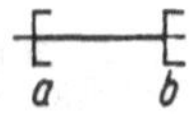

$]a, b] = \{x \mid a < x \leqq b\}$ (halboffenes Intervall) 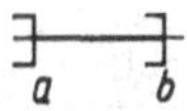

$]a, b[\; = \{x \mid a < x < b\}$ offenes Intervall 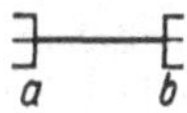

$\mathfrak{U}_\varepsilon(x_0) = \{x \mid x_0 - \varepsilon < x < x_0 + \varepsilon\}$ ε-Umgebung von x_0 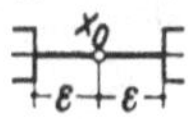

Bemerkung 1: Gelegentlich nennt man eine Menge $\mathfrak{V}$ auch dann schon Umgebung von x_0, wenn $\mathfrak{V}$ eine ε-Umgebung (in unserem Sinne) als Teilmenge (vgl. folgenden Abschnitt II. 2. 1) enthält. Die nachfolgenden Überlegungen sind auch bei Verwendung dieses allgemeineren Umgebungsbegriffs gültig. Doch wollen wir unter ε-Umgebung eines Punktes x_0 stets die Menge $\{x \mid x_0 - \varepsilon < x < x_0 + \varepsilon\}$ verstehen.

2. Aus der allgemeinen Mengenlehre

1. Wir sprechen hier zwar von Mengen reeller Zahlen und verwenden diese in den Beispielen; tatsächlich gehören aber die in diesem Abschnitt eingeführten Begriffsbildungen der

allgemeinen Mengenlehre an und sind unabhängig von den besonderen Eigenschaften der reellen Zahlen.

Gehört eine reelle Zahl x einer Menge $\mathfrak{M}$ an, so schreiben wir $x \in \mathfrak{M}$ (lies: x ist Element der Menge $\mathfrak{M}$, oder kurz: x aus $\mathfrak{M}$). $x \notin \mathfrak{M}$ (lies: x ist nicht Element der Menge $\mathfrak{M}$, oder kurz: x nicht aus $\mathfrak{M}$) drückt aus, daß x nicht zur Menge $\mathfrak{M}$ gehört.

Enthält eine Menge $\mathfrak{M}$ nur endlich viele Elemente, so wird die Menge $\mathfrak{M}$ *endlich* genannt. Gehören dagegen zu $\mathfrak{M}$ mehr als endlich viele Elemente, so heißt $\mathfrak{M}$ *unendlich*. In $\mathfrak{B}_1$ haben wir es mit einer endlichen, in den Mengen der anderen Beispiele mit unendlichen Mengen zu tun.

Abzählbar heißt eine unendliche Menge, wenn man ihre Elemente mit den natürlichen Zahlen durchnumerieren kann. Es besteht dann eine umkehrbar eindeutige Zuordnung zwischen den natürlichen Zahlen und den Elementen der Menge. Die Mengen $\mathfrak{B}_2$, $\mathfrak{B}_3$, $\mathfrak{B}_4$ sind abzählbare Mengen.

Aufgabe 1: Man zeige, daß die Menge $\mathfrak{B}_5$ abzählbar ist.

Bemerkung 1: *Die Menge aller rationalen Zahlen $\mathfrak{R}_0$ ist abzählbar.* Zum Beweis ordnen wir die positiven rationalen Zahlen in einem Schema an, an dem zu erkennen ist, daß eine Durchnumerierung erfolgen kann. Daß in diesem Schema rationale Zahlen mehrfach auftreten, stört die Betrachtung nicht; eine solche Zahl bekommt nur bei ihrem ersten Auftreten eine Nummer und wird im folgenden einfach ausgelassen; wichtig ist, daß jede rationale Zahl tatsächlich auftritt; dies erkennt man aber unmittelbar. Hier das Schema:

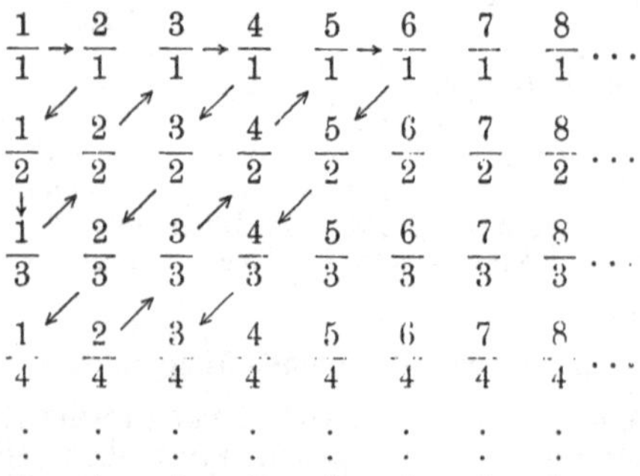

Die Durchnumerierung erfolgt in der Reihenfolge der Pfeile und erfaßt alle im Schema auftretenden, d. h. alle positiven rationalen Zahlen.

Bezeichnet man die positiven rationalen Zahlen entsprechend der angegebenen Abzählung mit $r_1, r_2, r_3, \ldots$, so erhält man eine Abzählung aller rationalen Zahlen folgendermaßen:

$$\mathfrak{R}_0 = \{0, r_1, -r_1, r_2, -r_2, r_3, -r_3, \ldots\}$$

2. Sind uns zwei Mengen $\mathfrak{M}_1$ und $\mathfrak{M}_2$ gegeben und ist jedes Element der Menge $\mathfrak{M}_1$ auch in $\mathfrak{M}_2$ enthalten, so heißt $\mathfrak{M}_1$ *Teilmenge* der Menge $\mathfrak{M}_2$; man schreibt hierfür $\mathfrak{M}_1 < \mathfrak{M}_2$ (lies: $\mathfrak{M}_1$ ist Teilmenge von $\mathfrak{M}_2$, oder kurz: $\mathfrak{M}_1$ enthalten in $\mathfrak{M}_2$). Man kann die Definition der Teilmenge also auch so fassen: Gilt für jedes x mit $x \in \mathfrak{M}_1$ auch $x \in \mathfrak{M}_2$, so ist $\mathfrak{M}_1$ Teilmenge von $\mathfrak{M}_2$. Nach Definition ist jede Menge Teilmenge von sich selbst. Eine Teilmenge $\mathfrak{M}_1$ heißt *echte Teilmenge* der Menge $\mathfrak{M}_2$, falls es ein Element x aus $\mathfrak{M}_2$ gibt, das nicht Element von $\mathfrak{M}_1$ ist. — Zwischen den eingangs genannten Mengen bestehen unter anderem die folgenden Beziehungen: $\mathfrak{Z} < \mathfrak{R}_0 < \mathfrak{R}$; $\mathfrak{B}_4 < \mathfrak{R}_0$; $\mathfrak{B}_1 < \mathfrak{Z}$. In allen Fällen handelt es sich um echte Teilmengen.

Aufgabe 2: Man beweise, daß jede Teilmenge einer abzählbaren Menge endlich oder abzählbar ist. Daraus folgere man mit Hilfe von I. 6, Aufg. 2 und II. 2, Bem. 1: Haben je zwei Intervalle einer Menge von Intervallen höchstens je einen Endpunkt gemeinsam, so ist die Menge abzählbar.

Ist $\mathfrak{M}_1 < \mathfrak{M}_2$ und auch $\mathfrak{M}_2 < \mathfrak{M}_1$, so ist jedes Element $x \in \mathfrak{M}_1$ auch Element von $\mathfrak{M}_2$ und umgekehrt jedes $y \in \mathfrak{M}_2$ auch Element von $\mathfrak{M}_1$. Man gelangt so zu der *Gleichheitsdefinition für Mengen:* Man schreibt $\mathfrak{M}_1 = \mathfrak{M}_2$, wenn sowohl $\mathfrak{M}_1 < \mathfrak{M}_2$ als auch $\mathfrak{M}_2 < \mathfrak{M}_1$ gilt.

Ist $\mathfrak{M}_1$ Teilmenge von $\mathfrak{M}_2$ und entfernen wir aus $\mathfrak{M}_2$ alle die Elemente, die zu $\mathfrak{M}_1$ gehören, so entsteht eine neue Menge, die man *Differenzmenge* nennt und mit $\mathfrak{M}_2 \setminus \mathfrak{M}_1$ bezeichnet. Beispielsweise ist die Differenzmenge $\mathfrak{Z} \setminus \mathfrak{B}_3$ die abzählbare Menge $\{1, 2, 4, 5, 7, 8, \ldots\}$. Für die Differenzmenge der beiden Intervalle $]0, 2]$ und $]0, 1[$ findet man $[1, 2]$.

Für jede Menge $\mathfrak{M}$ ist $\mathfrak{M} \setminus \mathfrak{M}$ eine Menge, die kein Element enthält; man nennt sie die *leere Menge* und bezeichnet sie mit $\emptyset$. Es gilt $\mathfrak{M} \setminus \mathfrak{M} = \emptyset$, $\mathfrak{M} \setminus \emptyset = \mathfrak{M}$.

Ist $\mathfrak{R}$ die Menge aller reellen Zahlen, so enthält $\mathfrak{R} \setminus \mathfrak{M}$ genau die reellen Zahlen, die nicht Elemente von $\mathfrak{M}$ sind. $\mathfrak{R} \setminus \mathfrak{M}$ nennt man *Komplementärmenge* der Menge $\mathfrak{M}$ (bezüglich der Menge der reellen Zahlen). Die Komplementärmenge der rationalen Zahlen ist die Menge der irrationalen Zahlen. Die Komplementärmenge der Menge aller x mit $x \leqq 0$ ist die Menge aller x mit $x > 0$. Die Komplementärmenge des Intervalls $[0, 1]$ ist die Menge aller x, für die entweder $x < 0$ oder $x > 1$ gilt.

Aufgabe 3: Man zeige, daß $\mathfrak{R} \setminus (\mathfrak{R} \setminus \mathfrak{M}) = \mathfrak{M}$ ist.

Unter der *Vereinigungsmenge* zweier Mengen $\mathfrak{M}_1$ und $\mathfrak{M}_2$ versteht man die Gesamtheit der Elemente, die zumindest einer der beiden Mengen $\mathfrak{M}_1$ oder $\mathfrak{M}_2$ angehören; man bezeichnet die Vereinigungsmenge mit $\mathfrak{M}_1 \cup \mathfrak{M}_2$. Die Bildung der Vereinigungsmenge ist nicht von der Reihenfolge von $\mathfrak{M}_1$ und $\mathfrak{M}_2$ abhängig: $\mathfrak{M}_1 \cup \mathfrak{M}_2 = \mathfrak{M}_2 \cup \mathfrak{M}_1$. Beispielsweise ist die Vereinigungsmenge der Mengen der rationalen und der Menge der irrationalen Zahlen die Menge $\mathfrak{R}$ aller reellen Zahlen. Als weiteres Beispiel geben wir die Beziehung an $[0, 2] \cup [1, 3[= [0, 3[$.

Aufgabe 4: Man zeige, daß $\mathfrak{M} \cup (\mathfrak{R} \setminus \mathfrak{M}) = \mathfrak{R}$ ist.

Der *Durchschnitt* der Mengen $\mathfrak{M}_1$ und $\mathfrak{M}_2$, in Zeichen $\mathfrak{M}_1 \cap \mathfrak{M}_2$ besteht aus allen Elementen, die sowohl zu $\mathfrak{M}_1$ als auch zu $\mathfrak{M}_2$ gehören; es ist $\mathfrak{M}_1 \cap \mathfrak{M}_2 = \mathfrak{M}_2 \cap \mathfrak{M}_1$. Beispiele: $\mathfrak{B}_1 \cap \mathfrak{B}_2 = \emptyset$, $\mathfrak{B}_1 \cap \mathfrak{B}_3 = \{3\}$, $[0, 2] \cap [1, 3] = [1, 2]$. Eine Menge $\mathfrak{M}$ und ihre Komplementärmenge $\mathfrak{R} \setminus \mathfrak{M}$ haben kein Element gemein, also ist $\mathfrak{M} \cap (\mathfrak{R} \setminus \mathfrak{M}) = \emptyset$.

Aufgabe 5: Man beweise: Jede der drei Aussagen (a) $\mathfrak{M}_1 < \mathfrak{M}_2$, (b) $\mathfrak{M}_1 \cap \mathfrak{M}_2 = \mathfrak{M}_1$, (c) $\mathfrak{M}_1 \cup \mathfrak{M}_2 = \mathfrak{M}_2$ zieht die beiden anderen nach sich. Es sind also insgesamt $3 \cdot 2 = 6$ Sätze zu beweisen. Man überlege sich, daß man mit 3 dieser 6 Beweise auskommt (*Ringschluß*).

3. Aus der Punktmengenlehre

1. Eine Menge $\mathfrak{M}$ reeller Zahlen heißt *nach oben beschränkt*, wenn es eine Zahl K der Eigenschaft gibt, daß für jedes $x \in \mathfrak{M}$ gilt $x \leqq K$; K heißt dann *obere Schranke* der Menge $\mathfrak{M}$.

Mit K ist natürlich auch jede größere Zahl obere Schranke der Menge $\mathfrak{M}$. Unter den oberen Schranken einer Menge $\mathfrak{M}$ gibt es nach der Eigenschaft der Vollständigkeit stets eine kleinste. Diese eindeutig bestimmte (I, 3, Aufg. 1) kleinste obere Schranke wird auch *obere Grenze* der Menge $\mathfrak{M}$ genannt. Man bezeichnet die kleinste obere Schranke einer nach oben beschränkten Menge mit $\overline{\text{fin}}\,\mathfrak{M}$ (oder mit $\sup \mathfrak{M}$; lies: Supremum von $\mathfrak{M}$).

Über die kleinste obere Schranke einer Menge $\mathfrak{M}$ beweisen wir den Satz: *In jeder Umgebung der kleinsten oberen Schranke ξ der Menge $\mathfrak{M}$ gibt es ein Element $x \in \mathfrak{M}$.*

Zum Beweis zeigen wir, daß es zu jedem $\varepsilon > 0$ ein $x \in \mathfrak{M}$ so gibt, daß $\xi - \varepsilon < x \leqq \xi$ ist. Gäbe es ein solches x nicht, so wäre für alle $x \in \mathfrak{M}$ nicht nur $x \leqq \xi$, sondern auch $x \leqq \xi - \varepsilon$, und also mit ξ auch $\xi - \varepsilon$ obere Schranke der Menge $\mathfrak{M}$. ξ sollte aber kleinste obere Schranke sein.

Bemerkung 1: Ist $\mathfrak{N} < \mathfrak{M}$, so ist $\overline{\text{fin}}\,\mathfrak{N} \leqq \overline{\text{fin}}\,\mathfrak{M}$. Wäre die Aussage nicht wahr, wäre also $\overline{\text{fin}}\,\mathfrak{M} < \overline{\text{fin}}\,\mathfrak{N}$, so gäbe es ein $x \in \mathfrak{N}$ mit $\overline{\text{fin}}\,\mathfrak{M} < x \leqq \overline{\text{fin}}\,\mathfrak{N}$; denn in jeder Umgebung von $\overline{\text{fin}}\,\mathfrak{N}$ liegt ein Element von $\mathfrak{N}$. Da jedes $x \in \mathfrak{N}$ auch Element von $\mathfrak{M}$ ist, so wäre $x \in \mathfrak{M}$ mit $\overline{\text{fin}}\,\mathfrak{M} < x$. Dies ist ein Widerspruch, da $\overline{\text{fin}}\,\mathfrak{M}$ obere Schranke von $\mathfrak{M}$ ist.

Die kleinste obere Schranke ξ einer Menge $\mathfrak{M}$ kann selbst Element der Menge sein (zum Beispiel die Zahl 7 in $\mathfrak{B}_1$, die Zahl 2 in $\mathfrak{B}_5$). Man nennt dann ξ das *größte Element* der Menge $\mathfrak{M}$ und schreibt $\xi = \max \mathfrak{M}$ (Maximum von $\mathfrak{M}$). Eine endliche Menge reeller Zahlen hat stets ein größtes Element.

Aufgabe 1: Man zeige, daß jede nach oben beschränkte Menge natürlicher Zahlen ein Maximum besitzt (vgl. I. 6, Aufg. 1).

Aufgabe 2: Man beweise, daß die kleinste obere Schranke ξ einer Menge $\mathfrak{M}$ durch die beiden Eigenschaften gekennzeichnet ist: 1. Für jedes $x \in \mathfrak{M}$ gilt $x \leqq \xi$. 2. Zu jedem $\varepsilon > 0$ gibt es ein $x \in \mathfrak{M}$ so, daß $\xi - \varepsilon < x \leqq \xi$ ist.

Aufgabe 3: Man zeige, daß 2 kleinste obere Schranke der Menge $\mathfrak{B}_5$ ist; 2 gehört dieser Menge an.

k heißt *untere Schranke* einer Menge $\mathfrak{M}$, wenn für alle $x \in \mathfrak{M}$ gilt $x \geqq k$. Aus der Eigenschaft der Vollständigkeit folgt: Eine nicht leere, nach unten beschränkte Menge $\mathfrak{M}$ besitzt eine *größte untere Schranke.* Zum Beweis verwenden wir die Menge $\overline{\mathfrak{M}} = \{y \mid y = -x \text{ mit } x \in \mathfrak{M}\}$. Ist $x \geqq k$ für jedes $x \in \mathfrak{M}$, so ist $y \leqq -k$ für jedes $y \in \overline{\mathfrak{M}}$. $\overline{\mathfrak{M}}$ ist also nach oben beschränkt. Es sei y_0 die kleinste obere Schranke der Menge $\overline{\mathfrak{M}}$. Dann ist $x_0 = -y_0$ die größte untere Schranke der Menge $\mathfrak{M}$. Die größte untere Schranke wird auch *untere Grenze* genannt und mit $\underline{\text{fin}}\, \mathfrak{M}$ bezeichnet (Man schreibt auch $\inf \mathfrak{M}$; lies: Infimum von $\mathfrak{M}$).

Ist die größte untere Schranke x_0 selbst Element der Menge $\mathfrak{M}$, so nennt man x_0 *kleinstes Element* der Menge $\mathfrak{M}$ und schreibt $x_0 = \min \mathfrak{M}$ (Minimum von $\mathfrak{M}$). Eine endliche Menge reeller Zahlen hat stets ein kleinstes Element.

Aufgabe 4: Man beweise: Ist $\mathfrak{N} < \mathfrak{M}$, so ist $\underline{\text{fin}}\, \mathfrak{N} \geqq \underline{\text{fin}}\, \mathfrak{M}$ (vgl. II. 3, Bem. 1).

Alle Aussagen, die wir über obere Schranken, obere Grenzen usw. machen können, gelten entsprechend auch für untere Schranken, untere Grenzen usw. Wir weisen darauf in Zukunft nicht mehr hin.

Ist eine Menge nach unten und nach oben beschränkt, so heißt sie kurz *beschränkt.* Die Mengen $\mathfrak{B}_1, \mathfrak{B}_4, \mathfrak{B}_5$ sind beschränkte Mengen. Auch Intervalle sind beschränkte Mengen. Für die Menge $\mathfrak{B}_4$ ist 0 die untere, 1 die obere Grenze, d. h. es ist $\underline{\text{fin}}\, \mathfrak{B}_4 = 0$, $\overline{\text{fin}}\, \mathfrak{B}_4 = 1$. Für das offene und auch für das abgeschlossene Intervall $]a, b[$ bzw. $[a, b]$ sind a bzw. b die untere bzw. die obere Grenze, also ist $\underline{\text{fin}}\, [a, b] = \underline{\text{fin}}\,]a, b[= a$, $\overline{\text{fin}}[a, b] = \overline{\text{fin}}]a, b[= b$.

2. Die Begriffsbildungen, denen wir uns jetzt zuwenden, sind für die Untersuchung der Struktur der Mengen reeller Zahlen von Bedeutung. Sie spielen damit auch in der Differential- und Integralrechnung eine wichtige Rolle, da deren tieferliegende Sätze aus solchen Strukturuntersuchungen folgen.

Auf der Zahlengeraden entsprechen den reellen Zahlen Punkte der Geraden. Es ist bequem, bei den folgenden Betrachtungen immer das Bild der Zahlengeraden vor Augen zu haben. Deshalb spricht man auch von Punktmengen und nennt reelle Zahlen auch Punkte.

Eine reelle Zahl x_0 heißt *innerer Punkt* der Menge $\mathfrak{M}$, wenn mit x_0 eine Umgebung von x_0 in $\mathfrak{M}$ enthalten ist.

Aufgabe 5: Man zeige: Jeder Punkt eines Intervalls außer den Endpunkten a, b ist innerer Punkt des Intervalls.

Eine reelle Zahl x_0 heißt *Häufungspunkt* einer Menge $\mathfrak{M}$, wenn jede Umgebung von x_0 noch (mindestens) ein von x_0 verschiedenes Element der Menge $\mathfrak{M}$ enthält. Wir betonen, daß es in der Definition des Häufungspunktes unwesentlich ist, ob x_0 Element der Menge $\mathfrak{M}$ ist oder nicht. Jeder innere Punkt einer Menge $\mathfrak{M}$ ist selbstverständlich auch Häufungspunkt der Menge $\mathfrak{M}$. Aber auch die Endpunkte eines Intervalls a, b sind Häufungspunkte des Intervalls. Die Zahl 0 ist Häufungspunkt der Menge $\mathfrak{B}_4$; 0 ist nicht Element dieser Menge.

Aufgabe 6: Man zeige, daß die Zahl 2 Häufungspunkt der Menge $\mathfrak{B}_5$ ist.

Aufgabe 7: Man zeige: Die kleinste obere Schranke $\overline{\text{fin}}\,\mathfrak{M}$ ist entweder Element der Menge $\mathfrak{M}$ oder Häufungspunkt von $\mathfrak{M}$ oder beides.

Aufgabe 8: Man zeige: Jede Umgebung eines Häufungspunktes ξ einer Menge $\mathfrak{M}$ enthält (sogar) unendlich viele Elemente der Menge.

Von besonderem Interesse sind nun solche Mengen, die nur aus inneren Punkten bestehen und solche, die alle ihre Häufungspunkte enthalten. Wir definieren:

Eine Menge, die nur aus inneren Punkten besteht, heißt *offene Menge.*

Nach II. 3, Aufgabe 5 ist ein offenes Intervall eine offene Menge. Auch die Umgebung $\mathfrak{U}(x_0)$ eines Punktes x_0 ist als offenes Intervall eine offene Menge.

Eine Menge heißt *abgeschlossen*, wenn alle Häufungspunkte der Menge Elemente der Menge sind.

Ein abgeschlossenes Intervall ist eine abgeschlossene Menge. Jeder Punkt des Intervalls ist Häufungspunkt der Menge; hier kommt es nur darauf an, daß die Endpunkte a, b des Intervalls mit zum Intervall gehören. Auch die Menge $\mathfrak{M} = \{x \mid x \geqq 0\}$ ist eine abgeschlossene Menge. Alle Elemente dieser Menge außer der Zahl 0 sind innere Punkte der Menge und damit auch Häufungspunkte der Menge, die zur Menge gehören. Die Zahl 0 ist nicht innerer Punkt der Menge, wohl aber Häufungspunkt der Menge, und gehört nach Definition von $\mathfrak{M}$ mit zur Menge. Weitere Häufungspunkte besitzt die Menge nicht. Die Mengen der Beispiele 1, 2, 3 aus II. 1 sind abgeschlossen.

Das Intervall $]a, b] = \{x \mid a < x \leqq b\}$ ist weder offen noch abgeschlossen. Es ist nicht offen, denn der Punkt b, der zur Menge gehört, ist nicht innerer Punkt der Menge. Es ist nicht abgeschlossen, denn der Punkt a ist Häufungspunkt der Menge, gehört aber nicht der Menge $]a, b]$ an. — Die Menge $\mathfrak{R}$ aller reellen Zahlen ist sowohl offen wie abgeschlossen, denn sie besteht nur aus inneren Punkten, und jeder Häufungspunkt der Menge ist selbst Element der Menge.

Die Begriffe offen bzw. abgeschlossen sind also keine kontradiktorischen Gegensätze. Daß ihre Gegenüberstellung trotzdem sinnvoll ist, zeigt der folgende Satz: *Die Komplementärmenge einer offenen Menge ist abgeschlossen, die Komplementärmenge einer abgeschlossenen Menge ist offen.*

Beweis: $\mathfrak{M}$ sei zunächst offen. Wir nehmen an, die Komplementärmenge $\mathfrak{R} \setminus \mathfrak{M}$ sei nicht abgeschlossen, es sei also ξ ein Häufungspunkt der Menge $\mathfrak{R} \setminus \mathfrak{M}$, der nicht in $\mathfrak{R} \setminus \mathfrak{M}$ liegt; dann liegt ξ in der ursprünglichen Menge $\mathfrak{M}$. Als Häufungspunkt von Elementen, die zu $\mathfrak{R} \setminus \mathfrak{M}$ und damit nicht zu $\mathfrak{M}$ gehören, kann aber ξ nicht innerer Punkt der Menge $\mathfrak{M}$ sein. Dies ist ein Widerspruch zu der Voraussetzung, die Menge $\mathfrak{M}$ sei offen.

Jetzt sei $\mathfrak{M}$ abgeschlossen, und wir nehmen an, die Komplementärmenge $\mathfrak{R} \setminus \mathfrak{M}$ sei nicht offen. Dann gibt es in $\mathfrak{R} \setminus \mathfrak{M}$ einen Punkt ξ, der nicht innerer Punkt der Menge $\mathfrak{R} \setminus \mathfrak{M}$ ist. In jeder Umgebung dieses Punktes gibt es demnach ein Element, das nicht zu $\mathfrak{R} \setminus \mathfrak{M}$ und somit zu $\mathfrak{M}$ gehört. ξ ist also Häufungspunkt der Menge $\mathfrak{M}$, gehört aber nicht der Menge $\mathfrak{M}$ an. Dies ist ein Widerspruch zu der Voraussetzung, daß $\mathfrak{M}$ abgeschlossen ist.

Bei diesem Beweis wurde stillschweigend vorausgesetzt, daß $\mathfrak{M}$ eine echte Teilmenge der Menge aller reellen Zahlen $\mathfrak{R}$ ist. $\mathfrak{R}$ ist sowohl offen als auch abgeschlossen. Der ausgesprochene Satz ist auch für die Menge $\mathfrak{M} = \mathfrak{R}$ richtig, wenn wir die Komplementärmenge von $\mathfrak{R}$, dies ist die leere Menge $\mathfrak{R} \setminus \mathfrak{R} = \emptyset$, sowohl zu den offenen als auch zu den abgeschlossenen Mengen rechnen. Diese Übereinkunft steht nicht im Widerspruch zu den Definitionen der offenen bzw. der abgeschlossenen Menge. Die leere Menge enthält keine Elemente, und man kann ihr deshalb diese beiden Eigenschaften widerspruchsfrei zuordnen.

Aufgabe 8: Man zeige: Die einzige nicht leere Menge reeller Zahlen, die zugleich offen und abgeschlossen ist, ist die Menge $\mathfrak{R}$ aller reellen Zahlen.

Eine beschränkte und abgeschlossene Menge wird *kompakt*, oder auch ein *Kompaktum* genannt. Ein abgeschlossenes Intervall ist ein einfaches Beispiel für ein Kompaktum; auch die Vereinigungsmenge endlich vieler abgeschlossener Intervalle ist ein Kompaktum.

Nach der Eigenschaft der Vollständigkeit besitzt ein nicht leeres Kompaktum $\mathfrak{M}$ als beschränkte Menge eine kleinste obere Schranke $\overline{\text{fin}}\,\mathfrak{M} = M$ und eine größte untere Schranke $\underline{\text{fin}}\,\mathfrak{M} = m$. M und m sind Elemente der Menge $\mathfrak{M}$. Wäre $M \notin \mathfrak{M}$, so wäre M als kleinste obere Schranke Häufungspunkt von $\mathfrak{M}$ (vgl. II. 3, Aufg. 7) und somit müßte wegen der vorausgesetzten Abgeschlossenheit M doch Element der Menge sein. Also ist $M = \max \mathfrak{M}$ das Maximum und $m = \min \mathfrak{M}$ das Minimum von $\mathfrak{M}$. Wir heben hervor: *Ein nicht leeres Kompaktum besitzt ein Maximum M und ein Minimum m.*

Bemerkung 2: x_0 heißt *Randpunkt* einer Menge $\mathfrak{M}$, wenn es in jeder Umgebung von x_0 (mindestens) einen Punkt gibt, der zu $\mathfrak{M}$ und (mindestens) einen Punkt gibt, der nicht zu $\mathfrak{M}$ gehört. x_0 selbst ist hierbei nicht ausgenommen, wie dies bei der Definition des Häufungspunktes der Fall war. In der Definition des Begriffs Randpunkt sind die beiden Mengen, $\mathfrak{M}$ selbst und die Komplementärmenge $\mathfrak{R} \setminus \mathfrak{M}$, gleichberechtigt beteiligt. Ist also x_0 Randpunkt von $\mathfrak{M}$, so auch für $\mathfrak{R} \setminus \mathfrak{M}$ und umgekehrt. Die Endpunkte eines Intervalls sind Randpunkte dieser Menge.

Es sei x_0 Randpunkt von $\mathfrak{M}$ und $x_0 \notin \mathfrak{M}$. Dann ist x_0 Häufungspunkt von $\mathfrak{M}$. Denn in jeder Umgebung von x_0 liegt dann ein Punkt aus $\mathfrak{M}$, der von x_0 verschieden ist.

Es sei $\bar{x}_0$ Häufungspunkt von $\mathfrak{M}$ und $\bar{x}_0 \notin \mathfrak{M}$. Dann ist $\bar{x}_0$ Randpunkt von $\mathfrak{M}$. Denn in jeder Umgebung von $\bar{x}_0$ liegt dann ein Punkt aus $\mathfrak{M}$ und der Punkt $\bar{x}_0$, der nicht zu $\mathfrak{M}$ gehört.

Daraus folgt: *Eine Menge $\mathfrak{M}$ enthält dann und nur dann alle ihre Häufungspunkte, wenn alle ihre Randpunkte Elemente von $\mathfrak{M}$ sind.* Demnach kann man die Definition des Begriffs abgeschlossene Menge auch so fassen: *Eine Menge heißt abgeschlossen, wenn sie alle ihre Randpunkte enthält.*

Bemerkung 3: Ist x_0 Element der Menge $\mathfrak{M}$, so ist x_0 entweder innerer Punkt von $\mathfrak{M}$ oder Randpunkt von $\mathfrak{M}$. Denn entweder gibt es eine Umgebung von x_0, die in $\mathfrak{M}$ enthalten ist — x_0 ist innerer Punkt von $\mathfrak{M}$ —, oder jede Umgebung von x_0 enthält einen Punkt, der nicht zu $\mathfrak{M}$ gehört (und einen Punkt, nämlich x_0, der zu $\mathfrak{M}$ gehört) — x_0 ist Randpunkt von $\mathfrak{M}$.

Bemerkung 4: Ist x_0 Randpunkt von $\mathfrak{M}$ und $x_0 \in \mathfrak{M}$, so kann x_0 Häufungspunkt von $\mathfrak{M}$ sein; es ist aber auch möglich, daß es eine Umgebung von x_0 gibt, die außer x_0 keinen Punkt der Menge $\mathfrak{M}$ enthält. Man nennt dann x_0 *isolierten Punkt* der Menge $\mathfrak{M}$. Die Mengen $\mathfrak{B}_1$, $\mathfrak{B}_2$, $\mathfrak{B}_3$ sind abgeschlossen, und alle ihre Elemente sind isolierte Punkte dieser Mengen. Die Menge $\mathfrak{B}_4$ ist nicht abgeschlossen, besteht aber ebenfalls nur aus isolierten Punkten.

3. Auf dem Satz von Bolzano-Weierstraß beruhen grundsätzliche Überlegungen der Grenzwerttheorie und damit auch der Differential- und Integralrechnung: *Jede unendliche beschränkte Menge reeller Zahlen besitzt mindestens einen Häufungspunkt.*

Bevor wir in den Beweis dieses Satzes eintreten, erläutern wir ihn im Bild der Zahlengeraden. Es sei k untere und K obere Schranke der Menge; der gesuchte Häufungspunkt liegt dann in dem Intervall $[k, K]$. Zwischen k und K gibt es nach Voraussetzung unendlich viele Punkte der Menge. Wir unterteilen das Intervall in zwei Teilintervalle gleicher Länge und sind dann sicher, daß zumindest in einem der beiden Teilintervalle unendlich viele Elemente der Menge liegen. Indem man ein solches Teilintervall herausgreift und das Verfahren fortsetzt, gelangt man zu einer „Intervallschachtelung,“ die sich auf einen Punkt, den nachzuweisenden Häufungspunkt, zusammenzieht. Wir werden dieses Verfahren später zu einem Beweis ausbauen (vgl. IV. 3, Bem. 5).

Hier führen wir einen Beweis des Satzes unter direkter Verwendung der Eigenschaften der reellen Zahlen (Kap. I); hauptsächlich wird die Eigenschaft der Vollständigkeit gebraucht werden.

Ausgangsmenge sei die Menge $\mathfrak{M}$; für jedes $x \in \mathfrak{M}$ gilt $k \leqq x \leqq K$. Zu der Menge $\mathfrak{M}$ konstruieren wir eine Menge $\mathfrak{A}$, von deren kleinster oberer Schranke wir zeigen werden, daß sie Häufungspunkt der Ausgangsmenge $\mathfrak{M}$ ist. Wir legen fest: die reelle Zahl z (aus $\mathfrak{M}$ oder nicht aus $\mathfrak{M}$) gehört zur Menge $\mathfrak{A}$, falls höchstens endlich viele Elemente x der Menge $\mathfrak{M}$ kleiner als z sind; andernfalls gehört z nicht zur Menge $\mathfrak{A}$. Nach dieser Definition gehört mit z auch jede kleinere Zahl zur Menge $\mathfrak{A}$, und wenn y nicht zur Menge $\mathfrak{A}$ gehört, so ist auch jede Zahl, die größer als y ist, nicht Element von $\mathfrak{A}$. Da k zu $\mathfrak{A}$ gehört, ist $\mathfrak{A}$ nicht leer; da die Menge $\mathfrak{M}$ unendlich viele Elemente enthält, gehört K nicht zu $\mathfrak{A}$; folglich ist die Menge $\mathfrak{A}$ nach oben beschränkt und besitzt also nach der Eigenschaft der Vollständigkeit eine kleinste obere Schranke ξ. In jeder Umgebung der kleinsten oberen Schranke ξ der Menge $\mathfrak{A}$ gibt es ein Element z aus $\mathfrak{A}$.

Wir wollen hier beweisen, daß ξ Häufungspunkt der Ausgangsmenge $\mathfrak{M}$ ist. Den Beweis führen wir indirekt. Wäre ξ nicht Häufungspunkt der Menge $\mathfrak{M}$, so gäbe es eine ε-Umgebung $\mathfrak{U}_\varepsilon(\xi)$, in der (außer vielleicht ξ) kein Element der Menge $\mathfrak{M}$ liegt. In dieser Umgebung gibt es aber, wie in jeder Umgebung von ξ, ein Element $z \in \mathfrak{A}$. Nach Definition der Menge $\mathfrak{A}$ existieren nur endlich viele Elemente von $\mathfrak{M}$, die kleiner als z sind. Da nun unter unserer Annahme in der Umgebung $\mathfrak{U}_\varepsilon$, d. h. auch zwischen z und $\xi + \varepsilon$, höchstens der Punkt ξ zur Menge $\mathfrak{M}$ gehört, gäbe es ebenso wie zu z

auch zu $\xi + \varepsilon$ nur endlich viele Elemente von $\mathfrak{M}$, die kleiner als $\xi + \varepsilon$ sind. Somit wäre $\xi + \varepsilon$ Element von $\mathfrak{A}$ und ξ also nicht, wie vorausgesetzt, obere Schranke von $\mathfrak{A}$. Unsere Annahme, daß ξ kein Häufungspunkt der Menge $\mathfrak{M}$ ist, hat zu einem Widerspruch geführt. Die Annahme war falsch; ξ ist Häufungspunkt von $\mathfrak{M}$.

Aufgabe 9: Man zeige: ξ ist der kleinste der möglichen Häufungspunkte der Menge $\mathfrak{M}$.

Bemerkung 5: *Die* Heine-Borel*sche Überdeckungseigenschaft.* Ist jedem Element $x \in \mathfrak{M}$ eine Umgebung $\mathfrak{U}(x)$ zugeordnet, so entsteht eine Menge von Mengen, die wir *Mengenfamilie* nennen wollen. Wir sagen weiter, die Mengenfamilie überdecke eine andere Menge $\mathfrak{N}$, wenn jedes $x \in \mathfrak{N}$ in mindestens einer Menge der Mengenfamilie liegt. Insbesondere wird natürlich die Menge $\mathfrak{M}$ selbst von der Mengenfamilie überdeckt. Wir wenden uns der Frage zu: Kann man aus $\mathfrak{M}$ eine endliche Teilmenge so auswählen, daß die endlich vielen Umgebungen, die den Elementen dieser Menge zugeordnet sind, $\mathfrak{M}$ selbst überdecken? $\mathfrak{M}$ heißt dann (durch die Mengenfamilie) endlich überdeckbar. Hat *jede* Familie von Umgebungen der Elemente von $\mathfrak{M}$ diese Eigenschaft, so sagt man, $\mathfrak{M}$ habe die Heine-Borel*sche Eigenschaft.*

Wir zeigen: $\mathfrak{M}$ *hat dann und nur dann die* Heine-Borel*sche Eigenschaft, wenn* $\mathfrak{M}$ *kompakt ist.* Die kompakten Mengen reeller Zahlen sind also auch durch die Heine-Borelsche Eigenschaft charakterisiert, eine Eigenschaft, die bei manchen Fragen der Differential- und Integralrechnung unmittelbar gebraucht werden kann.

1. Zuerst beweisen wir: Ist $\mathfrak{M}$ kompakt, so besitzt $\mathfrak{M}$ die Heine-Borelsche Eigenschaft. Als Kompaktum besitzt $\mathfrak{M}$ ein Minimum m und ein Maximum M. Für jede reelle Zahl z bilden wir die Teilmenge $\mathfrak{M}_z < \mathfrak{M}$, die aus all den Elementen $x \in \mathfrak{M}$ besteht, für die $x \leqq z$ ist, also die Menge

$$\mathfrak{M}_z = \{x \mid x \in \mathfrak{M}, x \leqq z\}.$$

Nehmen wir an, $\mathfrak{M}$ habe die Heine-Borelsche Eigenschaft nicht, so wäre $\mathfrak{M}$ durch eine gewisse Mengenfamilie nicht endlich überdeckbar. Dann wäre zwar $\mathfrak{M}_m$ durch diese Mengenfamilie endlich überdeckbar (da $\mathfrak{M}_m$ nur das eine Element m enthält), nicht aber die Menge $\mathfrak{M}_M = \mathfrak{M}$.

Betrachten wir nun die neue Menge $\mathfrak{A}$, die aus allen reellen Zahlen z besteht, für die $\mathfrak{M}_z$ endlich überdeckbar ist:

$$\mathfrak{A} = \{z \mid \mathfrak{M}_z \text{ endlich überdeckbar}\}.$$

$\mathfrak{A}$ ist nicht leer, da m zu $\mathfrak{A}$ gehört. Unsere Annahme, $\mathfrak{M}$ sei nicht endlich überdeckbar, besagt, daß $\mathfrak{A}$ nach oben beschränkt ist; denn mit $\mathfrak{M}$ ist auch $\mathfrak{M}_z$ für $z \geqq M$ nicht endlich überdeckbar, da für $z \geqq M$ gilt $\mathfrak{M}_z = \mathfrak{M}$. Diese Annahme, $\mathfrak{A}$ sei nach oben beschränkt, führen wir zu einem Widerspruch.

Wäre $\mathfrak{A}$ nach oben beschränkt, so besäße $\mathfrak{A}$ nach der Eigenschaft der Vollständigkeit eine kleinste obere Schranke ξ. Wir zeigen: ξ ist Element von $\mathfrak{M}$. Wäre $\xi \notin \mathfrak{M}$, so gäbe es eine δ-Umgebung von ξ, in der kein Element von $\mathfrak{M}$ liegt, da $\mathfrak{M}$ abgeschlossen ist. In dieser δ-Umgebung von ξ liegt ein Element $\zeta \in \mathfrak{A}$, d. h. $\mathfrak{M}_\zeta$ ist endlich überdeckbar. Dann ist auch $\mathfrak{M}_{\xi + \frac{1}{2}\delta}$ endlich überdeckbar, da das Intervall $\left[\zeta, \xi + \frac{1}{2}\delta\right]$ kein Element von $\mathfrak{M}$ enthält. Also ist $\xi + \frac{1}{2}\delta \in \mathfrak{A}$, und somit ξ nicht Schranke von $\mathfrak{A}$. Also ist ξ Element von $\mathfrak{M}$.

Da $\xi \in \mathfrak{M}$, gehört zu ξ eine ε-Umgebung $\mathfrak{U}_\varepsilon(\xi)$. In $\mathfrak{U}_\varepsilon(\xi)$ liegt ein Element $z \in \mathfrak{A}$, d. h. $\mathfrak{M}_z$ ist endlich überdeckbar. Dann ist durch Hinzunahme von $\mathfrak{U}_\varepsilon(\xi)$ auch die Menge $\mathfrak{M}_{\xi + \frac{1}{2}\varepsilon}$ endlich überdeckbar, d. h. $\xi + \frac{1}{2}\varepsilon$ wäre Element von $\mathfrak{A}$. Dies widerspricht der Annahme, daß ξ obere Schranke von $\mathfrak{A}$ ist. Also ist die Annahme, $\mathfrak{M}$ sei nicht endlich überdeckbar, nicht aufrechtzuerhalten. $\mathfrak{M}$ besitzt also die Heine-Borelsche Eigenschaft.

2. Zweitens zeigen wir: Hat $\mathfrak{M}$ die Heine-Borelsche Eigenschaft, so ist $\mathfrak{M}$ kompakt. Hierzu zeigen wir, daß es zu jeder nicht kompakten Menge $\mathfrak{M}$ eine Mengenfamilie von Umgebungen gibt, aus der sich kein endliches Teilsystem so auswählen läßt, daß $\mathfrak{M}$ von den endlich vielen Mengen des Teilsystems überdeckt wird. Ist $\mathfrak{M}$ nicht kompakt, so ist $\mathfrak{M}$ entweder nicht beschränkt (*a*), oder es gibt einen Häufungspunkt ξ von $\mathfrak{M}$, der nicht zu $\mathfrak{M}$ gehört (*b*), oder beides ist der Fall.

Bei (*a*) ordnen wir jedem Element $x \in \mathfrak{M}$ die ε-Umgebung mit $\varepsilon = 1$ zu. Wäre die nicht beschränkte Menge endlich überdeckbar und würden die endlich vielen Umgebungen von $x_1, x_2, \ldots, x_n$ die Menge $\mathfrak{M}$ überdecken, so wäre $k = \min\{x_1, x_2, \ldots, x_n\} - 1$ eine untere und $K = \max\{x_1, x_2, \ldots, x_n\} + 1$ eine obere Schranke der Menge $\mathfrak{M}$. $\mathfrak{M}$ war aber nicht beschränkt.

Bei (*b*) ordnen wir jedem $x \in \mathfrak{M}$ die ε-Umgebung mit $\varepsilon = \frac{1}{2}(x - \xi)$ für $x > \xi$ bzw. mit $\varepsilon = \frac{1}{2}(\xi - x)$ für $x < \xi$ zu. Wäre $\mathfrak{M}$ endlich überdeckbar von den Umgebungen $\mathfrak{U}_{\varepsilon_i}(x_i)$, $i = 1, 2, \ldots, n$, so hätten diese Umgebungen keinen Punkt mit der δ-Umgebung von ξ mit $\delta = \min\{\varepsilon_1, \varepsilon_2, \ldots, \varepsilon_n\}$ gemeinsam. In der δ-Umgebung gäbe es aber, da ξ Häufungspunkt von $\mathfrak{M}$ ist, einen Punkt aus $\mathfrak{M}$; dieser würde also nicht überdeckt. Damit ist auch der zweite Teil unseres Satzes bewiesen.

Bemerkung 6: Als Dedekindschen Schnitt bezeichnet man eine Einteilung der reellen Zahlen in zwei Mengen $\mathfrak{A}$, $\mathfrak{B}$ mit den Eigenschaften: Weder $\mathfrak{A}$ noch $\mathfrak{B}$ ist leer. Jede reelle Zahl gehört einer und nur einer der beiden Mengen $\mathfrak{A}$ oder $\mathfrak{B}$ an. Für jedes $a \in \mathfrak{A}$ und jedes $b \in \mathfrak{B}$ gilt $a < b$. Es gilt dann: Ein Dedekindscher Schnitt bestimmt genau eine reelle Zahl x_0 mit der Eigenschaft, daß für alle $a \in \mathfrak{A}$ und alle $b \in \mathfrak{B}$ gilt $a \leqq x_0 \leqq b$. Man nennt diese Aussage die Dedekind*sche Schnitt-Eigenschaft* der reellen Zahlen.

Zum Beweis zeigen wir:

1. Wenn überhaupt ein solches x_0 existiert, so ist es eindeutig bestimmt. Gäbe es deren zwei, $x_0, \bar{x}_0$, und wäre $x_0 < \bar{x}_0$, so gäbe es eine reelle Zahl η mit $x_0 < \eta < \bar{x}_0$ (etwa $\eta = \frac{1}{2}(\bar{x}_0 + x_0)$). η gehört nicht $\mathfrak{A}$ an, denn sonst müßte $\eta \leqq x_0$ sein. η gehört auch nicht $\mathfrak{B}$ an, sonst müßte $\bar{x}_0 \leqq \eta$ sein. Jede reelle Zahl gehört aber entweder $\mathfrak{A}$ oder $\mathfrak{B}$ an. Also kann es nicht mehr als ein x_0 mit $a \leqq x_0 \leqq b$ für alle $a \in \mathfrak{A}$ und für alle $b \in \mathfrak{B}$ geben.

2. Für die kleinste obere Schranke ξ der Menge $\mathfrak{A}$ gilt $a \leqq \xi \leqq b$ für alle $a \in \mathfrak{A}$ und alle $b \in \mathfrak{B}$. Die linke Seite der Ungleichung gilt, da ξ obere Schranke für $\mathfrak{A}$ ist. Würde die rechte Seite nicht gelten, gäbe es also ein $b_1 < \xi$ mit $b_1 \in \mathfrak{B}$, so gäbe es ein $a_1 \in \mathfrak{A}$ mit $b_1 < a_1$; in jeder Umgebung der kleinsten oberen Schranke ξ der Menge $\mathfrak{A}$ liegt ja ein Element aus $\mathfrak{A}$. $b_1 < a_1$ widerspricht aber den Eigenschaften der Klasseneinteilung.

Es gilt aber auch die folgende Umkehrung dieser Aussage: *Gilt in einem angeordneten Körper die* Dedekind*sche Schnitt-Eigenschaft, so ist der Körper beschränkt-vollständig.*

Es ist zu beweisen, daß aus der Dedekindschen Schnitt-Eigenschaft (zusammen mit den Körper- und Anordnungseigenschaften) folgt, daß eine nicht leere, nach oben beschränkte Menge $\mathfrak{M}$ eine kleinste obere Schranke hat. Die Menge der oberen Schranken von $\mathfrak{M}$ bezeichnen wir mit $\mathfrak{B}$, die Körperelemente, die nicht obere Schranken sind, fassen wir in der Menge $\mathfrak{A}$ zusammen. $\mathfrak{B}$ ist nicht leer. $\mathfrak{A}$ ist auch nicht leer, denn in $\mathfrak{M}$ gibt es ein Element x und dann ist $x - 1$ sicher nicht obere Schranke für $\mathfrak{M}$. Jedes Körperelement liegt entweder in $\mathfrak{A}$ oder in $\mathfrak{B}$. Mit $a \in \mathfrak{A}$ und $b \in \mathfrak{B}$ gilt $a < b$; denn $b \leqq a$ mit $b \in \mathfrak{B}$, $a \in \mathfrak{A}$ ist nicht möglich (mit b müßte ja sonst auch a wegen $b \leqq a$ obere Schranke sein). Damit ist eine Klasseneinteilung gegeben, wie sie der Dedekindsche Schnitt erfordert. Nach der Dedekindschen Schnitt-Eigenschaft gibt es ein eindeutig bestimmtes x_0, so daß für alle $a \in \mathfrak{A}$ und alle $b \in \mathfrak{B}$ gilt $a \leqq x_0 \leqq b$.

Dieses x_0 ist obere Schranke der Menge $\mathfrak{M}$, denn es gibt kein Element $z \in \mathfrak{M}$ mit $z > x_0$; gäbe es ein solches Element, so wäre $z > \frac{1}{2}(z + x_0) > x_0$ und nach der rechten Seite dieser Ungleichung wäre $\frac{1}{2}(z + x_0)$ Element aus $\mathfrak{B}$, d. h. obere Schranke für die Menge $\mathfrak{M}$; dies widerspricht der linken Seite der Ungleichung. — Daß x_0 kleinste obere Schranke der Menge $\mathfrak{M}$ ist, folgt aus $x_0 \leqq b$ für alle $b \in \mathfrak{B}$.

Damit ist die Gleichwertigkeit der Dedekindschen Schnitt-Eigenschaft und der Eigenschaft der Vollständigkeit nachgewiesen.

III. Funktionen reeller Zahlen

In unserer rationalen Welt (sogar im täglichen Leben) sind wir gewohnt, mit Funktionsbeziehungen umzugehen. Der Kraftfahrer weiß, daß seine Geschwindigkeit eine Funktion des Druckes auf den Gashebel ist und daß wiederum der Bremsweg wesentlich von der Geschwindigkeit abhängt. — Es handelt sich für uns darum, den Funktionsbegriff so allgemein, wie es die Mathematik selbst, aber auch die Anwendungen in Physik und Technik erfordern, sauber und zweckmäßig zu fassen.

Dabei müssen wir uns zu allererst von der Vorstellung befreien, eine Funktion sei immer ein rechnerischer Ausdruck. Es mag zwar der Wunsch des Praktikers meist sein, einen solchen Rechenausdruck für eine funktionelle Beziehung herzustellen. Dies läßt sich jedoch oft nicht direkt mit den „elementaren Funktionen", sondern erst auf Umwegen erreichen, so daß auch von diesem Gesichtspunkt her ein allgemeiner Funktionsbegriff vonnöten ist.

Noch auf einen zweiten Punkt ist ausdrücklich hinzuweisen: Eine funktionelle Beziehung ist nicht schlechthin, sondern immer nur in einem bestimmten Bereich, Definitionsmenge genannt, festgelegt. Betrachten wir, um auf unser Beispiel zurückzukommen, den Bremsweg eines bestimmten Kraftfahrzeuges in Abhängigkeit von der Geschwindigkeit v, so kann v nur aus einem Intervall, dessen Grenzen durch die Konstruktion des Fahrzeuges bestimmt sind, entnommen werden: $a \leqq v \leqq b$; dabei ist $a < 0$ die Höchstgeschwindigkeit im Rückwärtsgang und $b > 0$ die Höchstgeschwindigkeit bei Vorwärtsfahrt. Es ist sinnlos, diese „Funktion" für große negative oder extrem hohe positive Werte von v betrachten zu wollen.

Zu den „elementaren Funktionen" rechnet man unter anderem die rationalen Funktionen, insbesondere die Polynome, ferner die Logarithmus-, Exponential- und Winkelfunktionen. Die rationalen Funktionen werden hier genannt werden. Die anderen elementaren Funktionen können wir erst später (Kapitel VI und VIII) einführen.

Genauer gehen wir auf eine Funktion ein, die geometrisch auf der Zahlengeraden erklärt werden kann: der Zahl x ordnen wir den Abstand (positiv gemessen) des Punktes x vom Ursprung der Zahlengeraden zu. So wird jeder Zahl x eine bestimmte positive Zahl, mit $|x|$ bezeichnet, zugeordnet. In $|x|$ lernen wir ein Beispiel für ein Funktionssymbol kennen, das ebenso wie $\ln x$, e^x, $\cos x$, $\sin x$ feststehende, allgemein übliche Bedeutung hat.

1. Definition und Beispiele

1. Es sei eine Menge $\mathfrak{D}$ reeller Zahlen gegeben. Ist jedem Element $x \in \mathfrak{D}$ eindeutig eine reelle Zahl y zugeordnet, so sagt man, es sei eine *reelle Funktion* f definiert. Die der Zahl x zugeordnete Zahl y bezeichnet man mit $f(x)$. Wir weisen ausdrücklich darauf hin, daß eine Funktion f erst dann festgelegt ist, wenn neben der Zuordnungsvorschrift auch die *Definitionsmenge* $\mathfrak{D}$ angegeben ist.

Gleichbedeutend mit dem Wort Funktion gebrauchen wir das Wort *Abbildung*: Die Menge $\mathfrak{D}$ wird durch f in die Menge der reellen Zahlen abgebildet. So sagt man auch, daß das Element $x \in \mathfrak{D}$ durch f auf das Element $y \in \mathfrak{R}$ abgebildet wird und nennt y das *Bild* von x bei der Abbildung f. Folgende Bezeichnungen sind für Funktionen oder Abbildungen üblich:

$$f: \mathfrak{D} \longrightarrow \mathfrak{R}, \quad x \longrightarrow f(x) \text{ für } x \in \mathfrak{D}, \quad \mathfrak{D} \xrightarrow{f} \mathfrak{R}.$$

In der Analysis wird heute noch zumeist für die Funktion f die seit langem übliche, jedoch nicht ganz korrekte Bezeichnung $f(x)$ oder $y = f(x)$ gebraucht. Das soll auch in den folgenden Kapiteln dieses Buches geschehen.

Bemerkung 1: Von der Funktion $f(x)$ zu sprechen, ist deshalb nicht korrekt, weil $f(x)$ ja eine Zahl, nämlich die der Zahl $x \in \mathfrak{D}$ durch die Funktion f zugeordnete Zahl bezeichnet. Funktion f und Funktionswert $f(x)$ sind zu unterscheiden. Im Rahmen der von uns behandelten Probleme sind Verwechslungen durch die ungenaue Bezeichnungsweise nicht zu befürchten.

Jedem $x \in \mathfrak{D}$ ist durch die Funktion f genau eine Zahl $y = f(x)$ zugeordnet. Eine Funktion f ist also stets *eindeutig*. Umgekehrt ist es aber durchaus möglich, daß verschiedene Elemente aus $\mathfrak{D}$ auf ein und dasselbe Element $y \in \mathfrak{R}$ abgebildet werden.

Die Menge aller Elemente $y \in \mathfrak{R}$, die als Bilder vorkommen, heißt *Wertemenge* $\mathfrak{W}$ der Funktion f. Die Elemente $x \in \mathfrak{D}$ nennt man auch *Argumente* oder *Stellen*, die Bilder $y \in \mathfrak{W}$ auch *Funktionswerte* oder kurz *Werte*.

Ist die Wertemenge $\mathfrak{W}$ der Funktion f nach oben (bzw. nach unten) beschränkt, so heißt f *nach oben* (*bzw. nach unten*) *beschränkt*. Ist $\mathfrak{W}$ sowohl nach oben als nach unten beschränkt, so sagt man, f sei beschränkt. — Die Funktionen der nachfolgenden Beispiele 1, 3, 5, 7, 10 und 11 sind beschränkt, die Funktionen der Beispiele 2, 4, 8 sind nach unten, nicht aber nach oben beschränkt.

Durch die Funktion f wird die Menge $\mathfrak{D}$ „*in* die Menge der reellen Zahlen" abgebildet. Dabei braucht nicht jede reelle Zahl als Funktionswert aufzutreten. Will man dagegen ausdrücken, daß jedes Element einer bestimmten Menge als Bild auftritt, so spricht man von einer Abbildung *auf* diese Menge. Definitionsgemäß bildet die Funktion f die Definitionsmenge $\mathfrak{D}$ *auf* ihre Wertemenge $\mathfrak{W}$ ab. Im folgenden wird meist anstelle der allgemeineren Aussage „f bildet $\mathfrak{D}$ in $\mathfrak{R}$ ab" die speziellere „f bildet $\mathfrak{D}$ auf $\mathfrak{W}$ ab" verwendet.

Bemerkung 2: Die Abbildung $\mathfrak{D} \xrightarrow{f} \mathfrak{R}$ induziert auf jeder Teilmenge $\overline{\mathfrak{D}}$ von $\mathfrak{D}$ eine neue Abbildung g durch die Festsetzung: $g(x) = f(x)$ für $x \in \mathfrak{D}$. Die Abbildung g heißt *Restriktion* von

f und wird häufig, um die neue Definitionsmenge hervorzuheben, mit $f \mid \overline{\mathfrak{D}}$ bezeichnet. Statt von einer Eigenschaft der Restriktion $f \mid \overline{\mathfrak{D}}$ zu sprechen, sagen wir meistens, f habe in der Menge $\overline{\mathfrak{D}}$ die betreffende Eigenschaft.

Bemerkung 3: Eine Funktion $f(x)$ ist für jedes $x \in \mathfrak{D}$ definiert. Damit verbindet sich die Vorstellung, daß man x die Elemente der Definitionsmenge „durchlaufen lassen" kann. Zugleich betrachtet man die Funktionswerte $f(x)$, die ihrerseits die Wertemenge „durchlaufen". Da man hierbei x als „veränderliches" Element von $\mathfrak{D}$ auffaßt, nennt man x auch eine Veränderliche oder Variable, und zwar unabhängige Veränderliche, da man $x \in \mathfrak{D}$ beliebig auswählen kann. $y = f(x)$ ergibt sich dann zwangsläufig nach der Zuordnungsvorschrift. Deshalb heißt y abhängige Veränderliche oder abhängige Variable.

Bemerkung 4: Ist $f(x_0) = 0$ für ein $x_0 \in \mathfrak{D}$, so heißt x_0 *Nullstelle* der Funktion $f(x)$. Man sagt auch, $f(x)$ *verschwindet* für $x = x_0$.

Wir erläutern die Begriffsbildungen an Beispielen und an Figuren. Wir werden davon zu sprechen haben, wie man solche Figuren anlegt.

2. Beispiele:

1. Enthält $\mathfrak{D}$ nur endlich viele Elemente, so können wir eine Funktion mit der Definitionsmenge $\mathfrak{D}$ durch eine Tabelle festlegen:

x	0,2	0,3	0,4	0,5	0,6	0,7	0,8	0,9	1,0
y	0	0,30	0,48	0,60	0,70	0,78	0,85	0,90	0,95

$\mathfrak{D}$ besteht aus den neun in der ersten, $\mathfrak{W}$ aus den neun in der zweiten Zeile angegebenen rationalen Zahlen. Jede *Funktionstafel* (beispielsweise eine Logarithmentafel) ist solch eine Tabelle, wenn auch mit mehr Elementen in $\mathfrak{D}$ und $\mathfrak{W}$.

2. Auch wenn $\mathfrak{D}$ abzählbar ist, kann eine Tabelle eine Funktion festlegen, wenn die Tabelle das allgemeine Bildungsgesetz für $x \in \mathfrak{D}$ und $y \in \mathfrak{W}$ erkennen läßt. Hier und in allen derartigen Fällen fordern wir, daß das erkennbare Bildungsgesetz tatsächlich angewendet wird. So bekommen die ... einen wohlbestimmten Sinn.

x	1	$\frac{1}{2}$	$\frac{1}{4}$	$\frac{1}{8}$	$\frac{1}{16}$	$\frac{1}{32}$	...
y	0	2	4	6	8	10	...

$\mathfrak{D}$ besteht im Beispiel aus der Zahl 1 und außerdem aus allen $x = \frac{1}{2^n}$ mit natürlichem n. $\mathfrak{W}$ besteht aus der Zahl 0 und allen geraden natürlichen Zahlen.

3. Ist $\mathfrak{D}$ speziell die Menge der natürlichen Zahlen, so bezeichnet man die zugeordneten Werte als eine Folge. Beispiel:

x	1	2	3	4	...
y	$\frac{1}{2}$	$\frac{2}{3}$	$\frac{3}{4}$	$\frac{4}{5}$	...

Bei einer Folge besteht die Definitionsmenge immer aus den natürlichen Zahlen 1, 2, 3, ... und es genügt deshalb, zur Beschreibung der Funktion die zugeordneten Funktionswerte in der entsprechenden Reihenfolge, im Beispiel durch

$$\frac{1}{2}, \frac{2}{3}, \frac{3}{4}, \frac{4}{5}, \ldots$$

anzugeben. Mit Folgen werden wir uns in dem nachfolgenden Kapitel beschäftigen.

4. Definitionsmenge $\mathfrak{D}$ sei wieder die Menge der natürlichen Zahlen $\mathfrak{Z}$. Mit $n!$ (lies: n Fakultät), $n \in \mathfrak{Z}$, bezeichnet man das Produkt $n! = 1 \cdot 2 \cdot 3 \cdots n$. Es handelt sich um eine spezielle Folge. Die Wertemenge $\mathfrak{W}$ ist Teilmenge der Menge $\mathfrak{Z}$. (Gelegentlich nimmt man zur Definitionsmenge noch die Zahl 0 hinzu und definiert $0! = 1$.)

5. Definitionsmenge sei die Menge $\mathfrak{R}$ aller reellen Zahlen. Ordnet man jeder Zahl $x \in \mathfrak{D}$ dieselbe feste Zahl c zu, so schreibt man $y = c$ oder $f(x) = c$. Die Wertemenge $\mathfrak{W}$ besteht hier aus einer einzigen reellen Zahl c, es ist also $\mathfrak{W} = \{c\}$ (Fig. 3). Man sagt, $f(x)$ sei kon-

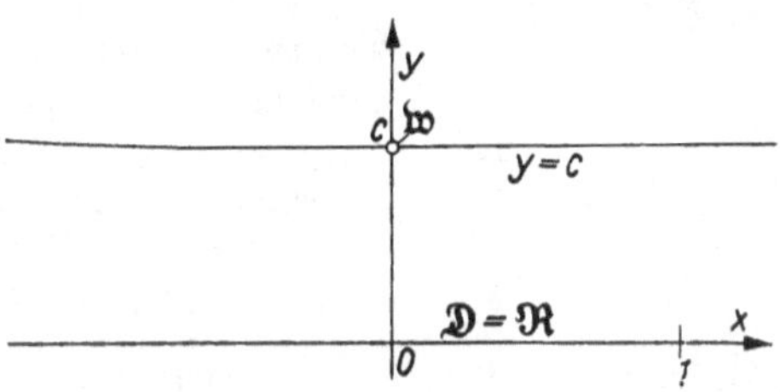

Fig. 3

stant oder eine Konstante; interessiert nur diese Tatsache, nicht aber der Wert der Konstanten c, so schreibt man $f(x) = \text{const.}$

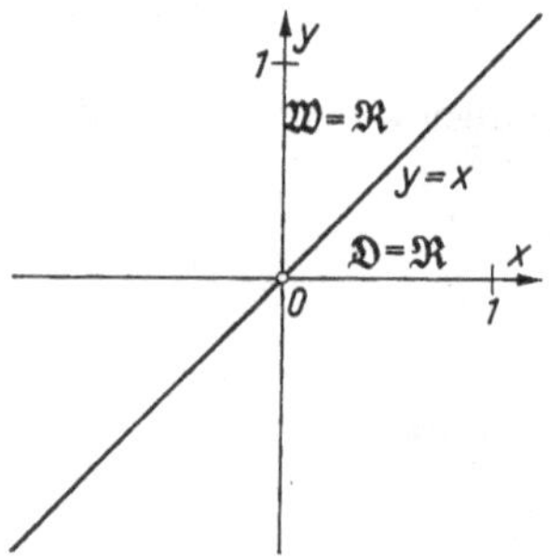

Fig. 4

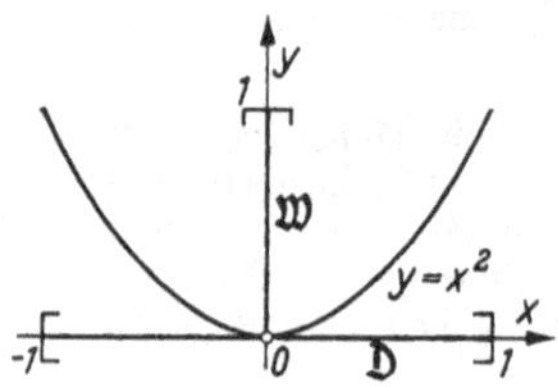

Fig. 5

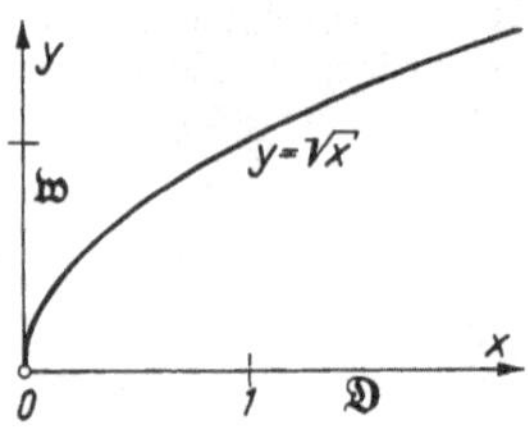

Fig. 6

6. Definitionsmenge sei wieder $\mathfrak{R}$. Ordnen wir jeder reellen Zahl x diese Zahl selbst zu, d. h. setzen wir $f(x) = x$, so sprechen wir von der identischen Abbildung (Fig. 4).

7. Definitionsmenge $\mathfrak{D}$ sei das Intervall $[-1, 1]$. Der Zahl $x \in \mathfrak{D}$ sei die Zahl $y = x^2$ zugeordnet. Die Wertemenge $\mathfrak{W}$ ist das Intervall $[0, 1]$ (Fig. 5).

8. Die Definitionsmenge bestehe aus allen positiven reellen Zahlen. Zu gegebenem $x > 0$ betrachten wir die Menge $\mathfrak{M}_x$ der reellen Zahlen ξ mit $\xi^2 < x$. Für jedes x ist $\mathfrak{M}_x$ nicht leer und nach oben beschränkt. Nach der Eigenschaft der Vollständigkeit gibt es für $\mathfrak{M}_x$ eine kleinste obere Schranke. Wir bezeichnen diese mit y und ordnen sie der Zahl x zu, setzen also $y = \overline{\text{fin}}\, \mathfrak{M}_x = \overline{\text{fin}}\, \{\xi \mid \xi^2 < x\}$. Die hierdurch für $x > 0$ definierte Funktion nennen wir Wurzelfunktion und verwenden für sie das Symbol $\sqrt{x}$. Wir erweitern die Definitionsmenge durch die Zahl 0 und setzen $\sqrt{0} = 0$ (Fig. 6).

Für $x > 0$ ist $y > 0$, denn $\mathfrak{M}_x$ enthält ein Element $\xi > 0$ (bei $x < 1$ wähle man $\xi = x$, bei $x \geqq 1$ wähle man $\xi = \frac{1}{2}$).

Wir zeigen, daß für $y = \sqrt{x}$ gilt $y^2 = x$, indem wir die Unmöglichkeit der Annahme $y^2 < x$ und der Annahme $y^2 > x$ beweisen.

Wäre $y^2 < x$, so wäre y nicht obere Schranke der Menge $\mathfrak{M}_x$, denn wir könnten $h > 0$ so bestimmen, daß $(y + h)^2 < x$ wäre. Denn bei Wahl von h mit

$$0 < h < 1 \text{ und } h < \frac{x - y^2}{2y + 1} \text{ gilt:}$$

$$(y + h)^2 = y^2 + 2hy + h^2 \leqq y^2 + 2hy + h < y^2 + x - y^2 = x$$

Eine solche Wahl von h ist möglich, da neben $2y + 1 > 0$ nach der gemachten Annahme auch $x - y^2 > 0$ ist. (Die Ungleichungsfolge lehrt zugleich, warum wir h so wählen.)

Wäre $y^2 > x$, so wäre y nicht kleinste obere Schranke der Menge $\mathfrak{M}_x$, denn wir könnten $k > 0$ so bestimmen, daß auch $y - k$ obere Schranke von $\mathfrak{M}_x$ wäre.

Wählen wir nämlich $0 < k < y$, $k < \dfrac{y^2 - x}{2y}$, so wäre jedes ξ mit $\xi > y - k$ sicher nicht Element von $\mathfrak{M}_x$; denn es würde folgen $\xi^2 > (y - k)^2 = y^2 - 2yk + k^2 > y^2 - 2yk > y^2 - (y^2 - x) = x$ also $\xi^2 > x$.

Damit ist sowohl die Annahme $y^2 < x$ als auch die Annahme $y^2 > x$ zu einem Widerspruch geführt. Also gilt, wie zu beweisen war, $y^2 = x$. Eine andere Definition der Wurzelfunktion geben wir in V. 3, Beisp. 2.

Aufgabe 1: Jedem $x \in \mathfrak{D}$, $\mathfrak{D} = \{x \mid x > 0\}$, sei die kleinste obere Schranke der Menge $\mathfrak{M}_x = \{\xi \mid \xi^n < x\}$ zugeordnet; n sei eine festgewählte natürliche Zahl. Die so definierte Funktion bezeichnet man durch $y = \sqrt[n]{x}$. Man zeige:

Es ist $y^n = x$.

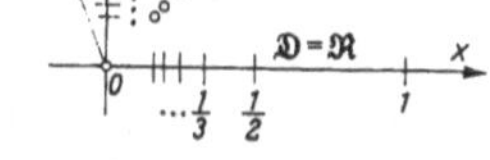

Fig. 7

9. Es sei $\mathfrak{D} = \mathfrak{R}$. Wir setzen (vgl. Fig. 7)

$$y = \begin{cases} x, \text{ falls } x \neq 0 \text{ ist und } \dfrac{1}{x} \text{ eine natürliche Zahl ist;} \\ 0, \text{ falls } x = 0 \text{ ist oder falls } \dfrac{1}{x} \text{ keine natürliche Zahl ist.} \end{cases}$$

Es ist $\mathfrak{W} = \left\{0,\ 1, \frac{1}{2}, \frac{1}{3}, \frac{1}{4}, \ldots\right\}$ (Fig. 7).

10. Es sei $\mathfrak{D} = \mathfrak{R}$ die Menge aller reellen Zahlen. Der Zahl x ordnen wir die größte ganze Zahl zu, die kleiner oder gleich x ist, und bezeichnen diese mit $[x]$ (vgl. II. 3, Aufg. 1). Die Wertemenge der Funktion $[x]$ besteht aus allen ganzen Zahlen (Fig. 8).

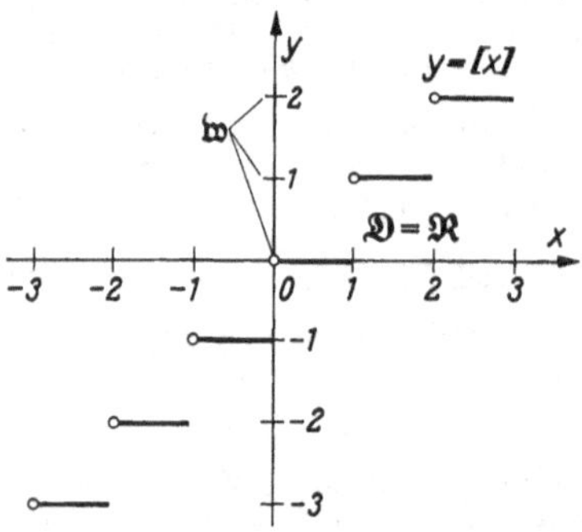

Fig. 8

11. Es sei wieder $\mathfrak{D} = \mathfrak{R}$. Wir setzen

$$y = \begin{cases} 1 & \text{für rationales } x \\ 0 & \text{für irrationales } x \end{cases}$$

Die Wertemenge besteht aus den beiden Zahlen 0 und 1.

3. Wir besprechen jetzt einige Möglichkeiten, eine Funktion geometrisch zu veranschaulichen. Definitionsmenge wie auch Wertemenge können wir als Punktmengen auf je einer Zahlengerade aufzeichnen. Dabei müssen wir uns vor Augen halten, daß jedem Punkt $x \in \mathfrak{D}$ ein Punkt $y \in \mathfrak{W}$ eindeutig zugeordnet ist. In der Figur 9 sollen die Pfeile die Zuordnung für einige Punkte andeuten.

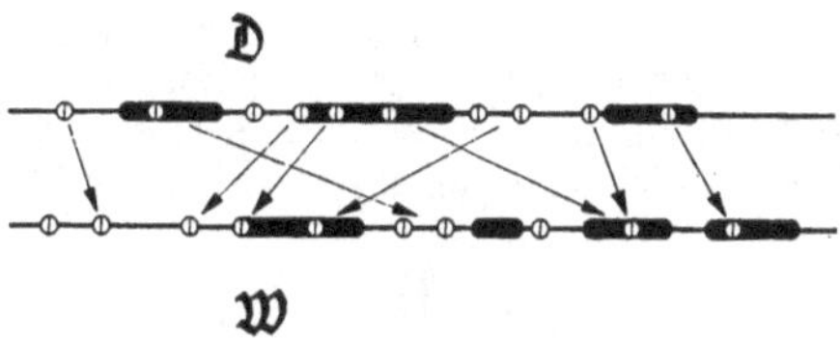

Fig. 9

Beide Geraden können wir zusammenfallen lassen. Wir notieren dann die Argumentwerte durch Zahlenangabe, und zwar an den Stellen, die auf der Zahlengerade zu den zugehörigen Funktionswerten gehören. So können wir die Größe eines Funktionswertes an der Figur durch Abmessen der Strecke

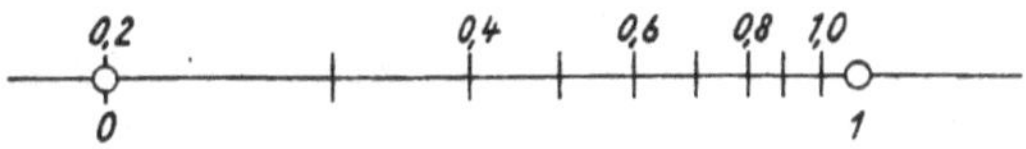

Fig. 10

finden, deren Endpunkt den herausgegriffenen Argumentwert als Zahlenangabe trägt. Es entsteht eine *Funktionsleiter*, die uns besonders dann einen guten Eindruck einer Funktion (in einer endlichen Definitionsmenge) vermittelt, wenn die Argumentwerte, wie in Beispiel 1 (vgl. Figur 10), äquidistant gewählt wurden.

Auch Folgen lassen sich auf diese Weise manchmal gut geometrisch anschaulich erfassen. (Figur 11 zeigt Beispiel 3.)

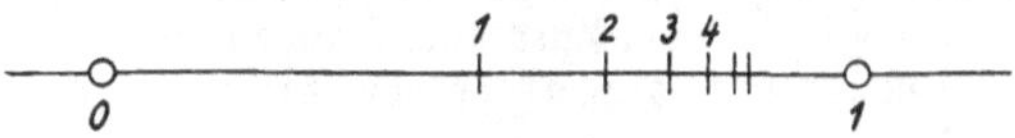

Fig. 11

Die bekannteste Anordnung ist jedoch die, daß man die beiden Zahlengeraden, die x-Gerade und die y-Gerade in der Anschauungsebene senkrecht zueinander wählt. Im allgemeinen wird man die Null beider Zahlengeraden in den Schnittpunkt der beiden Geraden legen und auf beiden Geraden denselben Maßstab verwenden. Zu $x \in \mathfrak{D}$ gehört dann der Punkt mit den Koordinaten $(x, f(x))$ in der x, y-Ebene. Die Gesamtheit der Punkte, die so ausgehend von allen $x \in \mathfrak{D}$ durch $f(x)$

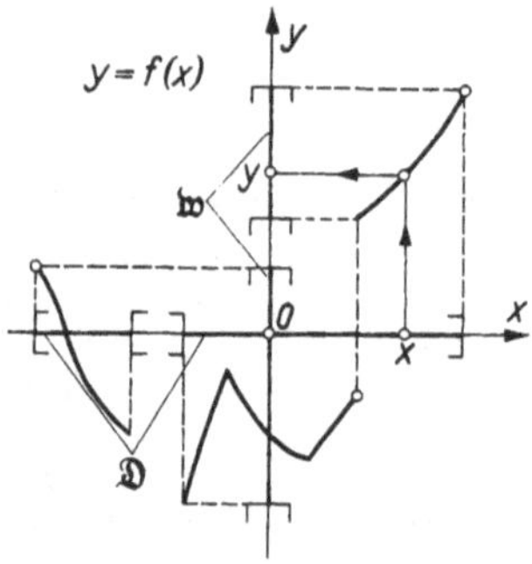

Fig. 12

in der x, y-Ebene bestimmt sind, nennt man den *Graph* der Funktion $f(x)$. — Die Figuren 3, 4, 5, 6, 7, 8 beschreiben so die Funktionen der Beispiele 5, 6, 7, 8, 9 und 10. Beispiel 11 entzieht sich einer solchen Darstellung, da sich Punkte der Zahlengerade, die zu rationalen und irrationalen Zahlen gehören, im anschaulichen Bild nicht trennen lassen.

4. Eine Klasse von Funktionen, die sogenannten *Polynome*, wollen wir wegen ihrer großen Bedeutung herausstellen. Sie sind rechnerisch gut zu handhaben, und man bemüht sich deshalb in verschiedenen Zusammenhängen, gegebene allgemeine Funktionen mit geeignet gewählten Polynomen zu vergleichen.

Es seien $c_0, c_1, \ldots, c_k$ fest gewählte, reelle Zahlen mit $c_k \neq 0$ und $\mathfrak{D} = \mathfrak{R}$. Die Funktion $f(x) = c_0 + c_1 x + c_2 x^2 + \cdots + c_k x^k$ heißt *ganze rationale Funktion* oder *Polynom* vom Grade k. Für $k = 1$ gehören zu den Polynomen die *linearen Funktionen*: $g(x) = c_0 + c_1 x$.

Sind $P_1(x)$ und $P_2(x)$ Polynome, so bezeichnet man $R(x) = \frac{P_1(x)}{P_2(x)}$ als *gebrochen rationale Funktion.* Die Definitionsmenge von $R(x)$ enthalte alle reellen Zahlen außer den Nullstellen von $P_2(x)$. — Sind $P_1(x)$ und $P_2(x)$ lineare Funktionen, so nennt man $R(x)$ *linear gebrochene Funktion.*

Auf die algebraischen Eigenschaften der rationalen Funktionen gehen wir hier nicht ein.

5. Die Funktion $|x|$ wird für alle reellen x durch

$$|x| = \begin{cases} x \text{ für } x \geqq 0 \\ -x \text{ für } x \leqq 0 \end{cases}$$

definiert (Fig. 13). Man nennt $|x|$ den (absoluten) Betrag von x und liest: x absolut, oder: Betrag x.

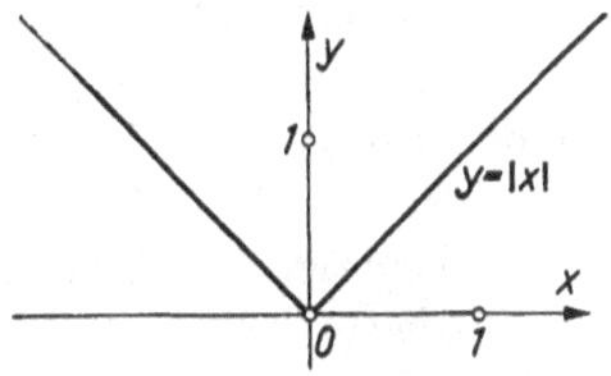

Fig. 13

Wir stellen die wichtigsten Eigenschaften dieser Funktion, die man immer wieder benötigt, hier zusammen.

1. Die Wertemenge der Funktion $y = |x|$ ist $\mathfrak{W} = \{y \mid y \geqq 0\}$. Für $x \geqq 0$ ist $y = x$, so daß jedes y mit $y \geqq 0$ zur Wertemenge gehört. Ist $x < 0$, so ist $y = |x| = -x > 0$, so daß sich tatsächlich für alle x immer $|x| \geqq 0$ ergibt. — Es folgt insbesondere für alle x die Ungleichung $x \leqq |x|$.

2. Auf der Zahlengerade mißt $|x|$ den Abstand des Punktes x vom Nullpunkt der Gerade als nicht negative Zahl. $|a - b|$ gibt den (nicht negativen) Abstand der zugehörigen Punkte der Zahlengerade an (Fig. 14).

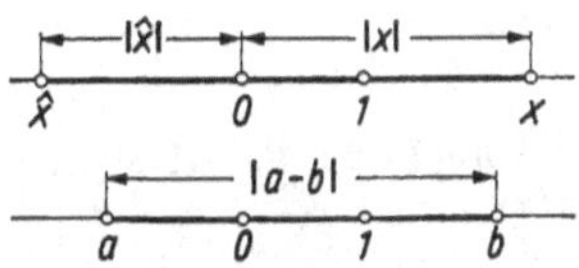

Fig. 14

3. Es ist $|a \cdot b| = |a| \cdot |b|$: Bei $a \geqq 0, b \geqq 0$ ist $a \cdot b \geqq 0$ und also $|a \cdot b| = |a| \cdot |b|$. Bei $a < 0, b \geqq 0$ ist $a \cdot b \leqq 0$ und also $|a \cdot b| = -a \cdot b = (-a) \cdot b = |a| \cdot |b|$. Bei

$a < 0, b < 0$ ist $a \cdot b > 0$ und $|a \cdot b| = a \cdot b = (-a) \cdot (-b) = |a| \cdot |b|$.

4. Ist $a \neq 0$, so folgt aus 3., wenn man $a \cdot b = c$ setzt: $|c| = |a| \cdot \left|\frac{c}{a}\right|$ und also $\frac{|c|}{|a|} = \left|\frac{c}{a}\right|$.

5. Die Ungleichung $|a| < b$ ist gleichwertig mit $-b < a < b$; beide Ungleichungen sind nur für $b > 0$ sinnvoll.

Beweis: a) Aus $|a| < b$ folgt $a < b$ für $a \geqq 0$ und $-a < b$ für $a < 0$. Also ist in beiden Fällen die Ungleichung $-b < a < b$ erfüllt.

b) Ist $a \geqq 0$, so folgt aus $a < b$ die Ungleichung $|a| < b$ unmittelbar; ist $a < 0$, so ist $-a > 0$, und die Voraussetzung $-b < a$ führt auf $-a < b$, d. h. aber $|a| < b$.

Man benötigt die bewiesene Aussage meist in der Form: Die Ungleichungen

$$|x - x_0| < \delta \text{ und } x_0 - \delta < x < x_0 + \delta$$

sind gleichwertig.

6. Es gilt die sogenannte *Dreiecksungleichung*

$$|a + b| \leqq |a| + |b|.$$

Nach 1. ist $a \leqq |a|$, $b \leqq |b|$ und $-a \leqq |-a| = |a|$, $-b \leqq |-b| = |b|$. Daraus folgt durch Addition sowohl $(a+b) \leqq |a| + |b|$ wie auch $-(a+b) = -a-b \leqq |a| + |b|$. Beide Aussagen zusammen sind aber nach 5. mit $|a + b| \leqq |a| + |b|$ gleichwertig.

Aufgabe 2: Es sei ein Polynom vom Grade k in der Form $P(x) = c_0 + c_1 x + c_2 x^2 + \cdots + c_{k-1} x^{k-1} + c_k x^k$ gegeben. Man zeige, daß $|x_0| < |c_k|^{-1} (|c_0| + |c_1| + \cdots + |c_k|)$ für jede Nullstelle x_0 des Polynoms gilt. Zum Beweis unterscheide man die Fälle $|x_0| < 1$ und $|x_0| \geqq 1$ und beachte, daß $|c_k| \neq 0$ vorausgesetzt ist.

Aufgabe 3: Mit Hilfe der Dreiecksungleichung gewinnt man die weitere Ungleichung $\big||a| - |b|\big| \leqq |a + b|$.

2. Zusammengesetzte Funktionen, umkehrbar eindeutige Funktionen, monotone Funktionen

1. Sind uns zwei Funktionen oder Abbildungen f_1, f_2: $\mathfrak{D}_1 \xrightarrow{f_1} \mathfrak{W}_1$, $\mathfrak{D}_2 \xrightarrow{f_2} \mathfrak{W}_2$ gegeben, so können wir unter Umständen die beiden Abbildungen hintereinander ausführen und damit eine dritte Abbildung $\mathfrak{D}_1 \xrightarrow{g} \mathfrak{W}$ erhalten. Dies ist dann möglich, wenn $\mathfrak{W}_1$ Teilmenge der Menge $\mathfrak{D}_2$ ist, also $\mathfrak{W}_1 < \mathfrak{D}_2$ gilt. Mit $x \in \mathfrak{D}_1$ und $y \in \mathfrak{W}_1 < \mathfrak{D}_2$, folgt aus $y = f_1(x)$, $z = f_2(y)$ durch Hintereinanderausführen der beiden Zuordnungen $z = f_2(f_1(x))$; diese neue Abbildung $z = g(x) = f_2(f_1(x))$ bildet $\mathfrak{D}_1$ auf eine Teilmenge $\mathfrak{W}$ von $\mathfrak{W}_2$ ab. Man spricht auch von einer zusammengesetzten Funktion. — Das Hintereinanderausführen zweier Abbildungen läßt sich veranschaulichen durch zwei Figuren derselben Ebene (vgl. Figur 15).

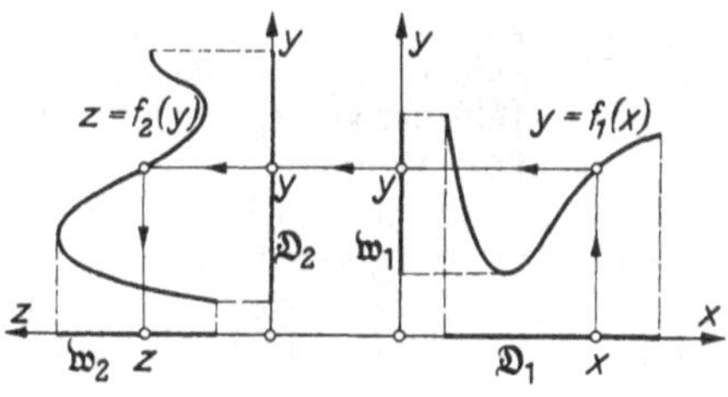

Fig. 15

Als Beispiel betrachten wir die beiden Abbildungen der Beispiele 9 und 7 und führen diese in dieser Reihenfolge hintereinander aus.

Es ist also $y = f_1(x) = x^2$ mit $\mathfrak{D}_1 = \{x \mid -1 \leqq x \leqq 1\}$ und $\mathfrak{W}_1 = \{y \mid 0 \leqq y \leqq 1\}$, ferner $z = f_2(y)$ mit $f_2(y) = y$, wenn $y \neq 0$ und $\frac{1}{y}$ eine natürliche Zahl ist, und $f_2(y) = 0$, wenn $y = 0$ und auch falls $\frac{1}{y}$ keine natürliche Zahl ist, mit $\mathfrak{D}_2 = \mathfrak{R}$ und $\mathfrak{W}_2 = \left\{0, 1, \frac{1}{2}, \frac{1}{3}, \frac{1}{4}, \ldots\right\}$. Das Hintereinanderausführen beider Abbildungen ist möglich, denn es gilt $\mathfrak{W}_1 < \mathfrak{D}_2$. Dann erhalten wir für die neue, zusammengesetzte Funktion

$$z = \begin{cases} x^2, \text{ falls } x \neq 0 \text{ ist und } \frac{1}{x^2} \text{ eine natürliche Zahl ist} \\ 0, \text{ falls } x = 0 \text{ ist oder falls } \frac{1}{x^2} \text{ keine natürliche Zahl ist.} \end{cases}$$

Hier ist $\mathfrak{W} = \left\{0, 1, \frac{1}{2^2}, \frac{1}{3^2}, \frac{1}{4^2}, \ldots\right\}$.

Aufgabe 1: Ist $f_2(x)$ in $\mathfrak{D}_2$ beschränkt, so ist bei beliebigem $f_1(x)$, wenn nur $\mathfrak{W}_1 < \mathfrak{D}_2$ gilt, auch $g(x) = f_2(f_1(x))$ in $\mathfrak{D}_1$ beschränkt.

2. Eine Funktion f ist nach Definition eine eindeutige Abbildung: Zu jedem $x \in \mathfrak{D}$ gehört genau ein $y \in \mathfrak{W}$. Es können jedoch verschiedene Elemente $x_1, x_2 \in \mathfrak{D}$, $x_1 \neq x_2$, dasselbe $y \in \mathfrak{W}$ als Bild haben (Fig. 16).

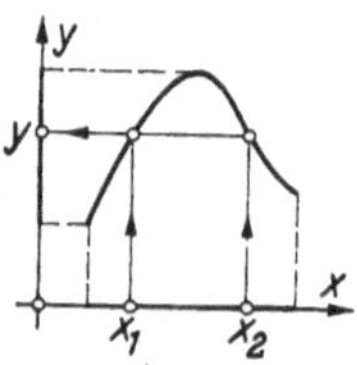

Fig. 16

Tritt dagegen jedes $y \in \mathfrak{W}$ als Bild nur eines einzigen Elementes $x \in \mathfrak{D}$ auf, so gehört nicht nur zu jedem $x \in \mathfrak{D}$ genau ein $y \in \mathfrak{W}$, sondern auch zu jedem $y \in \mathfrak{W}$ genau ein $x \in \mathfrak{D}$, dessen Bild der vorgegebene Punkt $y \in \mathfrak{W}$ ist. Die Abbildung $\mathfrak{D} \xrightarrow{f} \mathfrak{W}$ wird dann *umkehrbar eindeutig* oder *eineindeutig* genannt. Jedem $y \in \mathfrak{W}$ ist so genau ein $x \in \mathfrak{D}$ zugeordnet und damit ist eine Abbildung $\bar{f}: \mathfrak{W} \longrightarrow \mathfrak{D}$ definiert. $\bar{f}$ heißt *Umkehrabbildung* oder *Umkehrfunktion* der Ausgangsfunktion f.

Der Graph der Umkehrfunktion $\bar{f}$ entsteht aus dem Graphen der Funktion f durch Spiegelung an der Winkelhalbierenden der beiden Zahlengeraden (Fig. 17). Jedem Punkt (x, y) des Graphen von f entspricht ja der Punkt (y, x) des Graphen von $\bar{f}$. Dabei wurde die übliche Anordnung zugrundegelegt, bei der die Definitionsmenge stets auf der horizontal gewählten Zahlengeraden liegt.

Führt man eine Abbildung f und ihre Umkehrabbildung $\bar{f}$ hintereinander aus, so erhält man die Abbildung $g: x \longrightarrow x$ für $x \in \mathfrak{D}$. Es ist also $g(x) = \bar{f}(f(x)) = x$ für alle $x \in \mathfrak{D}$.

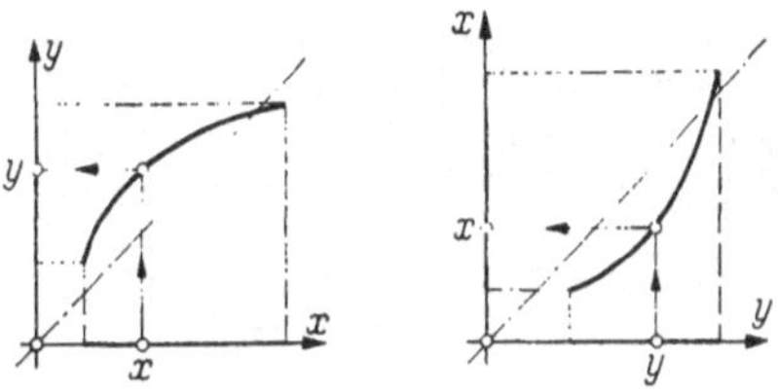

Fig. 17

g wird als *identische Abbildung* von $\mathfrak{D}$ auf sich bezeichnet. Entsprechend erhält man, wenn man zuerst die Abbildung $\bar{f}$ und dann die Abbildung f ausführt, die identische Abbildung h von $\mathfrak{W}$ auf sich, also gilt $h(y) = f(\bar{f}(y)) = y$ für alle $y \in \mathfrak{W}$.

Bildet man die Umkehrfunktion $\bar{\bar{f}}$ der Umkehrfunktion $\bar{f}$ der Ausgangsfunktion f, so erhält man wieder die Ausgangsfunktion f; denn mit $y = f(x)$ folgt

$$\bar{\bar{f}}(x) = \bar{\bar{f}}(\bar{f}(f(x))) = \bar{\bar{f}}(\bar{f}(y)) = y = f(x) \quad \text{für alle } x \in \mathfrak{D}.$$

Ist eine Funktion in $\mathfrak{D}$ umkehrbar eindeutig, so auch in jeder Teilmenge $\bar{\mathfrak{D}}$ von $\mathfrak{D}$. $f(x)$ kann jedoch in der Teilmenge $\bar{\mathfrak{D}} < \mathfrak{D}$ eineindeutig sein, ohne daß $f(x)$ in $\mathfrak{D}$ selbst eineindeutig wäre.

Die wichtigsten eineindeutigen Abbildungen sind die streng monotonen Funktionen, die wir jetzt behandeln.

Aufgabe 2: Sind $f_1(x)$ in $\mathfrak{D}_1$ und $f_2(x)$ in $\mathfrak{D}_2$ eineindeutig, so ist bei $\mathfrak{W}_1 < \mathfrak{D}_2$ auch $g(x) = f_2(f_1(x))$ in $\mathfrak{D}_1$ eineindeutig.

3. Eine Funktion heißt *monoton wachsend*, wenn für alle $x_1, x_2 \in \mathfrak{D}$ mit $x_1 < x_2$ gilt $f(x_1) \leqq f(x_2)$ (vgl. als Beispiel Fig. 18). In der Definition ist enthalten, daß auch die Funktion $y = f(x) = \text{const.}$ (III. 1, Beisp. 5) monoton ist. Die Funktionen der Beispiele 1, 3, 4, 5, 6, 8, 10 in III. 1 sind in ihren Definitionsmengen monoton wachsend.

Eine Funktion heißt *monoton fallend*, wenn für alle $x_1, x_2 \in \mathfrak{D}$ mit $x_1 < x_2$ gilt $f(x_1) \geqq f(x_2)$. Die Funktion $y = f(x) = x^2$ (III. 1, Beisp. 7) ist in der Definitionsmenge $\mathfrak{D} = \{x \mid -1 \leqq x \leqq 1\}$ nicht monoton, jedoch in der Teilmenge $\bar{\mathfrak{D}} = \{x \mid -1 \leqq x \leqq 0\}$

monoton fallend und in der Teilmenge $\hat{\mathfrak{D}} = \{x \mid 0 \leqq x \leqq 1\}$ monoton wachsend (vgl. III. 1, Fig. 5). Man erkennt hieraus deutlich, daß die Eigenschaften einer Funktion von der Menge, in der man sie betrachtet, abhängen. Hier finden

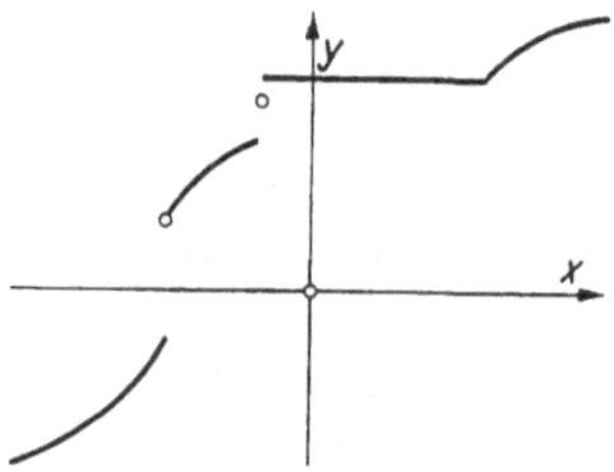

Fig. 18

wir: Ist $f(x)$ in einer Menge monoton, so ist sie auch in jeder Teilmenge monoton. Es kann jedoch durchaus Teilmengen der Definitionsmenge $\mathfrak{D}$ geben, in denen eine Funktion jeweils monoton wachsend ist, ohne daß sie jedoch in $\mathfrak{D}$ selbst monoton wäre.

Aufgabe 3: Man gebe ein Beispiel für eine Funktion $f(x)$ an, die in $[0, 1]$, $]1, 2]$, $]2, 3]$ jeweils monoton wachsend ist, aber in $[0, 3]$ nicht monoton ist.

Aufgabe 4: Es seien $\mathfrak{D}_1, \mathfrak{D}_2, \ldots, \mathfrak{D}_k$ abgeschlossene Intervalle und es sei ferner $\mathfrak{D} = \mathfrak{D}_1 \cup \mathfrak{D}_2 \cup \mathfrak{D}_3 \cup \cdots \cup \mathfrak{D}_k$ ebenfalls ein Intervall. Ist dann $f(x)$ in jedem der Intervalle $\mathfrak{D}_i$ monoton wachsend, so ist $f(x)$ auch in $\mathfrak{D}$ monoton wachsend.

Streng monoton wachsend heißt eine Funktion $f(x)$, wenn mit $x_1 < x_2$ sogar $f(x_1) < f(x_2)$ gilt. Entsprechend heißt $f(x)$ streng monoton fallend, falls aus $x_1 < x_2$ folgt $f(x_1) > f(x_2)$. Die Funktionen der Beispiele 1, 3, 4, 6, 8 aus III. 1 sind in ihren Definitionsmengen streng monoton wachsend.

Ist $f(x)$ in $\mathfrak{D}$ streng monoton, so ist die Abbildung $\mathfrak{D} \xrightarrow{f} \mathfrak{W}$ umkehrbar eindeutig, d. h. zu jedem $y \in \mathfrak{W}$ gehört genau ein $x \in \mathfrak{D}$. Wir führen den Beweis für eine streng monoton wachsende Funktion und nehmen an, es gäbe zu $y \in \mathfrak{W}$ zwei verschiedene Argumentstellen $x_1, x_2 \in \mathfrak{D}$ mit $y = f(x_1) = f(x_2)$. Aus $x_1 \neq x_2$ folgt $x_1 < x_2$ oder $x_2 < x_1$ und daraus wegen der strengen Monotonie $f(x_1) < f(x_2)$ bzw. $f(x_2) < f(x_1)$. Es war jedoch $f(x_1) = f(x_2)$ vorausgesetzt. Es gibt also keine zwei voneinander verschiedenen Argumentstellen x_1, x_2 mit $f(x_1) = f(x_2)$.

Eine streng monotone Funktion $y = f(x)$ bestimmt also eine eindeutige Umkehrabbildung $\mathfrak{W} \xrightarrow{\bar{f}} \mathfrak{D}$ und damit die Umkehrfunktion $x = \bar{f}(y)$ mit der Definitionsmenge $\mathfrak{W}$ und mit der Wertemenge $\mathfrak{D}$.

Mit $f(x)$ ist auch die Umkehrfunktion streng monoton wachsend (bzw. streng monoton fallend). Die Monotonie der Funktion $f(x)$ sagt ja aus, daß aus $x_1 < x_2$ folgt $f(x_1) < f(x_2)$. Würde $f(x_1) < f(x_2)$ nicht $x_1 < x_2$, sondern $x_1 \geqq x_2$ nach sich ziehen, so würde aus dieser letzten Beziehung $f(x_1) \geqq f(x_2)$ folgen, im Gegensatz zu der Voraussetzung $f(x_1) < f(x_2)$.

Aufgabe 5: Sind $f_1(x)$ in $\mathfrak{D}_1$ und $f_2(x)$ in $\mathfrak{D}_2$ monoton wachsend, so ist bei $\mathfrak{D}_2 < \mathfrak{W}_1$ auch $g(x) = f_2(f_1(x))$ in $\mathfrak{D}_1$ monoton wachsend. Wie läßt sich die Aussage für streng monotone Funktionen verschärfen?

IV. Folgen reeller Zahlen

Die Zahl π, so hatten wir angedeutet, kann man als kleinste obere Schranke der Flächeninhalte aller dem Einheitskreis einbeschriebenen n-Ecke erklären. Sehr viel konkreter ist die Methode, die Zahl π als „Grenzwert" einer Folge von Flächeninhalten einbeschriebener n-Ecke zu konstruieren: Man gehe vom regulären 6-Eck, das sich unmittelbar konstruieren läßt, aus und bilde der Reihe nach das reguläre 12-Eck, 24-Eck, ... Die zugehörigen Flächeninhalte bezeichne man mit $F_1, F_2, F_3 \ldots$; das $6 \cdot 2^{n-1}$-Eck hat also den Flächeninhalt F_n. Für große Werte von n, so vermuten wir, unterscheidet sich F_n um beliebig wenig von der Zahl π; wir sagen, F_n strebt gegen π.

Der Folgenbegriff, dessen fundamentale Bedeutung in der Mathematik heute unbestritten ist, hat sich nicht allein aus einzelnen Beispielen, wie dem dargestellten, entwickelt. Als mathematische Konstruktion entstand er vor allem aus der Notwendigkeit, die in der Entwicklungszeit der Differential- und Integralrechnung benutzten, nicht präzisierten

Grenzwertüberlegungen sorgfältig zu begründen. Die Folgen stellen darüber hinaus ein wichtiges Konstruktionshilfsmittel dar.

Die von uns zusammengestellten Eigenschaften der reellen Zahlen sind das Ergebnis eines langen Entwicklungsprozesses: Der Zahlbegriff der Griechen entsprach etwa dem der rationalen Zahlen. Sie erkannten, daß dieser Zahlbegriff zur Lösung gewisser geometrischer Aufgaben nicht ausreicht. An Hand spezieller Fragen, etwa bei der Kreisquadratur, war ihnen die Problematik des Grenzwertbegriffs im Rahmen ihres Zahlsystems bewußt geworden. — Im 17. und 18. Jahrhundert arbeitete man, ohne sich über eine Grundlegung des Zahlbegriffs Gedanken zu machen, im System der reellen Zahlen (unendliche Dezimalbrüche). Erst im 19. Jahrhundert wurden die Beziehungen zwischen Zahlsystem und Grenzwertbegriff geklärt. Wenn man gewisse logische Schlußweisen als unbedenklich ansicht, was wir hier tun, ist damit ein befriedigender Abschluß erreicht.

1. Konvergenz von Folgen

Eine *Folge* ist eine Funktion $f(n)$, deren Definitionsmenge die Menge der natürlichen Zahlen $\mathfrak{Z}$ ist. Eine Folge ist also durch Angabe der Funktionswerte

$$f(1),\ f(2),\ f(3),\ f(4),\ \ldots$$

festgelegt. Hierfür schreiben wir auch, indem wir die Argumente als Indizes setzen,

$$f_1,\ f_2,\ f_3,\ f_4,\ \ldots .$$

Die Funktionswerte sind reelle Zahlen, die den natürlichen Zahlen zugeordnet sind und unter Beachtung dieser Zuordnung als *Elemente der Folge* bezeichnet werden. f_n heißt n-tes Element der Folge. Diese Zuordnung zu den natürlichen Zahlen wird einfach durch die Reihenfolge, in der die Zahlen angegeben sind, hergestellt. Daher rührt der Name Folge oder genauer *Zahlenfolge* oder *unendliche Zahlenfolge.* So sind auch die **Beispiele** zu verstehen:

1. $1, 1, 1, 1, \ldots \qquad (f_n = 1)$
2. $1, \frac{1}{2}, \frac{1}{3}, \frac{1}{4}, \ldots \qquad \left(f_n = \frac{1}{n}\right)$

3. $1, \frac{1}{2}, 1, \frac{2}{3}, 1, \frac{3}{4}, 1, \frac{4}{5}, \ldots \quad \left(f_{2k} = \frac{k}{k+1}, f_{2k-1} = 1\right)$

4. $-\frac{1}{2}, \frac{2}{3}, -\frac{3}{4}, \frac{4}{5}, \ldots \quad \left(f_n = (-1)^n \frac{n}{n+1}\right)$

5. $1, \frac{1}{1}, 1, \frac{1}{2}, 1, \frac{1}{3}, 1, \frac{1}{4}, 1, \frac{1}{5}, \ldots \left(f_{2k} = \frac{1}{k}, f_{2k-1} = 1\right)$

6. $\frac{1}{2}, 1, \frac{1}{3}, \frac{1}{4}, 1, \frac{1}{5}, \frac{1}{6}, 1, \ldots \left((f_{3k-1} = 1, f_{3k-2} = \frac{1}{2k}, f_{3k} = \frac{1}{2k+1}\right)$

Die beiden letztgenannten Folgen (Beispiel 5 und 6) sind zwar aus denselben reellen Zahlen gebildet, diese treten jedoch in verschiedener Reihenfolge auf; es handelt sich deshalb um verschiedene Folgen. — Die angeschriebenen Zahlen in den Beispielen lassen bereits das allgemeine Bildungsgesetz erkennen; die ... fordern, daß dieses Bildungsgesetz auch angewendet wird. Zu den einzelnen Beispielen ist der Funktionswert $f_n = f(n)$, das ist das n-te Element der Folge, für allgemeines n angegeben. In den Beispielen 3 und 5 ist dabei zu beachten, daß für $f(n)$, je nachdem ob n gerade oder ungerade ist, die erste oder zweite Definition mit $k = \frac{n}{2}$ bzw. mit $k = \frac{n+1}{2}$ anzuwenden ist. In Beispiel 6 hat man zu unterscheiden, ob n bei Division durch 3 den Rest 0, 1 oder 2 läßt.

Nicht bei jeder Folge ist es möglich, das n-te Element ohne weiteres direkt anzugeben, obgleich der Funktionswert $f(n)$ sehr wohl eindeutig bestimmt ist. Ein Beispiel hierzu bildet die *rekursiv* definierte Folge:

Beispiel 7: $f_1 = \frac{1}{4}, \quad f_{n+1} = f_n^2 + \frac{1}{4}, \quad n = 1, 2, 3, \ldots$

Bei theoretischen Überlegungen kommt es oft nicht darauf an, eine Folge explizit anzugeben; vielmehr will man die Existenz einer Folge mit bestimmten Eigenschaften sichern. Hierzu ein typisches Beispiel: Es sei eine Menge $\mathfrak{M}$ mit einem Häufungspunkt x_0 gegeben. Nach Definition des Häufungspunktes gibt es in jeder ε-Umgebung von x_0 außer x_0 (mindestens) einen Punkt $x \in \mathfrak{M}$. Wir setzen der Reihe nach $\varepsilon = 1, \frac{1}{2}, \frac{1}{3}, \ldots, \frac{1}{n}, \ldots$ und wählen in der ε-Umgebung mit

$\varepsilon = \frac{1}{n}$ einen Punkt $x_n \in \mathfrak{M}$ aus. So entsteht eine Folge $x_1, x_2, x_3, \ldots$ der Eigenschaft, daß für x_n gilt

$$x_0 - \frac{1}{n} < x_n < x_0 + \frac{1}{n}\,.$$

Eine Folge ist — so wurde sie definiert — eine Funktion, deren Definitionsmenge die Menge der natürlichen Zahlen ist. Die Wertemenge dieser Funktion darf nicht mit der Folge selbst verwechselt werden. Die Wertemenge der Folge aus Beispiel 1 ist $\{1\}$; die Folgen der Beispiele 2, 5 und 6 haben dieselbe Wertemenge $\mathfrak{W} = \left\{ x \,\middle|\, \frac{1}{x} \text{ natürliche Zahl} \right\}$. In den Folgen von Beispiel 5 und 6 wird die Zahl 1 unendlich oft angenommen; die Zahl 1 gehört also zur Wertemenge, ist aber als Element dieser Menge durch nichts vor den anderen Elementen der Menge ausgezeichnet.

Wir wiederholen zwei Definitionen, die bereits für Funktionen allgemein festgelegt wurden:

Eine Folge heißt *nach oben beschränkt*, falls ihre Wertemenge nach oben beschränkt ist. Die Folgen der Beispiele 1 bis 6 sind sämtlich beschränkt. Die Folge

$$1,\quad 1 \cdot 2,\quad 1 \cdot 2 \cdot 3, \cdots, n!, \cdots$$

ist nach unten durch Null, nicht aber nach oben beschränkt.

Eine Folge heißt *monoton wachsend*, wenn mit $n < m$ gilt $f_n \leqq f_m$. Insbesondere ist dann $f_n \leqq f_{n+1}$. Besteht für jedes n die Ungleichung $f_n \leqq f_{n+1}$, so kann man der Reihe nach auf $f_{n+1} \leqq f_{n+2}$, $f_{n+2} \leqq f_{n+3}$, $\ldots$, $f_{m-1} \leqq f_m$ und also nach dem Transitivgesetz der Anordnungseigenschaften auf $f_n \leqq f_m$ für jedes n und m mit $n < m$ schließen. Deshalb sind monoton wachsende Folgen durch $f_n \leqq f_{n+1}$ charakterisiert. Eine Folge mit $f_n < f_{n+1}$ für jedes n heißt *streng monoton wachsend*. — Monoton fallende Folgen bzw. streng monoton fallende Folgen sind entsprechend durch $f_n \geqq f_{n+1}$ bzw. durch $f_n > f_{n+1}$ gekennzeichnet.

Aufgabe 1: Man zeige: Die Folge in Beispiel 7 ist streng monoton wachsend und durch $\frac{1}{2}$ nach oben beschränkt.

Ein anschauliches Bild einer Folge gewinnen wir, indem wir die Funktionswerte auf der Zahlengeraden, versehen mit den zugehörigen Argumenten 1, 2, 3, ... auftragen. So gibt Figur 19 ein Bild für die Folge des Beispiels 4.

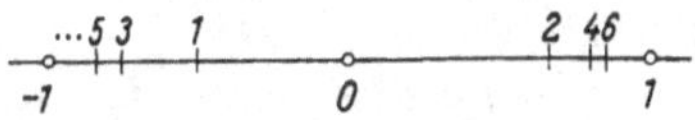

Fig. 19

Bei einer Folge interessiert besonders das Verhalten für große Werte von n. Wir erinnern an das eingangs erwähnte Beispiel der Folge der Flächeninhalte $F_1, F_2, F_3, \ldots, F_n, \ldots$ der regulären $6 \cdot 2^{n-1}$-Ecke ($n = 1, 2, 3, \ldots$).

Die Folgen der Beispiele 1, 2 und 3 zeichnen jeweils einen bestimmten Zahlwert aus, und zwar die Folge 1, 1, 1, ... die Zahl 1 dadurch, daß alle Elemente der Folge mit ihr übereinstimmen, die Folge $1, \frac{1}{2}, \frac{1}{3}, \frac{1}{4}, \ldots$ die Zahl 0 dadurch, daß für alle großen Werte von n die Zahlen $\frac{1}{n}$ der Null sehr nahe kommen, und dasselbe gilt für die Folge
$1, \frac{1}{2}, 1, \frac{2}{3}, 1, \frac{3}{4}, \ldots$ mit Bezug auf den Zahlwert 1.

Dagegen gibt es bei den Folgen der Beispiele 4, 5 und 6 jeweils mehrere Zahlwerte, denen sich für große Werte von n Elemente der Folge nähern; bei $-\frac{1}{2}, \frac{2}{3}, -\frac{3}{4}, \frac{4}{5}, \ldots$ sind dies die Zahlen $1, -1$; bei Beispiel 5 und 6 die Zahlen 1, 0. — Die Folge $1, 1 \cdot 2, 1 \cdot 2 \cdot 3, \cdots, n!, \cdots$ zeichnet für große Werte von n überhaupt keine reelle Zahl aus. In der Folge $1, \frac{1}{2}, 2, \frac{2}{3}, 3, \frac{3}{4}, 4, \ldots$ ist zwar die Zahl 1 dadurch hervorgehoben, daß für große Werte von n gewisse f_n der Zahl 1 sehr nahe kommen. Zu jeder (noch so großen) natürlichen Zahl N gibt es aber auch natürliche Zahlen $n > N$ der Eigenschaft, daß f_n von 1 weit entfernt ist.

Wir knüpfen an die zuerst genannten Beispiele an. Eine Klasse spezieller Folgen, für die diese Beispiele typische Vertreter sind und zu der die anderen genannten Folgen nicht gehören, wollen wir durch die folgende Definition erfassen: *Eine Folge $f_1, f_2, f_3, \ldots$ heißt konvergent mit dem Grenzwert f_0, wenn in jeder Umgebung von f_0 alle bis auf endlich viele Elemente der Folge liegen. f_0 heißt dann Limes oder Grenzwert der Folge. Wir schreiben*

$$\lim_{n \to \infty} f_n = f_0 \quad \textit{oder kürzer} \quad f_n \to f_0.$$

Statt des Ausdrucks „alle bis auf endlich viele“ hat sich die knappere Bezeichnung *fast alle* eingebürgert. Bei einer konvergenten Folge mit dem Limes f_0 enthält also jede Umgebung von f_0 fast alle Elemente der Folge.

Der Grenzwert f_0 einer konvergenten Folge ist eindeutig bestimmt.

Beweis: Ein Punkt $\xi \neq f_0$ kann nicht ebenfalls Limes der Folge sein. Die ε-Umgebung von f_0 und die ε-Umgebung von ξ mit $\varepsilon = \frac{1}{3} | f_0 - \xi |$ haben keinen Punkt gemeinsam; in der Umgebung von f_0 liegen fast alle Elemente der Folge; daher können in der Umgebung von ξ nur endlich viele, also sicher nicht *fast alle* Elemente der Folge liegen.

Bemerkung 1: Wir machen auf die Formulierung „jede Umgebung“ aufmerksam. Interesse haben hierbei natürlich hauptsächlich die „kleinen“, „noch so kleinen“, „beliebig kleinen“ Umgebungen. Aber sie sind in der Formulierung „jede Umgebung“ mit erfaßt. Wir verwenden deshalb diesen knapperen und klareren Ausdruck „jede Umgebung“, zudem der Begriff „kleine“ oder „noch so kleine“ Umgebung nicht erklärt ist.

Die Betonung in dieser Definition liegt aber durchaus auf *jeder* Umgebung; alle Elemente der Folge $a, -a, a, -a, a, -a, \ldots$ mit einer sehr kleinen Zahl $a > 0$ liegen zwar sehr nabe bei Null (oder bei a, oder bei $-a$); diese Folge ist aber nicht konvergent mit dem Grenzwert 0, denn in der Umgebung $\mathfrak{U} = \left\{x \mid -\frac{a}{2} < x < \frac{a}{2}\right\}$ der Zahl 0 liegt kein Element der Folge und sie ist auch nicht konvergent mit dem Grenzwert a, denn die Umgebung $\mathfrak{V} = \left\{x \mid \left(a - \frac{a}{2}\right) < x < \left(a + \frac{a}{2}\right)\right\}$ der Zahl a enthält die unlich vielen Elemente $f_2, f_4, f_6, \ldots$ nicht.

Bemerkung 2: Eine Folge, die nicht konvergiert, wird *divergent* genannt. Auch im übrigen mathematischen Sprachgebrauch bedeutet „divergent" soviel wie „nicht konvergent". Wir verwenden die Sprechweise „nicht konvergent".

Bei einer konvergenten Folge mit dem Grenzwert f_0 gibt es zu jeder Umgebung $\mathfrak{U}$ von f_0 nur endlich viele Elemente, die nicht in $\mathfrak{U}$ liegen. Die zugehörigen Argumentstellen bilden eine endliche Menge natürlicher Zahlen, unter denen es eine größte gibt; es sei das die Zahl N. Dann folgt nach Konstruktion von N, daß alle f_n mit $n > N$ in $\mathfrak{U}$ liegen.

Gibt es umgekehrt zu jeder Umgebung $\mathfrak{U}$ von f_0 eine Zahl N mit der Eigenschaft, daß für alle $n > N$ die Elemente f_n in $\mathfrak{U}$ liegen, so gibt es zu jeder Umgebung $\mathfrak{U}$ höchstens die endlich vielen Elemente $f_1, f_2, f_3, \ldots, f_m$ mit $m = [N]$ (vgl. III. 1, Beisp. 10), die nicht in $\mathfrak{U}$ liegen. Die Zahl N wird allerdings von Umgebung zu Umgebung verschieden sein.

Daraus folgt, daß man die Definition der Konvergenz mit dem Grenzwert f_0 einer Folge auch so fassen kann: Eine Folge $f_1, f_2, f_3, \ldots$ heißt mit dem Grenzwert f_0 konvergent, wenn es zu jeder Umgebung von f_0 eine Zahl N gibt, so daß für alle $n > N$ die f_n in dieser Umgebung von f_0 liegen.

Wir hatten den Umgebungsbegriff auf die Anordnungseigenschaften der reellen Zahlen gegründet und als eine ε-Umgebung von f_0 die Menge $\mathfrak{U} = \{x \mid f_0 - \varepsilon < x < f_0 + \varepsilon\}$ definiert. x liegt in dieser Umgebung (vgl. III. 1. 5), wenn $|f_0 - x| < \varepsilon$ ist. Unter Verwendung dieses Umgebungsbegriffs lautet die Definition der Konvergenz einer Folge: *Eine Folge $f_1, f_2, f_3, \ldots$ heißt konvergent mit dem Grenzwert f_0, wenn zu jedem $\varepsilon > 0$ ein N so existiert, daß für alle $n > N$ $|f_0 - f_n| < \varepsilon$ ist.*

Wir führen den Konvergenzbeweis für einige spezielle Folgen in aller Ausführlichkeit durch.

Wenn man die Konvergenz einer gegebenen Folge $f_1, f_2, f_3, \ldots$ mit dem Grenzwert f_0 erweisen möchte, so muß man doch zu jedem ε ein N kennen, so daß für $n > N$ folgt $|f_n - f_0| < \varepsilon$. Man schickt deshalb dem eigentlichen Konvergenzbeweis eine Überlegung voraus, die der Bestimmung von N dient. Hierzu geht man von $|f_n - f_0|$ aus, und versucht eine solche Abschätzung zu finden, aus der man entnehmen kann, für welche n die Ungleichung

$|f_n - f_0| < \varepsilon$ besteht. Der eigentliche Konvergenzbeweis, bei dem die bereits durchgeführten Abschätzungsschritte verwendet werden können, ist dann nachzutragen.

Beispiel 8: Die Folge $f_n = \frac{1}{n}$ besitzt den Limes $f_0 = 0$. — Fragt man danach, wann $\left|\frac{1}{n} - 0\right| < \varepsilon$ ist, so wird man auf $n > \frac{1}{\varepsilon}$ geführt. Also wählt man $N \geqq \frac{1}{\varepsilon}$.

Nun führt man den eigentlichen Konvergenzbeweis wie folgt: $\varepsilon > 0$ sei vorgegeben und wir wählen $N \geqq \frac{1}{\varepsilon}$; dann folgt aus $n > N$ die Ungleichung $\frac{1}{n} < \frac{1}{N}$ und aus $N \geqq \frac{1}{\varepsilon}$ die Beziehung $\frac{1}{N} \leqq \varepsilon$ und also

$$|f_n - f_0| = \left|\frac{1}{n} - 0\right| = \frac{1}{n} < \frac{1}{N} \leqq \varepsilon .$$

Bei vorgegebenem ε folgt also bei dieser Wahl von N tatsächlich für alle $n > N$ die Ungleichung $|f_n - f_0| < \varepsilon$.

Beispiel 9: Mit $0 < |q| < 1$ und $f_n = q^n$ gilt $f_n \to 0$. Um bei vorgegebenem $\varepsilon > 0$ ein $N(\varepsilon)$ zu finden, müssen wir wissen, für welche n gilt $|q^n| < \varepsilon$. Dies kann man an dieser Ungleichung nicht ohne weiteres erkennen. Man verwendet deshalb einen Trick und setzt $\frac{1}{|q|} = 1 + h$; aus $|q| < 1$ folgt $\frac{1}{|q|} > 1$, und also ist $h > 0$. Dann wird nach der Bernoullischen Ungleichung (vgl. I. 5, Beisp. 3) $\frac{1}{|q|^n} = (1 + h)^n \geqq 1 + nh$ und daraus folgt

$$|q|^n \leqq \frac{1}{1 + nh} < \frac{1}{nh} .$$

$\frac{1}{nh} < \varepsilon$ gilt dann, wenn $n > \frac{1}{\varepsilon h}$ ist. Daher wählen wir $N \geqq \frac{1}{\varepsilon h}$. Der Konvergenzbeweis wird nun wie folgt geführt: Wählen wir zu vorgegebenem $\varepsilon > 0$ die Zahl $N \geqq \frac{1}{\varepsilon h}$ mit $h = \frac{1}{|q|} - 1$, so folgt für alle $n > N$

$$|q^n| = \frac{1}{(1+h)^n} \leqq \frac{1}{1+nh} < \frac{1}{Nh} \leqq \varepsilon$$

Also gilt $q^n \to 0$ für $0 < |q| < 1$. Auch für $q = 0$ ist $q^n \to 0$.

Aufgabe 2: Man zeige, daß

$$\text{a) } f_n = \frac{n}{n^3+n^2+2}, \quad \text{b) } f_n = \frac{n}{n^2+1}, \quad \text{c) } f_n = \frac{(-1)^n}{n^3+n} \quad (n=1,2,3,\ldots)$$

mit dem Grenzwert $f_0 = 0$ konvergente Folgen sind, indem man zu vorgegebenem $\varepsilon > 0$ ein $N(\varepsilon)$ so bestimmt, daß für alle $n > N$ gilt $|f_n| < \varepsilon$.

Aufgabe 3: Man beweise, daß $n^p q^n \to 0$, wenn p eine feste natürliche Zahl und q eine feste reelle Zahl mit $0 < |q| < 1$ ist. Zur Abschätzung mache man (wie in Beisp. 9) den Ansatz $\frac{1}{|q|} = 1 + h$, wende die binomische Formel (I. 5, Aufg. 2) auf $(1+h)^n$ an und berücksichtige dabei nur den Summanden $\binom{n}{p+1} \cdot h^{p+1}$.

Aufgabe 4: Im Anschluß an die Überlegungen auf S. 55, 56 zeige man: Ist x_0 Häufungspunkt einer Menge $\mathfrak{M}$, so gibt es eine Folge $x_1, x_2, x_3, \ldots$ mit $x_k \in \mathfrak{M}$, $k = 1, 2, 3, \ldots$, die mit dem Grenzwert x_0 konvergiert.

Aufgabe 5: Man zeige: Ist $f_1, f_2, f_3, \ldots$ eine mit dem Grenzwert f_0 konvergente Folge und $g_1, g_2, g_3, \ldots$ eine beliebige Folge, so gilt $g_n \to f_0$ dann und nur dann, wenn $(f_n - g_n) \to 0$ konvergiert.

Bemerkung 3: Den Limes f_0 einer konvergenten Folge bezeichnen wir mit $\lim\limits_{n\to\infty} f_n = f_0$. Wir betonen, daß $\lim\limits_{n\to\infty} f_n$ ein zusammengehörendes Symbol ist und nicht etwa als Anweisung gedeutet werden darf, es sei in f_n die natürliche Zahl n durch ∞ zu ersetzen; dies ist unsinnig, denn das Symbol ∞ bezeichnet keine Zahl und f_n ist nur für natürliche n definiert. Das Zeichen ∞ tritt nur in dieser und anderen genau definierten Kombinationen auf.

Bemerkung 4: Gelegentlich stellt man die Frage nach der Konvergenz der Folge $f_1, f_2, f_3, \ldots$ in der Form: existiert $\lim\limits_{n\to\infty} f_n$? Hierbei ist also nach $\lim\limits_{n\to\infty} f_n$ gefragt, falls $f_1, f_2, f_3, \ldots$ konvergiert; andernfalls hat das Symbol $\lim\limits_{n\to\infty} f_n$ keinen Sinn.

Bemerkung 5: Definition der Konvergenz und alle Aussagen über Konvergenzverhalten von Folgen sind von solchem Charakter, daß von *fast allen* Elementen der Folge die Rede ist. Also kann man endlich viele Elemente einer Folge abändern oder auch einfach weglassen, ohne daß sich bei einer Konvergenzaussage über die Folge etwas ändern würde.

Bemerkung 6: Sind $f(n)$ und $n(k)$ in der Menge der natürlichen Zahlen $\mathfrak{Z}$ definiert, also Folgen, so ist auch die zusammengesetzte Funktion $f(n(k))$ eine Folge; um sie bilden zu können, muß die Wertemenge $\mathfrak{W}_1$ von $n(k)$ Teilmenge der Definitionsmenge $\mathfrak{D}_2$ von $f(n)$ sein, d. h. die Werte der Funktion $n(k)$ müssen natürliche Zahlen sein, wie dies schon die Bezeichnung andeutet. Ist $n(k)$ streng monoton, so heißt $f(n(k))$ *Teilfolge* der Ausgangsfolge. Statt $n(k)$ schreiben wir wieder n_k und statt $f(n(k))$ also auch f_{n_k}.

Auf Grund der strengen Monotonie ist $n_k < n_{k+1}$, also $n_k + 1 \leqq n_{k+1}$; ferner ist $n(1) = n_1$ eine natürliche Zahl, also $n_1 \geqq 1$. Daraus folgt durch vollständige Induktion $n_k \geqq k$ für jedes natürliche $k \geqq 1$. Eine Teilfolge ergibt sich also, indem man unter den Elementen der Ausgangsfolge unter Beachtung ihrer Reihenfolge gewisse Elemente auswählt und die restlichen wegläßt. (Beispiel: Ausgangsfolge $1, \frac{1}{2}, \frac{1}{3}, \frac{1}{4}, \ldots$; Teilfolge $\frac{1}{2}, \frac{1}{4}, \frac{1}{6}, \ldots$; es ist $f_{n_1} = f_2, f_{n_2} = f_4, \ldots, f_{n_k} = f_{2k}$, also $n_k = 2k$.)

Mit $f_n \to f_0$ konvergiert auch jede Teilfolge gegen denselben Grenzwert. Denn folgt aus $n > N$ die Beziehung $|f_n - f_0| < \varepsilon$, so folgt aus $i > N$ wegen $n_i \geqq i$ die Beziehung $|f_{n_i} - f_0| < \varepsilon$.

Es kann jedoch allein aus der Konvergenz einer Teilfolge nicht auf die Konvergenz der Ausgangsfolge geschlossen werden. (Siehe in Beispiel 5 die konvergente Teilfolge $f_2, f_4, f_6, \ldots$ oder auch $f_1, f_3, f_5, \ldots$).

Aufgabe 6: Man zeige: Gibt es zu der Folge $f_1, f_2, f_3, \ldots$ k konvergente Teilfolgen, die sämtlich gegen denselben Grenzwert f_0 konvergieren, und kommt jedes Element der Ausgangsfolge (bis auf endlich viele) in wenigstens einer der Teilfolgen vor, so gilt $f_n \to f_0$.

Aufgabe 7: Ist eine Teilfolge der Folge $f_1, f_2, f_3, \ldots$ nicht konvergent, so konvergiert auch $f_1, f_2, f_3, \ldots$ nicht. Gibt es zu $f_1, f_2, f_3, \ldots$ zwei konvergente Teilfolgen mit verschiedenen Grenzwerten, so ist $f_1, f_2, f_3, \ldots$ nicht konvergent.

Aufgabe 8: Gilt $f_n \to f_0$ mit $f_0 \neq 0$, so sind höchstens endlich viele Elemente der Folge $f_1, f_2, f_3, \ldots$ gleich 0.

Indem wir uns jetzt dem Beweis von Regeln über das Rechnen mit konvergenten Folgen und ihren Grenzwerten zuwenden, geben wir zugleich weitere Beispiele für Konvergenzbeweise, die durch Zurückgehen auf die Definition der Konvergenz geführt werden.

2. Rechnen mit konvergenten Folgen

Oft läßt sich die Konvergenz einer Folge dadurch erweisen und es lassen sich Grenzwerte dadurch berechnen, daß man gewisse Rechengesetze anwendet. Solche Rechengesetze leiten wir jetzt her.

Es seien $f_1, f_2, f_3, \ldots$ und $g_1, g_2, g_3, \ldots$ zwei konvergente Folgen mit $f_n \to f_0$ und $g_n \to g_0$. Nach der Definition der Konvergenz gibt es zu jedem $\varepsilon > 0$ ein $N_1(\varepsilon)$, so daß für alle $n > N_1$ gilt $|f_n - f_0| < \varepsilon$, und ein $N_2(\varepsilon)$, so daß für alle $n > N_2$ gilt $|g_n - g_0| < \varepsilon$.

1. *Mit* $f_n \to f_0$ *gilt* $cf_n \to cf_0$ (c ist eine von n unabhängige Zahl, d. h. eine Konstante).

Zuerst schätzen wir den Ausdruck $|cf_n - cf_0|$ ab und finden $|cf_n - cf_0| = |c|\,|f_n - f_0| < |c|\,\varepsilon$.

Zum Konvergenzbeweis der Folge cf_n mit dem Grenzwert cf_0 unterscheiden wir zwei Fälle. Ist $c = 0$, so ist $cf_n = 0$, $cf_0 = 0$ und also $cf_n \to cf_0$. Ist $c \neq 0$, so sei zu vorgegebenem $\bar{\varepsilon} > 0$ die positive Größe ε aus $|c|\,\varepsilon = \bar{\varepsilon}$ bestimmt. Zu $\bar{\varepsilon}$ müssen wir ein $N(\bar{\varepsilon})$ angeben, so daß für alle $n > N(\bar{\varepsilon})$ gilt $|cf_n - cf_0| < \bar{\varepsilon}$. Wir wählen $N(\bar{\varepsilon}) = N_1(\varepsilon)$ mit $\varepsilon = \frac{\bar{\varepsilon}}{|c|}$ und finden für $n > N(\bar{\varepsilon})$ die Ungleichung $|cf_n - cf_0| < |c|\,\varepsilon = \bar{\varepsilon}$. Damit ist bewiesen, daß $cf_n \to cf_0$ für jedes feste c gilt.

2. *Mit* $f_n \to f_0$, $g_n \to g_0$ *gilt* $(f_n + g_n) \to (f_0 + g_0)$. Wir schätzen ab:

$$|(f_n + g_n) - (f_0 + g_0)| \leqq |f_n - f_0| + |g_n - g_0| < \varepsilon + \varepsilon$$

Zum Konvergenzbeweis wählen wir zu vorgegebenem $\bar{\varepsilon} > 0$ die positive Größe $\varepsilon = \frac{\bar{\varepsilon}}{2}$; hierzu gibt es nach Voraussetzung

$N_1(\varepsilon)$ und $N_2(\varepsilon)$, so daß für alle $n > N_1(\varepsilon)$ gilt $|f_n - f_0| < \varepsilon$ und für alle $n > N_2(\varepsilon)$ gilt $|g_n - g_0| < \varepsilon$. Ist also $N(\bar{\varepsilon})$ die größere der beiden Zahlen $N_1(\varepsilon)$, $N_2(\varepsilon)$, so folgt aus $n > N(\varepsilon)$ die Ungleichung

$$|(f_n + g_n) - (f_0 + g_0)| < \varepsilon + \varepsilon = \bar{\varepsilon}.$$

Beispiel 1: Die Folge $f_n = 1 + q + q^2 + \cdots + q^{n-1}$ mit $|q| < 1$ konvergiert: $f_n \to \frac{1}{1-q}$. Durch Ausmultiplizieren bestätigt man $(1 + q + q^2 + \cdots + q^{n-1})(1 - q) = 1 - q^n$ und findet also $f_n = \frac{1-q^n}{1-q}$ (vgl. I. 5, Aufg. 3). Daraus folgt $f_n = \frac{1}{1-q} - \frac{1}{1-q} \cdot q^n$, $n = 1, 2, 3 \ldots$. Nach 1. und 2. folgt wegen $q^n \to 0$ (vgl. IV. 1, Beisp. 9) die Behauptung.

3. *Mit $f_n \to f_0$, $g_n \to g_0$ gilt $f_n \cdot g_n \to f_0 \cdot g_0$.* Wir schätzen ab: $|f_n \cdot g_n - f_0 \cdot g_0| =$

$$\begin{aligned} &= |(f_n - f_0)(g_n - g_0) + g_0(f_n - f_0) + f_0(g_n - g_0)| \\ &\leqq |f_n - f_0|\,|g_n - g_0| + |g_0|\,|f_n - f_0| + |f_0|\,|g_n - g_0| \\ &< \varepsilon^2 + |g_0|\,\varepsilon + |f_0|\,\varepsilon \leqq \varepsilon(1 + |f_0| + |g_0|) \text{ bei } \varepsilon \leqq 1. \end{aligned}$$

Zu vorgegebenem $\bar{\varepsilon} > 0$ bestimmen wir

$$\varepsilon = \min\{1, \bar{\varepsilon}(1 + |f_0| + |g_0|)^{-1}\}$$

und finden auf Grund der Konvergenz der beiden Ausgangsfolgen für $n > N_1(\varepsilon)$ und $n > N_2(\varepsilon)$: $|f_n - f_0| < \varepsilon$ und $|g_n - g_0| < \varepsilon$. Ist also $N(\bar{\varepsilon})$ die größere der beiden Zahlen $N_1(\varepsilon)$ und $N_2(\varepsilon)$, so gilt für $n > N$ die Beziehung

$$|f_n g_n - f_0 g_0| < (1 + |f_0| + |g_0|)\varepsilon \leqq \bar{\varepsilon}.$$

Bemerkung 1: Setzt man $g_n = f_n$, so kann man aus der Konvergenz von $f_n \to f_0$ auf die Konvergenz von $f_n^2 \to f_0^2$ schließen. Durch vollständige Induktion folgt dann die Konvergenz von $f_n^k \to f_0^k$ für jede natürliche Zahl k. Bei mehrfacher Anwendung der Regeln 1 und 2 sieht man weiter, daß aus $f_n \to f_0$ folgt

$$(c_0 + c_1 f_n + c_2 f_n^2 + c_3 f_n^3 + \cdots + c_k f_n^k) \to \\ \to (c_0 + c_1 f_0 + c_2 f_0^2 + c_3 f_0^3 + \cdots + c_k f_0^k),$$

wobei $c_0, c_1, \ldots, c_k$ festgewählte reelle Zahlen sind. Da man $P(x) = c_0 + c_1 x + c_2 x^2 + c_3 x^3 + \cdots + c_k x^k$ als Polynom bezeichnet (vgl. III. 1. 4), kann man das Ergebnis auch so aussprechen: *Ist $P(x)$ ein Polynom, so gilt mit $x_n \to x_0$ auch $P(x_n) \to P(x_0)$.*

4. *Mit $f_n \to f_0$ gilt $|f_n| \to |f_0|$.*

Es ist $\big||f_n| - |f_0|\big| \leqq |f_n - f_0| < \varepsilon$ für alle $n > N_1(\varepsilon)$. Aus der Konvergenz der Folge $|f_n|$ folgt jedoch ohne zusätzliche Voraussetzung keine Aussage über die Folge f_n selbst. Dies zeigt das Beispiel der nichtkonvergenten Folge $f_n = (-1)^n \cdot \frac{n}{n+1}$, $n = 1, 2, 3, \ldots$; dagegen gilt $|f_n| = \frac{n}{n+1} \to 1$. Aber: *Mit $|f_n| \to 0$ gilt $f_n \to 0$.* Besteht für $n > N$ die Ungleichung $\big||f_n| - 0\big| < \varepsilon$, so ist ja auch $|f_n - 0| < \varepsilon$.

5. *Mit $f_n \to f_0$ und $f_0 \neq 0$ gilt $\frac{1}{f_n} \to \frac{1}{f_0}$.* Hierbei ist $f_n \neq 0$ vorauszusetzen, damit $\frac{1}{f_n}$ einen Sinn hat. Sollte die Ausgangsfolge Elemente enthalten, die gleich Null sind — wegen $f_0 \neq 0$ kann es sich dabei nur um endlich viele handeln (vgl. IV. 1, Aufg. 8) —, so betrachten wir die Teilfolge, die aus ihr durch Weglassen dieser Elemente entsteht.

Es ist $\left|\frac{1}{f_n} - \frac{1}{f_0}\right| = \left|\frac{f_0 - f_n}{f_0 \cdot f_n}\right| = \frac{|f_0 - f_n|}{|f_0|\,|f_n|}$. Um in diesem Ausdruck $\frac{1}{|f_n|}$ abzuschätzen, grenzt man eine Umgebung von 0, etwa die ε-Umgebung mit $\varepsilon = \frac{|f_0|}{2}$, ab und wird weiter nur die Elemente der Folge $f_1, f_2, f_3, \ldots$ betrachten, die

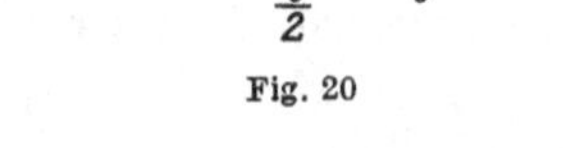

Fig. 20

nicht in dieser Umgebung von 0 liegen. Ist nun $|f_n - f_0| \leqq \frac{f_0}{2}$, so liegt f_n nicht in dieser ε-Umgebung von 0, es ist also $|f_n| \geqq \frac{|f_0|}{2}$ (man vgl. die Figur 20). Daraus folgt dann $\frac{1}{|f_n|} \leqq \frac{2}{|f_0|}$ und weiter $\left|\frac{1}{f_n} - \frac{1}{f_0}\right| \leqq \frac{2\,|f_0 - f_n|}{|f_0|^2}$.

Zum eigentlichen Konvergenzbeweis geben wir $\bar{\varepsilon}$ vor und setzen $\varepsilon = \min\left\{\frac{|f_0|^2 \cdot \bar{\varepsilon}}{2}, \frac{|f_0|}{2}\right\}$. Nach Voraussetzung gibt es zu diesem ε ein N, so daß für $n > N$ gilt $|f_n - f_0| < \varepsilon$. Daraus folgt bei $n > N$ wegen $|f_n - f_0| < \frac{|f_0|}{2}$

$$|f_0| = |f_0 - f_n + f_n| \leqq |f_0 - f_n| + |f_n| < \frac{|f_0|}{2} + |f_n|$$

und also $|f_n| > \frac{|f_0|}{2}$ und weiter $\left|\frac{1}{f_n} - \frac{1}{f_0}\right| < \frac{2\,\varepsilon}{|f_0|^2} \leqq \bar{\varepsilon}$.

Bemerkung 2: In Verbindung mit Bemerkung 1 folgt: Sind $P_1(x)$ und $P_2(x)$ Polynome mit $P_2(x_0) \neq 0$, so folgt für die gebrochene rationale Funktion $R(x) = \frac{P_1(x)}{P_2(x)}$ aus $x_n \to x_0$: $R(x_n) \to R(x_0)$.

6. *Aus $f_n < g_n$ oder aus $f_n \leqq g_n$ für fast alle n folgt $f_0 \leqq g_0$.* Den Beweis führen wir indirekt. Wäre $f_0 > g_0$, so könnten wir eine Umgebung $\mathfrak{U}$ von f_0 und eine Umgebung $\mathfrak{V}$ von g_0 angeben, so daß $\mathfrak{U}$ und $\mathfrak{V}$ keinen Punkt gemein hätten. (Man verwende etwa jeweils die ε-Umgebung mit $\varepsilon = \frac{1}{3}|f_0 - g_0|$). Diese Umgebungen würden aber fast alle Elemente der Folge $f_1, f_2, f_3, \ldots$ bzw. $g_1, g_2, g_3, \ldots$ enthalten und es wäre für fast alle n die Ungleichung $f_n > g_n$ erfüllt, die der Voraussetzung widerspricht. Unsere Annahme $f_0 > g_0$ ist also falsch; es gilt $f_0 \leqq g_0$.

Der Beweis zeigt deutlich, daß aus $f_n < g_n$ auch nur auf $f_0 \leqq g_0$ geschlossen werden darf. Hierzu betrachte man etwa die Folgen $f_n = 0$, $g_n = \frac{1}{n}$, $n = 1, 2, 3, \ldots$ Obwohl für jedes n gilt $f_n < g_n$, ist $f_0 = g_0 = 0$.

Bemerkung 3: Ist $a_n \leqq f_n \leqq b_n$ für fast alle n und gilt $a_n \to a_0$, $b_n \to b_0$ mit $a_0 = b_0$, so gilt auch $f_n \to f_0$ und es ist $a_0 = f_0 = b_0$. Zu jeder Umgebung von a_0 gibt es ein N, so daß für alle $n > N$ sowohl a_n wie auch b_n in der Umgebung von a_0 liegen. Wegen

$a_n \leqq f_n \leqq b_n$ liegt dann auch f_n in dieser Umgebung für alle $n > N$. Dies ist aber die Konvergenzaussage $f_n \to f_0 = a_0$.

Beispiel 2: Die Folge $f_1, f_2, f_3, \ldots$ mit $f_n = \frac{x^n}{n!}$ konvergiert für jede reelle Zahl x gegen $f_0 = 0$. Es sei n_0 eine festgewählte natürliche Zahl $n_0 > 2x$ und $n > n_0$. Wir schreiben

$$f_n = \frac{x^{n_0}}{n_0!} \cdot \frac{x}{n_0+1} \cdot \frac{x}{n_0+2} \cdot \ldots \cdot \frac{x}{n}$$

und erhalten mit $k > n_0$ wegen $\frac{x}{k} < \frac{x}{n_0} < \frac{1}{2}$ die Abschätzung

$$|f_n| \leqq \left|\frac{x^{n_0}}{n_0!}\right| \left(\frac{1}{2}\right)^{n-n_0} = \left|\frac{x^{n_0}}{n_0!}\right| 2^{n_0} \cdot \frac{1}{2^n}.$$

Für $n > n_0$ gilt also $0 \leqq |f_n| \leqq C \cdot \frac{1}{2^n}$, wobei $C = \left|\frac{x}{n_0!}\right| 2^{n_0}$ von n unabhängig ist. Mit $\frac{1}{2^n} \to 0$ folgt daraus $|f_n| \to 0$, also nach 4. auch $f_n \to 0$.

Beispiel 3: Für die Folge $f_1, f_2, f_3, \ldots$ mit $f_n = \binom{\alpha}{n} x^n$ und $0 < |x| < 1$ gilt $f_n \to 0$. Darin ist $\binom{\alpha}{n} = \frac{\alpha(\alpha-1)\ldots(\alpha-n+1)}{1 \cdot 2 \cdot \ldots \cdot n}$ mit einer beliebigen reellen Zahl α; für eine natürliche Zahl α ist das Symbol $\binom{x}{n}$ in gleicher Weise schon früher (I. 5, Aufg. 2) definiert worden. — Setzen wir $p = [\,|\alpha|\,]$ (vgl. III. 1, Beisp. 10), so ist $|\alpha| < p + 1$ mit einer natürlichen Zahl p und also

$$\left|\binom{\alpha}{n}\right| = \frac{|\alpha| \cdot |\alpha - 1| \cdot \ldots \cdot |\alpha - (n-1)|}{1 \cdot 2 \cdot 3 \cdot \ldots \cdot n}$$

$$\leqq \frac{|\alpha| \cdot (|\alpha| + 1) \cdot \ldots \cdot (|\alpha| + n - 1)}{1 \cdot 2 \cdot 3 \cdot \ldots \cdot n} <$$

$$< \frac{(p+1)(p+2)\ldots(p+n)}{1 \cdot 2 \cdot 3 \cdot \ldots \cdot n} = \frac{(n+1)(n+2)\ldots(n+p)}{1 \cdot 2 \cdot 3 \cdot \ldots \cdot p},$$

wobei die letzte Gleichung bei $p < n$ durch Kürzen, bei $p > n$ durch Erweitern entstand. Der letzte Ausdruck ist ein Polynom $P_p(n)$ von festem Grade p. Aus IV. 1, Aufg. 3 in Verbindung mit den Regeln 1. und 2. folgt $P_p(n)\,|x|^n \to 0$ und daraus nach 6. $|f_n| \to 0$ und also nach 4. auch $f_n \to 0$.

Aufgabe 1: Man beweise: Für $0 < |x| < 1$ gilt $\lim_{n \to \infty} \binom{\alpha}{n} n x^n = 0$.

3. Konvergenzkriterien

1. Wir haben eingangs die Konvergenz einer Folge $f_1, f_2, f_3, \ldots$ mit dem Limes f_0 definiert; dieser Grenzwert f_0 tritt mit in der Definition auf. Immer dann, wenn eine bestimmte Zahl f_0 als Limes einer Folge nachgewiesen werden soll, muß man auf diese Definition zurückgehen.

Oftmals hat man aber zu entscheiden, ob eine Folge konvergiert oder nicht, auch wenn man den Grenzwert f_0 selbst nicht kennt (ist die Existenz eines Grenzwertes gesichert, kann man diesen eventuell wenigstens näherungsweise bestimmen). — Tatsächlich kann man aus gewissen Eigenschaften einer Folge auf deren Konvergenz schließen, ohne den Grenzwert f_0 zu kennen. Solche für die Konvergenz einer Folge hinreichenden Bedingungen nennt man *Konvergenzkriterien.*

Wir beschäftigen uns hier zunächst mit konvergenten Folgen, um Eigenschaften kennenzulernen, die jeder konvergenten Folge zukommen und also Bedingungen darstellen, die für die Konvergenz einer Folge notwendig sind. Wir untersuchen die Wertemenge einer konvergenten Folge. Es sei also $f_n \to f_0$ eine konvergente Folge mit dem Limes f_0. Wir wissen, daß in einer Umgebung von f_0 fast alle Elemente der Folge liegen. Außerhalb der Umgebung gibt es nur endlich viele Elemente. Da es unter endlich vielen Zahlen eine größte und eine kleinste gibt, so folgt: *Eine konvergente Folge ist notwendig beschränkt.*

Die Wertemenge einer Folge ist nicht leer, sie kann endlich (siehe IV. 1 Beisp. 1), aber natürlich auch unendlich (siehe IV. 1 Beisp. 2) sein. Ist sie endlich, so wird mindestens einer dieser endlich vielen Werte unendlich oft angenommen. Nach dem sogenannten Schubfachprinzip müssen, wenn man unendlich viele Dinge (hier Elemente der Folge) in endlich viele Schubfächer (hier in endlich viele Werte, die angenommen werden) verteilt, auf mindestens ein Schubfach unendlich viele Dinge entfallen. Würden auf alle endlich vielen Schubfächer nur endlich viele Dinge entfallen, so wäre ja die Gesamtmenge endlich gewesen.

Ist die Wertemenge unendlich, so kann trotzdem ein Wert unendlich oft angenommen werden (siehe IV. 1, Beisp. 5), es braucht dies jedoch nicht der Fall zu sein (siehe IV. 1, Beisp. 2).

Bei konvergenten Folgen ist die Wertemenge notwendig beschränkt und besitzt also, wenn sie unendlich ist, nach dem Satz von Bolzano-Weierstraß (vgl. II. 3. 3) mindestens einen Häufungspunkt.

Wir zeigen: *Haben unendlich viele Elemente einer konvergenten Folge $f_1, f_2, f_3, \ldots$ denselben Wert $\bar{f}_0$, so ist dieser Wert $\bar{f}_0$ Limes der Folge. Hat die Wertemenge einer konvergenten Folge einen Häufungspunkt $\bar{f}_0$, so ist dieser Häufungspunkt Limes der Folge.*

Den Beweis beider Sätze führen wir gemeinsam, und zwar indirekt. Es gelte $f_n \to f_0$; wir nehmen aber an, es sei $f_0 \neq \bar{f}_0$. Dann gäbe es eine Umgebung von f_0 und eine Umgebung von $\bar{f}_0$, so daß beide Umgebungen keinen Punkt gemeinsam haben. (Man wähle etwa jeweils eine ε-Umgebung mit $\varepsilon = \frac{1}{3} |f_0 - \bar{f}_0|$.) Da in der Umgebung von f_0 fast alle Elemente der Folge liegen, gibt es in der Umgebung von $\bar{f}_0$ höchstens endlich viele Elemente der Folge; dies kann nicht sein, wenn $\bar{f}_0$ Häufungspunkt der Wertemenge ist, und auch nicht, wenn $\bar{f}_0$ von den Elementen der Folge unendlich oft angenommen wird. Unsere Annahme $f_0 \neq \bar{f}_0$ ist also nicht haltbar. Zusammenfassend erhalten wir über die Wertemenge einer konvergenten Folge die Aussagen:

1. Die Wertemenge ist beschränkt.

2. Die Wertemenge hat nicht mehr als einen Häufungspunkt.

3. Die Wertemenge besitzt nicht mehr als einen Wert, der unendlich oft angenommen wird.

4. Besitzt die Wertemenge einen Häufungspunkt $\bar{f}_0$ und einen Wert $\hat{f}_0$, der von den Elementen der Folge unendlich oft angenommen wird, so ist $\bar{f}_0 = \hat{f}_0$.

Eine konvergente Folge besitzt, wie wir sahen, die Eigenschaften 1. 2. 3. 4.; jede dieser Eigenschaften stellt also eine notwendige Bedingung an die Wertemenge einer Folge dar, damit diese konvergiert. Zusammengenommen sind die Eigenschaften 1. 2. 3. 4. aber auch hinreichend für die Konvergenz der Folge. Also gilt: *Eine Folge konvergiert genau dann, wenn ihre Wertemenge die Eigenschaften 1. 2. 3. 4. hat.*

Wir haben noch zu beweisen, daß eine Folge mit den Eigenschaften 1. 2. 3. 4. tatsächlich konvergiert.

Ist die Wertemenge endlich, so gibt es nach 3. nur den einen Wert $\hat{f}_0$, der unendlich oft angenommen wird, und es gilt $f_n \to \hat{f}_0$, weil fast alle f_n gleich $\hat{f}_0$ sind.

Ist die Wertemenge unendlich, so besitzt diese nach 1. und dem Satz von Bolzano-Weierstraß mindestens und nach 2. höchstens, also genau einen Häufungspunkt $\bar{f}_0$. Nach 4. können die Elemente der Folge höchstens diesen Wert $\bar{f}_0$ unendlich oft annehmen. Es liegen dann in jeder Umgebung von $\bar{f}_0$ fast alle Elemente der Folge.

Bemerkung 1: Ist die Folge $f_1, f_2, f_3, \ldots$ beschränkt, so gibt es entweder unendlich viele Elemente der Folge, die einander gleich sind, oder die Wertemenge hat mindestens einen Häufungspunkt f_0 oder beides ist der Fall. In jedem Fall kann man eine konvergente Teilfolge konstruieren. In dem ersten Fall seien $f_{n_1}, f_{n_2}, f_{n_3}, \ldots$ die in ihrer natürlichen Reihenfolge genannten Elemente der Ausgangsfolge, die miteinander übereinstimmen. Im zweiten Fall gehen wir so vor: f_{n_1} sei ein Element mit $|f_0 - f_{n_1}| < 1$; ist dann $f_{n_1}, f_{n_2}, \ldots, f_{n_k}$ schon bestimmt, so wählen wir $f_{n_{k+1}}$ unter den Elementen $f_{n_k+1}, f_{n_k+2}, f_{n_k+3}, \ldots$ so aus, daß $|f_0 - f_{n_{k+1}}| < \frac{1}{k+1}$ ist. Eine solche Wahl ist möglich, da in jeder Umgebung von f_0 unendlich viele Elemente der Wertemenge der Ausgangsfolge liegen (vgl. II. 3, Aufg. 8).

Man verwendet diese Aussage meist in folgendem Zusammenhang: *Ist die Folge $f_1, f_2, f_3, \ldots$ beschränkt, so existiert (mindestens) eine konvergente Teilfolge* $f_{n_1}, f_{n_2}, f_{n_3}, \ldots$ mit $\lim\limits_{i \to \infty} f_{n_i} = f_0$. Über f_0 kann man natürlich nicht viel aussagen; man benötigt bei der Anwendung dieses Satzes lediglich die Existenz einer konvergenten Teilfolge, nicht aber die Kenntnis ihres Grenzwertes f_0.

2. Die Folge f_n heißt konvergent mit dem Grenzwert f_0, wenn zu jedem $\varepsilon > 0$ ein $N(\varepsilon)$ so existiert, daß für alle $n > N$ gilt $|f_n - f_0| < \varepsilon$. Für eine konvergente Folge ist also bei $n > N$, $m > N$ weiter auch

$$|f_n - f_m| = |(f_n - f_0) - (f_m - f_0)| \leqq |f_n - f_0| + |f_m - f_0| < 2\varepsilon.$$

Bei einer konvergenten Folge gibt es also zu jedem $\varepsilon > 0$ ein N, so daß für alle $n > N$, $m > N$ gilt $|f_n - f_m| < 2\varepsilon$. Wir wollen Folgen mit dieser Eigenschaft *konzentriert* nennen (Cauchy-*Folgen*, *Fundamentalfolgen*): Eine Folge heißt *konzentriert*, wenn es zu jedem $\varepsilon > 0$ ein N gibt, so daß für alle $n > N$, $m > N$ gilt $|f_n - f_m| < \varepsilon$. Wir haben eben bewiesen: *Eine konvergente Folge ist konzentriert.*

Wir werden zeigen – und in dieser Umkehrung liegt die Bedeutung dieser Überlegungen –, daß die konzentrierten Folgen konvergent sind. Dies führt auf die Charakterisierung der konvergenten Folgen durch das sogenannte Cauchy*sche Konvergenzkriterium: Eine Folge $f_1, f_2, f_3, \ldots$ ist dann und nur dann konvergent, wenn es zu jedem $\varepsilon > 0$ ein $N(\varepsilon)$ gibt, so daß für alle $n > N$ und alle $m > N$ gilt $|f_n - f_m| < \varepsilon$.*

Wir haben zu beweisen, daß eine konzentrierte Folge tatsächlich konvergiert. Voraussetzung ist, daß zu jedem $\varepsilon > 0$ ein $N(\varepsilon)$ so existiert, daß für alle $n > N$, $m > N$ gilt $|f_n - f_m| < \varepsilon$. Hieraus ist die Konvergenz mit einem Grenzwert f_0 zu erweisen, und die erste Schwierigkeit beruht darin, daß wir f_0 noch nicht kennen. Zuerst ist also f_0 zu konstruieren.

Hierzu wählen wir für ε einen speziellen Wert, etwa $\varepsilon = 1$, und wählen für n eine feste Zahl $n_0 > N(1)$. Dann sagt die Voraussetzung $|f_{n_0} - f_m| < \varepsilon = 1$ aus, daß fast alle Elemente der Folge in dieser Umgebung des festgewählten Elementes f_{n_0} liegen. Da es unter den anderen endlich vielen Elementen ein größtes und ein kleinstes Element gibt, so folgt, daß die Wertemenge unserer Folge beschränkt ist.

Nach Bemerkung 1 gibt es zu einer beschränkten Folge (mindestens) eine konvergente Teilfolge $f_{n_1}, f_{n_2}, f_{n_3}, \ldots$; ihr Grenzwert sei f_0. Wir werden zeigen, daß f_0 auch Limes der Ausgangsfolge ist.

Nach Voraussetzung können wir zu vorgegebenem $\varepsilon > 0$ N_1 so wählen, daß für $k > N_1$, $m > N_1$ gilt $|f_k - f_m| < \varepsilon$. Ferner können wir wegen der Konvergenz der Teilfolge $N_2(\varepsilon)$ so wählen, daß für $k > N_2$ gilt $|f_{n_k} - f_0| < \varepsilon$. Setzen wir $N = \max\{N_1, N_2\}$, so ist mit $k > N$ auch $k > N_1$, $k > N_2$, und wegen $n_k \geqq k$ auch $n_k > N_1$. Damit folgt

$$\begin{aligned} |f_k - f_0| &= |f_k - f_{n_k} + f_{n_k} - f_0| \\ &\leqq |f_k - f_{n_k}| + |f_{n_k} - f_0| < \varepsilon + \varepsilon = 2\varepsilon. \end{aligned}$$

Zu vorgegebenem $2\varepsilon > 0$ gibt es also N, so daß sich aus $k > N$ die Ungleichung $|f_k - f_0| < 2\varepsilon$ ergibt. Damit ist bewiesen, daß $f_1, f_2, f_3, \ldots$ konvergent ist mit dem Grenzwert f_0.

Das Cauchysche Konvergenzkriterium ist also nicht nur notwendig, sondern auch hinreichend für die Konvergenz einer Folge.

3. Unter den Folgen mit speziellen Eigenschaften haben die monotonen Folgen große Bedeutung. Für sie gilt: *Eine monoton wachsende Folge ist dann und nur dann konvergent, wenn sie nach oben beschränkt ist. Limes einer nach oben beschränkten, monoton wachsenden Folge ist die kleinste obere Schranke der Wertemenge.*

Eine konvergente Folge ist notwendig beschränkt. Es bleibt noch zu zeigen, daß eine monoton wachsende Folge, die nach oben beschränkt ist, konvergiert.

Die Wertemenge einer solchen nach oben beschränkten Folge $f_1, f_2, f_3, \ldots$ besitzt nach der Eigenschaft der Vollständigkeit eine kleinste obere Schranke ξ. Wir zeigen: Es gilt $f_n \to \xi$. Jedenfalls gibt es in jeder Umgebung von ξ (mindestens) ein Element der Folge. Wir betrachten eine Umgebung $\mathfrak{U}$ von ξ und es sei f_N das in der Umgebung $\mathfrak{U}$ gelegene Element der Folge. Dann ist wegen der Monotonie $f_n \geqq f_N$ für $n > N$, und dies bedeutet, daß für $n > N$ gilt $f_N \leqq f_n \leqq \xi$.

Also gibt es zu jeder Umgebung $\mathfrak{U}$ von ξ ein N, so daß für alle $n > N$ die Elemente f_n in der Umgebung von ξ liegen. Dies ist genau die Definition der Konvergenz der Folge $f_1, f_2, f_3, \ldots$ mit dem Limes ξ.

Beispiel 1: Die Folge $f_n = \left(1 + \frac{1}{n}\right)^n$ ist monoton wachsend und durch die Zahl 3 nach oben beschränkt. f_n ist somit konvergent; man bezeichnet den Limes dieser Folge mit e:

$$\left(1 + \frac{1}{n}\right)^n \to e.$$

Die Monotonie: Bei $n \geqq 2$ ist

$$f_n - f_{n-1} = \left(1 + \frac{1}{n}\right)^n - \left(1 + \frac{1}{n-1}\right)^{n-1} = \left(\frac{n+1}{n}\right)^n - \left(\frac{n}{n-1}\right)^{n-1}$$

und nach der Bernoullischen Ungleichung

$$(f_n - f_{n-1})\left(\frac{n-1}{n}\right)^n = \left(\frac{n^2-1}{n^2}\right)^n - \frac{n-1}{n} =$$

$$\left(1 - \frac{1}{n^2}\right)^n - 1 + \frac{1}{n} \geqq 1 - n \cdot \frac{1}{n^2} - 1 + \frac{1}{n} = 0;$$

somit folgt $f_n \geqq f_{n-1}$.

Die Beschränktheit erweist man mit Hilfe der binomischen Formel; zur Abschätzung vergrößert man kann jeden einzelnen Summanden:

$$\begin{aligned}
f_n = \left(1 + \frac{1}{n}\right)^n &= 1 + \binom{n}{1} \cdot \frac{1}{n} + \binom{n}{2} \cdot \frac{1}{n^2} + \binom{n}{3} \cdot \frac{1}{n^3} + \cdots + \frac{1}{n^n} \\
&= 1 + 1 + \frac{n(n-1)}{2 \cdot n \cdot n} + \frac{n(n-1)(n-2)}{2 \cdot 3 \cdot n \cdot n \cdot n} + \cdots + \frac{1}{n^n} \\
&< 1 + 1 + \frac{1}{2} + \frac{1}{2 \cdot 3} + \cdots + \frac{1}{n!} \\
&< 1 + 1 + \frac{1}{2} + \frac{1}{2^2} + \cdots + \frac{1}{2^{n-1}} \\
&= 1 + \frac{1 - \left(\frac{1}{2}\right)^n}{1 - \frac{1}{2}} = 1 + 2 - 2 \cdot \left(\frac{1}{2}\right)^n < 3.
\end{aligned}$$

Beispiel 2: Die Folge $f_1, f_2, f_3, \ldots$ in IV. 1, Beisp. 7 $f_1 = \frac{1}{4}$, $f_{n+1} = f_n^2 + \frac{1}{4}$, $n = 1, 2, 3, \ldots$ ist mit dem Grenzwert $f_0 = \frac{1}{2}$ konvergent. Die Folge ist monoton wachsend und nach oben beschränkt (vgl. IV. 1, Aufg. 1), also konvergent. Mit $f_n \to f_0$ folgt aus den Definitionsgleichungen nach den Regeln für das Rechnen mit konvergenten Folgen $f_0 = f_0^2 + \frac{1}{4}$. Diese Gleichung hat nur die eine Lösung $f_0 = \frac{1}{2}$.

Eine solche Überlegung *vor* dem eigentlichen Konvergenzbeweis erleichtert gegebenenfalls dessen Durchführung. Man überzeuge sich (vgl. IV. 1, Aufg. 1), daß der Nachweis der Beschränktheit der Folge $f_1, f_2, f_3, \ldots$ durch vollständige Induktion nur für die Schranke $\frac{1}{2}$ glatt verläuft.

Aufgabe 1: Man beweise die Konvergenz der Folge $f_n = 2^{-2n}\binom{2n}{n}$, $n = 1, 2, 3, \ldots$.

Ist $f_1, f_2, f_3, \ldots$ eine monoton wachsende Folge und K eine obere Schranke, so gilt $f_n \to f_0$ und es ist $f_n \leqq f_0 \leqq K$. Damit haben wir eine Abschätzung für den Limes f_0. Zu einer besseren Abschätzung für f_0 gelangt man oftmals, indem man zu jedem f_n eine eigene Schranke g_n angibt. Wenn dann diese oberen Schranken eine monoton fallende Folge bilden, so treten die beiden Folgen $f_1, f_2, f_3, \ldots$ und $g_1, g_2, g_3, \ldots$ völlig gleichberechtigt auf.

Ist die Folge $f_1, f_2, f_3, \ldots$ monoton wachsend und die Folge $g_1, g_2, g_3, \ldots$ monoton fallend und ist $f_n \leqq g_n$ für fast alle n, so konvergieren beide Folgen $f_n \to f_0$, $g_n \to g_0$. Gilt ferner $(g_n - f_n) \to 0$, so konvergieren beide Folgen gegen denselben Grenzwert $f_0 = g_0$. Beweis: $f_1, f_2, f_3, \ldots$ ist monoton wachsend und wegen $f_n \leqq g_n \leqq g_1$ nach oben beschränkt und also konvergent; es gilt $f_n \to f_0$ und ebenso folgt $g_n \to g_0$. Aus $(g_n - f_n) \to 0$ ergibt sich $f_0 = g_0$.

Aufgabe 2: Man zeige (vgl. obiges Beisp. 1): Die Folgen $f_n = \left(1 + \frac{1}{n}\right)^n$ und $g_n = \left(1 + \frac{1}{n}\right)^{n+1}$ erfüllen alle Voraussetzungen des Satzes und es ist $(g_n - f_n) \to 0$. Also ist $f_n \to e$, $g_n \to e$ und $f_n \leqq e \leqq g_n$. Für $n = 10$ gewinnt man so für e die Abschätzung $2{,}59 \leqq e \leqq 2{,}86$, die besser als $e < 3$, aber immer noch grob ist. (vgl. VII. 4, Beisp. 3).

Bemerkung 2: Der ausgesprochene Satz bildet die Grundlage für den Satz von der *Intervallschachtelung*: *Bilden* $\mathfrak{J}_1 = [a_1, b_1]$, $\mathfrak{J}_2 = [a_2, b_2]$, $\mathfrak{J}_3 = [a_3, b_3], \ldots$ *eine Folge ineinandergeschachtelter Intervalle, d. h. gilt* $\mathfrak{J}_{n+1} < \mathfrak{J}_n$ *für jedes* n, *und streben die Intervalllängen* $| b_n - a_n | \to 0$, *so gibt es eine und nur eine reelle Zahl* ξ, *die allen Intervallen angehört.* $\mathfrak{J}_n < \mathfrak{J}_{n-1}$ sagt aus, daß $a_{n-1} \leqq a_n$ und $b_{n-1} \geqq b_n$ ist; weiter ist $b_n - a_n \to 0$ vorausgesetzt. Beide Folgen konvergieren mit demselben Grenzwert: $b_n \to \xi$, $a_n \to \xi$. Es ist $a_n \leqq \xi \leqq b_n$ und ξ gehört also allen Intervallen an. Daß eine zweite solche Zahl $\bar{\xi}$ nicht existieren kann, erweist man indirekt. Wäre $\bar{\xi} < \xi$, so würde für fast alle a_n gelten $a_n \geqq \bar{\xi}$, und wäre $\bar{\xi} > \xi$, so würde für fast alle b_n gelten $b_n \leqq \bar{\xi}$. Beides widerspricht aber der Forderung $a_n \leqq \bar{\xi} \leqq b_n$.

Bemerkung 3: Ein Dezimalbruch $c, c_1 c_2 c_3 c_4 \ldots$ (c ganze Zahl, c_i ganze Zahlen mit $0 \leqq c_i \leqq 9$) definiert eindeutig eine reelle Zahl, und zwar die Zahl, die durch die Intervallschachtelung

$$\mathfrak{J}_n = [a_n, b_n] \text{ mit } a_n = c + c_1 10^{-1} + c_2 10^{-2} + \cdots + c_n 10^{-n}$$
$$\text{und } b_n = c + c_1 10^{-1} + c_2 10^{-2} + \cdots + (c_n + 1) 10^{-n}$$

festgelegt wird.

Bemerkung 4: Wir sind gewohnt, im Dezimalsystem zu rechnen. Von mathematischen Gesichtspunkten aus kann die Auszeichnung der Zahl 10 nicht gerechtfertigt werden.

Jedoch: Die meisten Menschen kommen mit 10 Fingern auf die Welt. Außerdem mag die Zweckmäßigkeit die historische Entwicklung mit beeinflußt haben. Aber gerade die Zweckmäßigkeit verlangt heute auch die Verwendung anderer Zahlsysteme. Beispielsweise arbeiten bestimmte Rechenmaschinen im Dualsystem. Im Dualsystem treten nämlich nur zwei Ziffern, etwa 0 und 1, auf, und die Maschine kann den bestehenden zwei Möglichkeiten jeweils durch: „Schalter auf" bzw. „Schalter zu" Rechnung tragen.

Um eine Zahl mit $0 \leqq x < 1$ im Dualsystem zu kennzeichnen, bestimmen wir die Zahlen $c_1, c_2, c_3, \ldots$, wobei c_i gleich 0 oder 1 ist, so daß jedes Intervall $\mathfrak{J}_k = [a_k, b_k[$, $a_k = c_1 2^{-1} + c_2 2^{-2} + \ldots \ldots + c_k 2^{-k}$, $b_k = c_1 2^{-1} + c_2 2^{-2} + \ldots + (c_k + 1)\, 2^{-k}$ für $k = 1, 2, 3, \ldots$ die Zahl x enthält. Wir zeigen, daß sich $c_1, c_2, c_3, \ldots$

so wählen lassen, und eindeutig bestimmt sind. Es ist genau dann $c_1 = 0$, wenn $x \in \left[0, \frac{1}{2}\right]$ und genau dann $c_1 = 1$, wenn $x \in \left[\frac{1}{2}, 1\right]$. Sind dann $c_1, c_2, \ldots, c_k$ bereits bestimmt, gilt also $x \in [a_k, a_k + 2^{-k}]$, so ist $c_{k+1} = 0$ genau dann, wenn $x \in [a_k, a_k + 2^{-(k+1)}]$ bzw. $c_{k+1} = 1$ genau dann, wenn $x \in [a_k + 2^{-(k+1)}, a_k + 2^{-k}]$ ist; es trifft aber genau eine der beiden Möglichkeiten zu. — Auf diese Weise wird der Zahl x der *Dualbruch* $0, c_1 c_2 \ldots c_n \ldots$ zugeordnet und diese Zuordnung ist eindeutig.

Bei dem beschriebenen Verfahren kann es niemals vorkommen, daß in einer Dualbruchentwicklung von einer gewissen Ziffer an alle Ziffern gleich 1 sind. Um eine eineindeutige Zuordnung von reellen Zahlen und Dualbrüchen zu erhalten, wird man also nur solche Dualbrüche betrachten, bei denen nicht von einer gewissen Stelle ab alle Ziffern gleich 1 sind.

Aufgabe 3: Auch in dem ausgeschlossenen Fall bestimmt die Intervallschachtelung $[a_n, b_n]$ eine eindeutig bestimmte Zahl. Man gebe ihre Dualbruchentwicklung an. Beispiel: $c_1 = 0$, $c_k = 1$ für $k = 2, 3, 4, \ldots$.

Aufgabe 4: Man schreibe den Dualbruch 0,1010010001 im Zehnersystem. Man schreibe den Dezimalbruch 0,40625 im Dualsystem.

Bemerkung 5: *Anderer Beweis des Satzes von* Bolzano-Weierstraß.

Wir knüpfen an die Beweisskizze aus II. 3. 3 an, um den Beweis in der dort angekündigten Art nun hier durchzuführen. Dabei müssen wir darauf achten, daß wir den zu beweisenden Satz selbst oder Folgerungen aus ihm nicht mit verwenden. Die Begriffe Folge und Konvergenz einer Folge und das Verfahren der Intervallschachtelung sind jedoch tatsächlich unabhängig von dem Satz von Bolzano-Weierstraß eingeführt worden. Deshalb kann zum Beweis die Methode der Intervallschachtelung verwendet werden.

Eine durch k nach unten und durch K nach oben beschränkte unendliche Menge reeller Zahlen $\mathfrak{M}$ gibt Anlaß zu einer Intervallschachtelung: Es sei $\mathfrak{J}_1 = [k, K]$. Weiter sei $\mathfrak{J}_2$ eines der beiden Intervalle $\left[k, \frac{1}{2}(k + K)\right]$ bzw. $\left[\frac{1}{2}(k + K), K\right]$, in dem unendlich viele Elemente von $\mathfrak{M}$ liegen; mindestens eines der beiden Intervalle enthält unendlich viele Elemente, weil andernfalls $\mathfrak{J}_1$ auch nur endlich viele Elemente enthalten hätte. Enthalten beide

Intervalle unendlich viele Elemente von $\mathfrak{M}$, so liegt die Entscheidung, welches der beiden Intervalle wir verwenden, in unserer Hand). Wenn dann $\mathfrak{J}_n = [a_n, b_n]$ schon definiert ist, sei $\mathfrak{J}_{n+1} = [a_{n+1}, b_{n+1}]$ eines der beiden Intervalle $\left[a_n, \frac{1}{2}(a_n + b_n)\right]$ oder $\left[\frac{1}{2}(a_n + b_n), b_n\right]$, das unendlich viele Elemente aus $\mathfrak{M}$ enthält. Es ist $| b_n - a_n | = \frac{1}{2^{n-1}}(K - k)$. Diese Aussage ist für $n = 1$ richtig. Ist sie für n richtig, so auch für $n + 1$, denn es ist $| b_{n+1} - a_{n+1} | = \frac{1}{2} | b_n - a_n | = \frac{1}{2^n}(K - k)$.

Der Punkt, der durch die Intervallschachtelung bestimmt wird, sei ξ. Wir zeigen, daß ξ Häufungspunkt der Menge $\mathfrak{M}$ ist, daß es also in jeder Umgebung von ξ außer ξ mindestens ein Element aus $\mathfrak{M}$ gibt. Die Umgebung $\mathfrak{U}_\varepsilon(\xi)$ enthält das Intervall $\mathfrak{J}_{n+1}$ sicher dann, wenn n so gewählt ist, daß $n > \frac{1}{\varepsilon}(K-k)$ gilt; denn wegen $\frac{1}{2^n} < \frac{1}{n}$ ist dann $| b_{n+1} - a_{n+1} | = \frac{1}{2^n}(K-k) < \frac{1}{n}(K - k) < \varepsilon$. In $\mathfrak{J}_{n+1}$ und damit auch in $\mathfrak{U}$ liegen aber unendlich viele Elemente aus $\mathfrak{M}$; also gibt es, wie zu beweisen war, außer ξ mindestens ein Element aus $\mathfrak{M}$ in $\mathfrak{U}$.

Aufgabe 6: Mit der Methode der Intervallschachtelung gebe man einen neuen Beweis des Satzes: Eine Menge $\mathfrak{M}$ reeller Zahlen besitzt dann und nur dann die Heine-Borelsche Eigenschaft, wenn $\mathfrak{M}$ ein Kompaktum ist (vgl. II. 3, Bem. 5).

4. Reihen als Folgen

Mit einer Folge $c_1, c_2, c_3, \ldots$ ist durch die Festsetzung

$$f_n = c_1 + c_2 + c_3 + \cdots + c_n \text{ für } n = 1, 2, 3, \ldots$$

eine neue Folge $f_1, f_2, f_3, \ldots$ verbunden. Man kann auch die c_n mittels der f_n ausdrücken

$$c_1 = f_1, \quad c_n = f_n - f_{n-1} \text{ für } n = 2, 3, 4, \ldots$$

und sieht so, daß man die Elemente jeder Folge $f_1, f_2, f_3, \ldots$ speziell auch in der Form $f_n = c_1 + c_2 + \cdots + c_n$ angeben kann.

Beispiel 1: $c_n = q^{n-1}$, $n = 1, 2, 3, \ldots$; nach IV. 2, Beisp. 1 wird für $|q| < 1$

$$f_n = \frac{1-q^n}{1-q} \text{ und } f_n \to \frac{1}{1-q}.$$

Beispiel 2: $f_n = -\frac{1}{n}$, $n = 1, 2, 3, \ldots$, daraus folgt

$$c_1 = -1,\ c_n = -\frac{1}{n} + \frac{1}{n-1} = \frac{1}{(n-1)n}.$$

Damit ergibt sich f_n neuerdings zu

$$-\frac{1}{n} = f_n = -1 + \frac{1}{1 \cdot 2} + \frac{1}{2 \cdot 3} + \frac{1}{3 \cdot 4} + \cdots + \frac{1}{(n-1)n}.$$

Aus $f_n \to 0$ folgt $\lim\limits_{n \to \infty} \left(\frac{1}{1 \cdot 2} + \frac{1}{2 \cdot 3} + \cdots + \frac{1}{(n-1)n} \right) = 1.$

Bemerkung 1: Abkürzend schreibt man $c_1 + c_2 + \cdots + c_n = \sum\limits_{k=1}^{n} c_k$; das Symbol soll ausdrücken, daß k nacheinander die natürlichen Zahlen $1, 2, \ldots, n$ annimmt und die entsprechenden Zahlen c_k addiert werden. k heißt *Summationsindex*; seine Benennung hat keine Bedeutung: $\sum\limits_{k=1}^{n} c_k = \sum\limits_{i=1}^{n} c_i$. Man sagt, in der *Summe* $\sum\limits_{k=1}^{n} c_k$ „durchläuft k die natürlichen Zahlen 1 bis n“.

Wenn die zu der gegebenen Folge $c_1, c_2, c_3, \ldots$ gebildete Folge $f_n = c_1 + c_2 + c_3 + \cdots + c_n$, $n = 1, 2, 3, \ldots$ mit dem Limes f_0 konvergiert, so sagt man dafür auch, daß die *unendliche Reihe* $\sum\limits_{k=1}^{\infty} c_k$ konvergiert und die *Summe* f_0 hat. Diese Bezeichnung wird durch die Bildungsweise der Folge $f_1, f_2, f_3, \ldots$ nahegelegt; $f_n = \sum\limits_{k=1}^{n} c_k$ wird n-te *Teilsumme* der Reihe genannt; man schreibt

$$\sum_{k=1}^{\infty} c_k = \lim_{n \to \infty} f_n = \lim_{n \to \infty} \sum_{k=1}^{n} c_k = f_0.$$

Wir weisen jedoch ausdrücklich darauf hin, daß eine solche

unendliche Summe zunächst ein undefinierter Begriff ist und erst durch die angegebene Zurückführung auf den Konvergenzbegriff bei Folgen einen Sinn erhält. Statt $\sum_{k=1}^{\infty} c_k$ schreibt man auch $c_1 + c_2 + c_3 + \cdots$.

Nach Abschnitt 1 läßt sich die Konvergenz der unendlichen Reihe $\sum_{k=1}^{\infty} c_k$ auch folgendermaßen definieren: *$\sum_{k=1}^{\infty} c_k$ heißt konvergent mit der Summe f_0, wenn es zu jedem $\varepsilon > 0$ ein $N(\varepsilon)$ gibt, so daß für alle $n > N$ folgt*

$$|f_n - f_0| < \varepsilon \quad d.\,h. \quad \left|\sum_{k=1}^{n} c_k - f_0\right| < \varepsilon.$$

Das Cauchysche Kriterium nimmt die Form an: *Die Reihe $\sum_{k=1}^{\infty} c_k$ konvergiert dann und nur dann, wenn zu jedem $\varepsilon > 0$ ein $N(\varepsilon)$ existiert, so daß für alle $n > N$ und $m > N$ gilt $|f_n - f_m| < \varepsilon$, d. h. $|c_{n+1} + c_{n+2} + \cdots + c_m| < \varepsilon$.*

Das Kriterium für monoton wachsende Folgen ist anwendbar, wenn für fast alle n gilt $c_n \geqq 0$; denn $f_n \geqq f_{n-1}$ ist wegen $f_n - f_{n-1} = c_n$ mit $c_n \geqq 0$ gleichwertig. *Die Reihe $\sum_{k=1}^{\infty} c_k$ mit $c_k \geqq 0$ konvergiert somit dann und nur dann, wenn die Folge $f_n = c_1 + c_2 + \cdots + c_n$ der Teilsummen nach oben beschränkt ist.*

Beispiel 3: $\sum_{k=1}^{\infty} \frac{1}{k!}$ ist konvergent. Es ist $\frac{1}{k!} > 0$ und

$$f_n = 1 + \frac{1}{2!} + \cdots + \frac{1}{n!} \leqq 1 + \frac{1}{2} + \frac{1}{2^2} + \cdots + \frac{1}{2^{n-1}}$$

$$\leqq \frac{1 - \left(\frac{1}{2}\right)^n}{1 - \frac{1}{2}} < 2.$$

Wir werden später sehen, daß $f_n \to e - 1$ gilt (e wurde in IV. 3, Beisp. 1 definiert).

Beispiel 4: Die sogenannte *harmonische Reihe* $\sum_{k=1}^{\infty} \frac{1}{k}$ ist nicht konvergent. Da die Folge $f_n = 1 + \frac{1}{2} + \cdots + \frac{1}{n}, n = 1, 2, 3, \ldots,$ monoton wächst, genügt es zu zeigen, daß es keine Schranke für die Folge $f_1, f_2, f_3, \ldots$ gibt. Man findet

$$f_{2^k} = 1 + \frac{1}{2} + \left(\frac{1}{3} + \frac{1}{4}\right) + \left(\frac{1}{5} + \frac{1}{6} + \frac{1}{7} + \frac{1}{8}\right) + \cdots +$$
$$+ \left(\frac{1}{2^{k-1}+1} + \frac{1}{2^{k-1}+2} + + \cdots + \frac{1}{2^k}\right)$$
$$= 1 + h_1 + h_2 + h_3 + \cdots + h_k,$$
$$h_l = \left(\frac{1}{2^{l-1}+1} + \frac{1}{2^{l-1}+2} + \cdots + \frac{1}{2^l}\right) \text{ für } 1 \leqq l \leqq k.$$

h_l ist Summe von 2^{l-1} Summanden, deren letzter, $\frac{1}{2^l}$, der kleinste unter ihnen ist. Also gilt $h_l \geqq 2^{l-1} \cdot \frac{1}{2^l} = \frac{1}{2}$ und somit

$$f_{2^k} = 1 + h_1 + h_2 + \cdots + h_k \geqq 1 + k \cdot \frac{1}{2}.$$

Deshalb wird f_{2^k} größer als jede Zahl.

Bemerkung 2: Von den Regeln für das Rechnen mit konvergenten Folgen lassen sich die Regeln 1. und 2. ohne weiteres auf Reihen übertragen. Ist $\sum_{k=1}^{\infty} b_k$ und $\sum_{k=1}^{\infty} c_k$ konvergent, so gilt

1. $$\sum_{k=1}^{\infty} b_k + \sum_{k=1}^{\infty} c_k = \sum_{k=1}^{\infty} (b_k + c_k)$$

2. $$c \sum_{k=1}^{\infty} c_k = \sum_{k=1}^{\infty} c \cdot c_k.$$

Die Regel 6. zieht nach sich:

3. Aus $b_k \leqq c_k, k = 1, 2, 3, \ldots$ folgt $\sum_{k=1}^{\infty} b_k \leqq \sum_{k=1}^{\infty} c_k$

Die Theorie der unendlichen Reihen, deren Grundzüge wir später behandeln werden, beschäftigt sich damit, aus gewissen Eigenschaften der c_i in $f_n = c_1 + c_2 + \cdots + c_n$ auf Konvergenz bzw. Nicht-Konvergenz der Folge $f_1, f_2, f_3, \ldots$ zu schließen.

5. Limes superior, limes inferior

Die konvergenten Folgen bilden eine außerordentlich wichtige Klasse in der Gesamtheit aller Folgen; dies zeigte sich besonders an den einfachen Rechengesetzen, die wir für konvergente Folgen ableiten konnten.

Diesen Vorzügen des eingeführten Konvergenzbegriffes steht der Nachteil gegenüber, daß die „meisten" Folgen nicht konvergent sind. Um über diese Folgen auch noch Aussagen machen zu können, muß man allgemeinere Begriffsbildungen verwenden.

Hierzu betrachten wir neben der nach oben beschränkten Folge $f_1, f_2, f_3, \ldots$ die Folge

$$g_n = \overline{\text{fin}}\,\{f_n, f_{n+1}, f_{n+2}, \ldots\},$$

wobei $\overline{\text{fin}}\,\{f_n, f_{n+1}, f_{n+2}, \ldots\}$ die kleinste obere Schranke der Wertemenge der Folge $f_n, f_{n+1}, f_{n+2}, \ldots$ bedeutet[1]). Die neue Folge $g_1, g_2, g_3, \ldots$ ist sicher monoton fallend; denn gehen wir von der Menge $\{f_n, f_{n+1}, \ldots\}$ zu der Menge $\{f_{n+1}, f_{n+2}, \ldots\}$ über, die bei sonst gleichen Elementen höchstens die Zahl f_n nicht enthält, so kann die kleinste obere Schranke allenfalls kleiner geworden sein (vgl. II. 3, Bem. 1). Ist die Folge $g_1, g_2, g_3, \ldots$ nach unten beschränkt, so konvergiert sie und es gilt $g_n \to g_0$. Wir nennen dann g_0 den *limes superior* der Folge $f_1, f_2, f_3, \ldots$ und schreiben $\overline{\lim\limits_{n\to\infty}}\, f_n = g_0$.

Also ist

$$\overline{\lim_{n\to\infty}}\, f_n = \lim_{n\to\infty} g_n = \lim_{n\to\infty} (\overline{\text{fin}}\{f_n, f_{n+1}, \ldots\}).$$

Entsprechend betrachten wir neben der nach unten beschränkten Folge $f_1, f_2, f_3, \ldots$ die Folge

$$h_n = \underline{\text{fin}}\{f_n, f_{n+1}, f_{n+2}, \ldots\},$$

die monoton wächst. Ist sie nach oben beschränkt, so kon-

[1]) Wir verstehen an dieser Stelle unter dem Symbol $\{f_n, f_{n+1}, f_{n+2}, \ldots\}$ die Wertemenge der Folge $f_n, f_{n+1}, f_{n+2}, \ldots$; sind je zwei Elemente der Folge verschieden voneinander, so ist das Mengensymbol $\{\ldots\}$ mit Recht anwendbar.

vergiert sie und es gilt $h_n \to h_0$. h_0 heißt *limes inferior* der Folge f_n und wir schreiben $\underline{\lim}_{n\to\infty} f_n = h_0$. Also ist

$$\underline{\lim}_{n\to\infty} f_n = \lim_{n\to\infty} h_n = \lim_{n\to\infty} (\underline{\text{fin}}\{f_n, f_{n+1}, \ldots\}).$$

Die Zahlen g_0 und h_0 sind somit für jede Folge mit beschränkter Wertemenge definiert und eindeutig bestimmt.

Aufgabe 1: Man beweise den Satz der Bemerkung 1 aus IV. 3 von Neuem, indem man zeigt: Ist die Folge $f_1, f_2, f_3, \ldots$ beschränkt, so gibt es (mindestens) eine mit dem Grenzwert h_0 und eine mit dem Grenzwert g_0 konvergente Teilfolge.

Die Folge $f_1, f_2, f_3, \ldots$ ist dann und nur dann konvergent, wenn der limes superior und der limes inferior existieren und $\overline{\lim}_{n\to\infty} f_n = \underline{\lim}_{n\to\infty} f_n$ gilt. Dann ist $f_n \to f_0$ mit $f_0 = \overline{\lim}_{n\to\infty} f_n = \underline{\lim}_{n\to\infty} f_n$.

Der Beweis zerfällt in zwei Teile: 1) Aus $\overline{\lim}_{n\to\infty} f_n = \underline{\lim}_{n\to\infty} f_n$ folgt $f_n \to f_0$ mit $f_0 = \overline{\lim}_{n\to\infty} f_n = \underline{\lim}_{n\to\infty} f_n$. 2) Aus $f_n \to f_0$ folgt, daß gilt $\underline{\lim}_{n\to\infty} f_n = \overline{\lim}_{n\to\infty} f_n = f_0$.

Zu 1): Wir zeigen, daß aus der Voraussetzung $\overline{\lim}_{n\to\infty} f_n = \underline{\lim}_{n\to\infty} f_n = f_0$ die Konvergenz der Folge f_n gegen f_0 folgt. Ist $\varepsilon > 0$ vorgegeben, so können wir für die monoton fallende, gegen f_0 konvergierende Folge g_n eine Zahl $N_1(\varepsilon)$ so bestimmen, daß $g_n < f_0 + \varepsilon$ für $n > N_1(\varepsilon)$ gilt. Ebenso existiert für die monoton wachsende, gegen f_0 konvergierende Folge h_n eine Zahl $N_2(\varepsilon)$, so daß für $n > N_2(\varepsilon)$ gilt $h_n > f_0 - \varepsilon$. Nach Definition der Folgen g_n und h_n bestehen die Ungleichungen $f_m \leqq g_n$ für $m \geqq n$ und $f_m \geqq h_n$ für $m \geqq n$. Deshalb gilt für $m > \max\{N_1(\varepsilon), N_2(\varepsilon)\} = N(\varepsilon)$ sowohl $f_m < f_0 + \varepsilon$ als auch $f_m > f_0 - \varepsilon$. Beide Ungleichungen zusammen besagen, daß $|f_m - f_0| < \varepsilon$ für $m > N(\varepsilon)$ ist, womit die Konvergenz der Folge f_m gegen den Limes f_0 bewiesen ist.

Zu 2): Gilt nun $f_n \to f_0$, so gibt es zu jedem $\varepsilon > 0$ ein $N(\varepsilon)$ der Art, daß für alle $n > N$ gilt $f_0 - \varepsilon < f_n < f_0 + \varepsilon$. Nach Definition von g_n bzw. h_n als der oberen bzw. unteren Grenze der Wertemenge der Folge $f_n, f_{n+1}, f_{n+2}, \ldots$ ist dann $f_0 - \varepsilon < g_n \leqq f_0 + \varepsilon$ bzw. $f_0 - \varepsilon \leqq h_n < f_0 + \varepsilon$ für $n > N$. Somit folgen aus $n > N$ die Ungleichungen $|f_0 - g_n| \leqq \varepsilon$ und $|f_0 - h_n| \leqq \varepsilon$; dies sagt aber aus, daß $g_n \to f_0$ und $h_n \to f_0$ gilt, also limes superior und limes inferior der Folge $f_1, f_2, f_3, \ldots$ existieren und $\underline{\lim}_{n\to\infty} f_n = \overline{\lim}_{n\to\infty} f_n = f_0$ ist.

Beispiel 1: Ist $f_n = c_1 + c_2 + \cdots + c_n$ und $c_k = (-1)^{k+1}$, $k = 1, 2, \ldots$, so ist $\underline{\lim}_{n\to\infty} f_n = 0$, $\overline{\lim}_{n\to\infty} f_n = 1$. Die Folge $f_1, f_2, f_3, \ldots$ und damit auch die Reihe

$$\sum_{k=1}^{\infty} (-1)^{k+1}$$

ist also nicht konvergent.

Aufgabe 2: Man bestimme für die Folge $f_n = (-1)^n \left(1 + \frac{1}{n}\right)$ den limes inferior $\underline{\lim}_{n\to\infty} f_n$ und den limes superior $\overline{\lim}_{n\to\infty} f_n$.

Aufgabe 3: $f_1, f_2, f_3, \ldots$ und $g_1, g_2, g_3, \ldots$ seien beschränkte Folgen. Man beweise die Ungleichungen

$$\underline{\lim}_{n\to\infty} (f_n + g_n) \leqq \underline{\lim}_{n\to\infty} f_n + \overline{\lim}_{n\to\infty} g_n \leqq \overline{\lim}_{n\to\infty} (f_n + g_n).$$

V. Stetige Funktionen

Mit dem Wort „stetig“ verbinden wir ursprünglich die Vorstellung einer stetigen Bewegung. Alle Bewegungsvorgänge des täglichen Lebens spielen sich stetig ab, und dies trifft auch für den Bereich der klassischen Physik zu. Man gelangt jedoch von dieser Vorstellung aus nicht zu einer mathematischen Präzisierung des Begriffs „stetige Funktion“. Dies ist wohl der Grund dafür, daß die Herausarbeitung dieser Begriffsbildung erhebliche Schwierigkeiten bereitete und erst im 19. Jahrhundert gelang.

Wir knüpfen an den eingeführten Funktionsbegriff an. Definitionsmenge $\mathfrak{D}$ und Wertemenge $\mathfrak{W}$ stellen wir uns auf zwei verschiedenen Zahlengeraden vor; durch $f(x)$ wird $\mathfrak{D}$ auf $\mathfrak{W}$ abgebildet.

Diese Abbildung wollen wir jedoch zunächst nur in der Umgebung eines festgewählten Punktes $x_0 \in \mathfrak{D}$ betrachten. Die Definition der Stetigkeit der Funktion $f(x)$ in x_0 soll dann ungefähr den Sachverhalt „wenn sich x dem Punkt x_0 nähert, so nähert sich auch das Bild von x dem Bild von x_0" wiedergeben. Man muß dann das „Sich-Nähern" mathematisch fassen; dies kann auf zwei Weisen geschehen. Entweder man betrachtet Folgen mit dem Grenzwert x_0; um eine willkürliche Annäherung zu erhalten, muß man dann alle möglichen Folgen $x_n \to x_0$ mit dem Grenzwert x_0 untersuchen; bei einer stetigen Funktion konvergieren auch die Bildfolgen gegen ein und denselben Grenzwert $f(x_0)$. Oder man betrachtet Umgebungen von x_0, die sich auf einen Punkt zusammenziehen. Bei einer stetigen Funktion ziehen sich die Bilder der Umgebungen auf den Bildpunkt $f(x_0)$ zusammen.

Wir werden beide Gedankengänge durchführen und die Äquivalenz der beiden Stetigkeitsdefinitionen, zu denen man so gelangt, zeigen. Wir beginnen dabei mit der Definition des Grenzwertbegriffes bei Funktionen, die dann unmittelbar zur Definition der Stetigkeit führt.

Die so definierte Stetigkeit bezieht sich auf einen bestimmten herausgegriffenen Punkt x_0 aus $\mathfrak{D}$ und ist deshalb, wie man sagt, eine Punkteigenschaft der Funktion $f(x)$. Ist $f(x)$ in jedem Punkt von $\mathfrak{D}$ stetig, so nennt man $f(x)$ in $\mathfrak{D}$ stetig. Dagegen bezieht sich der Begriff der gleichmäßigen Stetigkeit einer Funktion von vornherein auf eine bestimmte zugrunde gelegte Menge.

Eine etwa in einem Intervall stetige Funktion erfüllt dann in mancher Hinsicht die Erwartungen, die wir von der Anschauung her an sie stellen; zum Beispiel läßt eine stetige Funktion nach dem Zwischenwertsatz keinen Wert, der zwischen zwei anderen Funktionswerten liegt, aus.

1. Grenzwertbegriff bei Funktionen

1. Es sei $\mathfrak{D}$ die Definitionsmenge der Funktion $f(x)$; $\mathfrak{D}$ kann eine beliebige Menge sein; wer will, kann sich $\mathfrak{D}$ als Intervall vorstellen. Wir beschäftigen uns mit den Werten der Funktion $f(x)$ in der Umgebung eines bestimmten Punktes x_0, der zu $\mathfrak{D}$ gehören kann oder auch nicht. Es sei jedoch x_0 stets Häufungspunkt der Menge $\mathfrak{D}$. Wir betonen ausdrücklich, daß bei der Frage nach dem Grenzwert einer Funktion in x_0 der Wert $f(x_0)$, falls er überhaupt definiert ist, nicht in die Betrachtung eingeht.

Wir fassen die Definition des Grenzwertes mit Hilfe des Umgebungsbegriffs wie folgt: *Die Funktion $f(x)$ besitzt in x_0 den Grenzwert f_0, wenn es zu jeder ε-Umgebung $\mathfrak{U}_\varepsilon$ von f_0 eine Umgebung $\mathfrak{V}_\delta$ von x_0 so gibt, daß aus $x \in \mathfrak{V}_\delta$, $x \in \mathfrak{D}$ und $x \neq x_0$ folgt $f(x) \in \mathfrak{U}_\varepsilon$.*

Gehen wir auf die Definition der Umgebung zurück, wonach $\mathfrak{U}_\varepsilon = \{y \mid |y - f_0| < \varepsilon\}$ und $\mathfrak{V}_\delta = \{x \mid |x - x_0| < \delta\}$ ist, so lautet die Grenzwertdefinition folgendermaßen: *Die Funktion $f(x)$ besitzt in x_0 den Grenzwert f_0, wenn es zu jedem $\varepsilon > 0$ ein $\delta > 0$ so gibt, daß für jedes $x \in \mathfrak{D}$, $x \neq x_0$ mit $|x - x_0| < \delta$ gilt $|f(x) - f_0| < \varepsilon$.*

Besitzt $f(x)$ in x_0 den Grenzwert f_0, so schreiben wir

$$\lim_{x \to x_0} f(x) = f_0$$

Der Grenzwert f_0 ist eindeutig bestimmt. Dies folgt daraus, daß man zu zwei verschiedenen Punkten f_0 und $\bar{f}_0$ je eine ε-Umgebung $\mathfrak{U}_\varepsilon(f_0)$ und $\mathfrak{U}_\varepsilon(\bar{f}_0)$ angeben kann, die keinen Punkt gemeinsam haben; man wähle etwa $\varepsilon = \frac{1}{2} |f_0 - \bar{f}_0|$. Für eine gewisse δ-Umgebung $\mathfrak{V}_\delta(x_0)$ gilt dann: Für alle $x \in \mathfrak{V}_\delta(x_0) \cap \mathfrak{D} \setminus \{x_0\}$ ist $f(x) \in \mathfrak{U}_\varepsilon(f_0)$. Also gibt es in jeder δ-Umgebung von x_0 Punkte, deren Bilder sicher nicht in $\mathfrak{U}_\varepsilon(\bar{f}_0)$ liegen; also ist $\bar{f}_0$ sicher nicht auch Grenzwert von $f(x)$ in x_0.

Wir machen uns die Bedeutung dieser Definition an der anschaulichen Darstellung einer Funktion klar (vgl. Fig. 21). — In der Grenzwertdefinition heißt es: „Zu jedem $\varepsilon > 0$ gibt es ein $\delta > 0, \ldots$". Also ist in der Figur zunächst ein zur x-Achse paralleler Streifen der willkürlichen Höhe 2ε um f_0 abzugrenzen. Zu ihm soll es einen zur

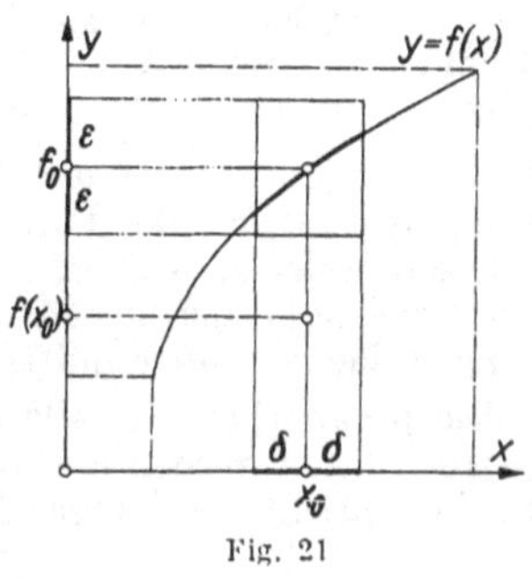

Fig. 21

y-Achse parallelen Streifen der Breite 2δ um x_0 geben. Die Aussage der Grenzwertdefinition: „... so daß für jedes $x \in \mathfrak{D}$, $x \neq x_0$ mit $|x - x_0| < \delta$ gilt $|f(x) - f_0| < \varepsilon$" verlangt dann eine solche Wahl für den δ-Streifen, daß der Graph der Funktion $f(x)$, soweit er zu der δ-Umgebung, mit Ausnahme von x_0 selbst, gehört, in dem entstehenden Rechteck liegt.

Bemerkung 1: Eine Definition ist eine willkürliche Festsetzung. Im Bereich der Mathematik als einer deduktiven Wissenschaft bedarf eine widerspruchsfreie Definition weder einer Rechtfertigung noch einer Erklärung. Dennoch soll hier die Definition des Grenzwertbegriffes kurz gewürdigt und eine mögliche Frage beantwortet werden.

Warum, so könnte man fragen, gehen wir hier nicht von der δ-Umgebung von x_0 statt von der ε-Umgebung von f_0 aus? Auch sonst nehmen wir ja den Ausgangspunkt bei den Elementen der Definitionsmenge! Ein solches Vorgehen würde zu keiner Bedingung für das Verhalten der Funktion $f(x)$ in der Umgebung von x_0 führen. Denken wir uns δ zuerst vorgegeben (in der Figur den vertikalen Streifen), so gibt es dazu, wenn $f(x)$ in $\mathfrak{B}_\delta$ beschränkt ist, sicher ein $\varepsilon > 0$ (in der Figur einen horizontalen Streifen) mit den gewünschten Eigenschaften.

Um den Sachverhalt, der uns für eine Grenzwertdefinition vorschwebt, auszudrücken, wäre zusätzlich zu fordern, daß „mit δ auch das $\varepsilon(\delta)$ klein würde"; dies bedeutet mathematisch präzisiert $\lim\limits_{\delta \to 0} \varepsilon(\delta) = 0$, wobei wir an dieser Stelle von der gegebenen Grenzwertdefinition Gebrauch machen. Tatsächlich führt also ein solches Vorgehen wieder auf die Aufgabe zurück, die Grenzwertdefinition zu formulieren.

Eine Rechtfertigung der Definition ist etwa darin zu sehen, daß sie, wie wir im nächsten Abschnitt zeigen werden, äquivalent ist mit der Forderung, daß für jede mit x_0 konvergente Folge $x_n \to x_0$, $x_n \in \mathfrak{D}$, gilt $f(x_n) \to f_0$. Diese Aussage trifft vielleicht den uns für den Grenzwertbegriff vorschwebenden Sachverhalt unmittelbarer.

Die praktischen Vorteile der hier vorangestellten Grenzwertdefinition werden uns um so deutlicher werden, je weiter wir in den Untersuchungen fortschreiten.

Beispiel 1: (vgl. III. 1, Beisp. 9)

$$f(x) = \begin{cases} x, \text{ falls } x \neq 0 \text{ und } \frac{1}{x} \text{ eine natürliche Zahl ist,} \\ 0, \text{ falls } x = 0 \text{ oder falls } \frac{1}{x} \text{ keine natürliche Zahl ist.} \end{cases}$$

$f(x)$ hat für $x_0 = 0$ den Grenzwert $f_0 = 0$. Es ist $|f(x) - 0| \leqq |x - 0|$ und, indem wir zu gegebenem $\varepsilon > 0$ die Zahl $\delta = \varepsilon$ wählen, folgt aus $|x - 0| < \delta$ die Ungleichung $|f(x) - 0| < \varepsilon$.

Für $x_0 = \frac{1}{2}$ hat $f(x)$ den Grenzwert $f_0 = 0$. Für alle $x \neq x_0$ der δ-Umgebung $|x - x_0| < \frac{1}{6}$ ist $f(x) = 0$. Zu jedem $\varepsilon > 0$ gibt es also ein δ, etwa $\delta = \frac{1}{6}$, so daß für alle x mit $x \neq x_0$ und $|x - x_0| < \frac{1}{6}$ folgt $|f(x) - 0| < \varepsilon$. Obwohl $\lim\limits_{x \to 1/2} f(x) = 0$ existiert, ist doch $f\left(\frac{1}{2}\right) = \frac{1}{2}$, also $f(x_0)$ von dem Grenzwert f_0 verschieden.

Aufgabe 1: Man zeige, daß $f(x)$ in Beispiel 1 für jedes x_0 den Grenzwert 0 hat.

Beispiel 2: $f(x) = \sqrt{x}$ besitzt für jedes $x_0 \in \mathfrak{D}$, $\mathfrak{D} = \{x \mid x > 0\}$, einen Grenzwert und zwar $\sqrt{x_0}$. Wir verwenden die folgenden Eigenschaften der Funktion $\sqrt{x}$ (vgl. III. 1, Beisp. 8): $(\sqrt{x})^2 = x$, $\sqrt{x} > 0$. Damit finden wir die Abschätzung:

$$|\sqrt{x} - \sqrt{x_0}| = \left| \frac{(\sqrt{x} + \sqrt{x_0})(\sqrt{x} - \sqrt{x_0})}{\sqrt{x} + \sqrt{x_0}} \right| < \frac{1}{\sqrt{x_0}} |x - x_0|$$

Sie lehrt uns: Zu jedem $\varepsilon > 0$ können wir $\delta = \sqrt{x_0} \cdot \varepsilon$ wählen und erreichen damit, daß für $|x - x_0| < \delta$ gilt (man vergleiche die Abschätzung) $|f(x) - f(x_0)| < \varepsilon$.

Aufgabe 2: Man zeige, daß $\lim\limits_{x \to 0} \sqrt{x} = 0$ ist.

Beispiel 3: Die Funktion $f(x) = \frac{1}{x}$ besitzt in $x_0 \neq 0$ den Grenzwert $f_0 = \frac{1}{x_0}$. Zu vorgegebenem $\varepsilon > 0$ wählen wir

$$\delta = \min\left\{\frac{|x_0|}{2}, \frac{|x_0|^2}{2}\cdot\varepsilon\right\}$$

und zeigen, daß dann $|x - x_0| < \delta$ die Ungleichung $\left|\frac{1}{x} - \frac{1}{x_0}\right| < \varepsilon$ nach sich zieht. Da $\delta \leqq \frac{|x_0|}{2}$ ist, folgt aus $|x - x_0| < \delta$ die Ungleichung $\frac{|x_0|}{2} < |x|$, also $\frac{1}{|x|} < \frac{2}{|x_0|}$. Damit und wegen $\delta \leqq \frac{|x_0|^2}{2}\cdot\varepsilon$ wird

$$\left|\frac{1}{x} - \frac{1}{x_0}\right| = \frac{|x_0 - x|}{|x|\,|x_0|} \leqq \frac{2}{|x_0|^2}\,|x_0 - x| < \frac{2\delta}{|x_0|^2} \leqq \varepsilon.$$

Damit ist gezeigt, daß für $x_0 \neq 0$ gilt $\lim\limits_{x \to x_0} \frac{1}{x} = \frac{1}{x_0}$.

Man vergleiche diesen Beweis mit IV. 2. 5 und beachte, daß beide Beweise im Prinzip übereinstimmen.

2. Für das Rechnen mit Grenzwerten gelten die folgenden Regeln: Gilt $\lim\limits_{x \to x_0} f(x) = f_0$ und $\lim\limits_{x \to x_0} g(x) = g_0$, so folgt:

1. $\lim\limits_{x \to x_0} cf(x) = cf_0$ bei konstantem c.
2. $\lim\limits_{x \to x_0} (f(x) + g(x)) = f_0 + g_0$.
3. $\lim\limits_{x \to x_0} (f(x) \cdot g(x)) = f_0 \cdot g_0$.
4. $\lim\limits_{x \to x_0} |f(x)| = |f_0|$.
5. Bei $f_0 \neq 0$ gilt $\lim\limits_{x \to x_0} \frac{1}{f(x)} = \frac{1}{f_0}$.
6. Aus $f(x) < g(x)$ oder auch aus $f(x) \leqq g(x)$ folgt $f_0 \leqq g_0$.

Beim Beweis dieser Regeln treten im Vergleich mit den entsprechenden Beweisen bei Folgen keine neuen Gesichtspunkte hinzu. Den tieferen Grund hierfür werden wir noch kennenlernen und dabei einen anderen Beweis für die Regeln 1. bis 6. führen. Wir stellen deshalb die Aufgabe:

Aufgabe 3: Nach dem Vorbild des Abschnitts IV. 2 beweise man die genannten Regeln für das Rechnen mit Grenzwerten 1. bis 6.

Aufgabe 4: (Vgl. IV. 2, Bem. 3) Sind $f(x)$, $g(x)$, $h(x)$ in $\mathfrak{D}$ definiert und bestehen in einer gewissen Umgebung $\mathfrak{U}(x_0)$ für alle $x \in \mathfrak{D}$ mit $x \neq x_0$ die Ungleichungen $f(x) \leqq h(x) \leqq g(x)$ und gilt $\lim\limits_{x \to x_0} f(x) = f_0$, $\lim\limits_{x \to x_0} g(x) = g_0$ mit $f_0 = g_0$, so ist $\lim\limits_{x \to x_0} h(x) = h_0$ mit $h_0 = f_0 = g_0$.

Bemerkung 2: Die Definition des Grenzwertes einer Funktion $f(x)$ an einer bestimmten Stelle x_0 bezieht sich auf die zugrunde gelegte Definitionsmenge $\mathfrak{D}$ der Funktion $f(x)$. Mit Bezug auf eine andere Menge $\mathfrak{D}$ sind auch die Grenzwerteigenschaften der Funktion $f(x)$ in x_0 andere.

Beispielsweise hat die Funktion $f(x) = 1$ für $x \geqq 0$, $f(x) = 0$ für $x < 0$ mit Bezug auf $\mathfrak{D} = \mathfrak{R}$ in $x_0 = 0$ keinen Grenzwert. Wählen wir jedoch als neue Definitionsmenge $\overline{\mathfrak{D}} = \{x \mid x \leqq 0\}$, so hat $f(x)$ in $x_0 = 0$ den Grenzwert Null. Es ist $f(x) = 0$ für $x \in \overline{\mathfrak{D}}$, $x \neq x_0$ und also auch $\lim\limits_{x \to 0} f(x) = 0$.

Will man ausdrücken, daß man den Grenzwert der Funktion $f(x)$ in x_0 bezüglich einer bestimmten Menge $\overline{\mathfrak{D}}$ bildet, so schreibt man $\lim\limits_{\substack{x \to x_0 \\ x \in \overline{\mathfrak{D}}}} f(x)$.

Von Bedeutung ist hauptsächlich der sogenannte linksseitige Grenzwert $\lim\limits_{x \nearrow x_0} f(x) = f_0^-$ und der sogenannte rechtsseitige Grenzwert $\lim\limits_{x \searrow x_0} f(x) = f_0^+$, für die wir hierdurch eigene Symbole einführen. Dabei bezieht sich $\lim\limits_{x \nearrow x_0} f(x)$ auf die Teilmenge $\overline{\mathfrak{D}} = \{x \mid x < x_0\} \cap \mathfrak{D}$ und $\lim\limits_{x \searrow x_0} f(x)$ auf die Teilmenge $\hat{\mathfrak{D}} = \{x \mid x > x_0\} \cap \mathfrak{D}$. x_0 selbst ist, wie immer, von der Betrachtung ausgeschlossen.

Aufgabe 5: Man zeige: Ist $f(x)$ beschränkt, so läßt sich, auch wenn $f(x)$ in x_0 mit Bezug auf $\mathfrak{D}$ keinen Grenzwert hat, doch immer eine Teilmenge $\overline{\mathfrak{D}} \subset \mathfrak{D}$ angeben, so daß $f(x)$ in x_0 mit Bezug auf $\overline{\mathfrak{D}}$ einen Grenzwert besitzt.

Man wende diese Aussage auf das Beispiel 11 aus III. 1 an.

Aufgabe 6: Existiert der Grenzwert der Funktion $f(x)$ in x_0 mit Bezug auf die Definitionsmenge $\mathfrak{D}$, so auch mit Bezug auf jede Teilmenge $\overline{\mathfrak{D}}$ von $\mathfrak{D}$, für die x_0 Häufungspunkt ist, und die Grenzwerte sind gleich.

Aufgabe 7: Sind $\mathfrak{D}_1, \mathfrak{D}_2, \ldots, \mathfrak{D}_k$ Teilmengen von $\mathfrak{D}$ und ist $\mathfrak{D} = \mathfrak{D}_1 \cup \mathfrak{D}_2 \cup \cdots \cup \mathfrak{D}_k$ und hat weiter $f(x)$ in x_0 mit Bezug auf jede der Teilmengen $\mathfrak{D}_k$ denselben Grenzwert f_0, so existiert auch der Grenzwert von $f(x)$ in x_0 mit Bezug auf $\mathfrak{D}$ und ist gleich f_0. Insbesondere folgt hieraus, daß der Grenzwert einer Funktion existiert, falls der rechts- und linksseitige Grenzwert existieren und einander gleich sind.

Bemerkung 3: Existiert in x_0 der linksseitige Grenzwert f_0^- und der rechtsseitige Grenzwert f_0^+, ist aber $f_0^- \neq f_0^+$, so hat $f(x)$ in x_0 sicher keinen Grenzwert. Man sagt, $f(x)$ habe in x_0 eine *Sprungstelle.* Dabei ist über den Wert $f(x_0)$ der Funktion in x_0 nichts ausgesagt.

Aufgabe 8: Man zeige: Ist $f(x)$ in $\mathfrak{D}$ monoton wachsend und beschränkt, so besitzt $f(x)$ für jedes $x_0 \in \mathfrak{D}$ sowohl einen linksseitigen Grenzwert f_0^- wie auch einen rechtsseitigen Grenzwert f_0^+. f_0^- ist die kleinste obere Schranke der Menge $\mathfrak{M} = \{y \mid y = f(x), x \in \mathfrak{D}, x < x_0\}$.

Aufgabe 9: Man zeige: Hat $f(x)$ in x_0 einen Grenzwert, so gibt es eine Umgebung von x_0, in der $f(x)$ beschränkt ist.

Bemerkung 4: Man nennt x_0 linksseitige Unendlichkeitsstelle der Funktion $f(x)$, falls es zu jeder positiven Zahl K ein $\delta > 0$ gibt, so daß für alle $x \in \mathfrak{D}$, $x < x_0$ und $|x - x_0| < \delta$ gilt $f(x) > K$. Man sagt auch, $f(x)$ werde links von x_0 beliebig groß.

$f(x)$ besitzt dann natürlich in x_0 keinen (linksseitigen) Grenzwert.

Bemerkung 5: Es sei $\mathfrak{D}$ nicht nach oben beschränkt. Man schreibt $\lim\limits_{x \to \infty} f(x) = f_0$ und sagt, der Limes von $f(x)$ für x gegen unendlich existiere und sei gleich f_0, wenn es zu jedem $\varepsilon > 0$ ein $K(\varepsilon)$ so gibt, daß für alle $x \in \mathfrak{D}$ mit $x > K$ gilt $|f(x) - f_0| < \varepsilon$. Diese Definition verallgemeinert die Definition der Konvergenz einer Folge; die Definition der Konvergenz einer Folge ist darin als Sonderfall enthalten, wenn $\mathfrak{D}$ die Menge der natürlichen Zahlen ist.

Wir wollen diese neue Begriffsbildung auf den gewöhnlichen Grenzwertbegriff zurückführen: Es ist $\lim\limits_{x \to \infty} f(x) = f_0$ dann und nur dann, wenn $\lim\limits_{\bar{x}\searrow 0} f\left(\frac{1}{\bar{x}}\right) = f_0$ gilt. Beweis: $\varepsilon > 0$ sei vorgegeben. Gibt es hierzu ein K, so daß aus $x > K, x \in \mathfrak{D}$ folgt $|f(x) - f_0| < \varepsilon$, so zieht $|\bar{x} - 0| < \frac{1}{K} = \delta$ die Ungleichung $\left|f\left(\frac{1}{\bar{x}}\right) - f_0\right| < \varepsilon$ nach sich. Gibt es umgekehrt zu $\varepsilon > 0$ ein $\delta > 0$, so daß aus $0 < \bar{x} < \delta$ folgt $\left|f\left(\frac{1}{\bar{x}}\right) - f_0\right| < \varepsilon$, so zieht $x > K$ mit $K = \frac{1}{\delta}$ die Ungleichung $|f(x) - f_0| < \varepsilon$ nach sich. Damit ist der Beweis in beiden Richtungen erbracht.

Entsprechend schreibt man $\lim\limits_{x\to-\infty} f(x) = f_0$, wenn es zu jedem $\varepsilon > 0$ ein $k(\varepsilon)$ so gibt, daß für alle $x \in \overline{\mathfrak{D}}$ ($\overline{\mathfrak{D}}$ sei nicht nach unten beschränkt) mit $x < k(\varepsilon)$ gilt $|f(x) - f_0| < \varepsilon$.

Aufgabe 10: Wie in voranstehender Bemerkung beweise man: Es ist $\lim\limits_{x\to-\infty} f(x) = f_0$ dann und nur dann, wenn $\lim\limits_{\bar{x}\nearrow 0} f\left(\frac{1}{\bar{x}}\right) = f_0$ gilt.

Aufgabe 11: Man übertrage die Regeln für das Rechnen mit Grenzwerten auf den Grenzwertbegriff $\lim\limits_{x\to\infty} f(x)$.

Aufgabe 12: Es sei $R(x) = \dfrac{a_0 + a_1x + a_2x^2 + \cdots + a_nx^n}{b_0 + b_1x + b_2x^2 + \cdots + b_mx^m}$ eine gebrochen rationale Funktion mit $a_n \neq 0$, $b_m \neq 0$. Man berechne die Limites $\lim\limits_{x\to\infty} f(x)$ und $\lim\limits_{x\to-\infty} f(x)$, falls diese existieren (vgl. III. 1, Aufg. 2).

3. Man kann den Grenzwertbegriff bei Funktionen auch über den Grenzwertbegriff bei konvergenten Folgen fassen. Es gilt der Satz:

Die Funktion $f(x)$ besitzt in x_0 dann und nur dann den Grenzwert f_0, wenn für jede mit dem Grenzwert x_0 konvergente Folge $x_n \to x_0$, $x_n \in \mathfrak{D}$, $x_n \neq x_0$ gilt $f(x_n) \to f_0$.

Der Beweis zerfällt in zwei Teile. Besitzt $f(x)$ in x_0 den Grenzwert f_0, so folgt aus $x_n \to x_0$ die Konvergenz der Folge $f(x_n) \to f_0$. Die Durchführung dieses Beweises zeigt, wie außerordentlich zweckmäßig die Grenzwertdefinition ist.

Wir müssen zeigen: Zu jedem $\varepsilon > 0$ gibt es ein N, so daß für alle $n > N$ gilt $|f(x_n) - f_0| < \varepsilon$. Wir wissen: Zu jedem $\varepsilon > 0$ gibt es ein $\delta > 0$, so daß aus $|x - x_0| < \delta$ folgt $|f(x) - f_0| < \varepsilon$, und ferner zu jedem $\delta > 0$ gibt es ein $\bar{N}$, so daß für alle $n > \bar{N}$ gilt $|x_n - x_0| < \delta$.

Zum Beweis bestimmen wir zu vorgegebenem $\varepsilon > 0$ zunächst nach der Grenzwertdefinition das zugehörige $\delta > 0$, und dann zu diesem δ nach der Konvergenzdefinition von $x_n \to x_0$ das $\bar{N}$. Dann gilt mit $\bar{N} = N$ für $n > N$ zunächst $|x_n - x_0| < \delta$ und daraus folgt $|f(x_n) - f_0| < \varepsilon$.

Im zweiten Teil müssen wir beweisen, daß $f(x)$ in x_0 dann den Grenzwert f_0 hat, wenn mit jeder Folge $x_n \to x_0$ auch $f(x_n)$ gegen f_0 konvergiert. Diese Aussage beweisen wir indirekt. Wir nehmen also an, $f(x)$ besitze in x_0 nicht den Grenzwert f_0. Aus dieser Annahme heraus werden wir eine konvergente Folge $x_n \to x_0$ so konstruieren, daß nicht $f(x_n) \to f_0$ gilt. Dies widerspricht dann der Voraussetzung, daß für jede mögliche Folge mit $x_n \to x_0$ auch $f(x_n) \to f_0$ gilt.

Die Beweisskizze zeigt uns bereits, daß es für diesen Teil des Beweises wesentlich ist vorauszusetzen, daß für *jede* Folge mit $x_n \to x_0$ auch $f(x_n) \to f_0$ gilt.

Die Hauptschwierigkeit in der Durchführung des angekündigten Beweises liegt darin, daß wir ausdrücken müssen, $f(x)$ hat in x_0 nicht den Grenzwert f_0. Wir müssen also das kontradiktorische Gegenteil der Aussage formulieren, die mit der Grenzwertdefinition gemacht wird.

Vorbereitend geben wir einige Beispiele aus der Umgangssprache für zueinander kontradiktorische Aussagen an.

Der Aussage, „Alle Schafe sind schwarz" steht gegenüber, „Es gibt ein Schaf, das nicht schwarz ist". Der Aussage „Zu jeder Tanne gibt es eine Buche, die größer ist als die Tanne" steht gegenüber „Es gibt eine Tanne, so daß jede Buche nicht größer ist als diese Tanne". Der Aussage „Auf allen Bergen, die höher als 3000 m sind, liegt Schnee" steht gegenüber „Es gibt einen Berg, der zwar höher als 3000 m ist, auf dem aber kein Schnee liegt". Die beiden letzten Aussagen sind ihrem Typ nach Beispiele für die Verneinung der in der Grenzwertdefinition enthaltenen Formulierungen.

Die Grenzwertdefinition spalten wir in die beiden Aussagen auf: Zu jedem $\varepsilon > 0$ gibt es ein $\delta > 0$, so daß die Eigenschaft E gilt. Die Eigenschaft E lautet: Für alle $x \in \mathfrak{D}$ mit $x \neq x_0$ und mit $|x - x_0| < \delta$ gilt $|f(x) - f_0| < \varepsilon$. Die kontradiktorisch entgegengesetzten Aussagen hierzu sind: Es gibt ein $\varepsilon > 0$, so daß zu jedem $\delta > 0$ die Eigenschaft E nicht gilt. Die Verneinung der Eigenschaft E lautet: Es gibt ein $x \in \mathfrak{D}$ mit $x \neq x_0$, so daß zwar $|x - x_0| < \delta$ ist, aber $|f(x) - f_0| \geqq \varepsilon$ wird. Wir fassen zusammen:

Die Funktion $f(x)$ besitzt in x_0 nicht den Grenzwert f_0, falls es ein $\varepsilon > 0$ gibt, so daß zu jedem $\delta > 0$ ein $x \in \mathfrak{D}$ mit $x \neq x_0$ existiert, so daß zwar $|x - x_0| < \delta$, aber $|f(x) - f_0| \geqq \varepsilon$ gilt.

Wir können in unserem Beweis fortfahren und aus der Annahme heraus, f_0 sei nicht Grenzwert in x_0, eine Folge $x_n \to x_0$ konstruieren, so daß $f(x_n)$ nicht gegen f_0 konvergiert. In der Aussage, daß f_0 nicht Grenzwert in x_0 ist, ist jedes $\delta > 0$ zugelassen. Wir setzen der Reihe nach $\delta = 1, \frac{1}{2}, \frac{1}{3}, \ldots, \frac{1}{n}, \ldots$; dann gibt es zu $\delta = \frac{1}{n}$ ein $x_n \in \mathfrak{D}$, so daß zwar $|x_n - x_0| < \frac{1}{n}$, aber $|f(x_n) - f_0| \geqq \varepsilon$ ist. Der erste Teil dieser Aussage lehrt, daß $x_n \to x_0$ gilt; der zweite Teil drückt aus, daß $f(x_1), f(x_2), f(x_3), \ldots$ sicher nicht den Grenzwert f_0 hat. Die Existenz einer solchen Folge steht aber im Widerspruch zu der gemachten Voraussetzung, wonach für jede mögliche Folge mit $x_n \to x_0$ gelten sollte $f(x_n) \to f_0$. Die Annahme, $f(x)$ besitze in x_0 nicht den Grenzwert f_0, ist also nicht haltbar. Damit ist auch der zweite Teil des Beweises erbracht.

Bemerkung 6: Mittels des bewiesenen Satzes lassen sich die Konvergenzaussagen für Folgen unmittelbar auf Grenzwerte für Funktionen übertragen. Diesen Zusammenhang kann man insbesondere zum Beweis theoretischer Aussagen, etwa den Regeln für das Rechnen mit Grenzwerten, ausnützen. Dies erklärt beispielsweise, warum die Beweise für die Aussage: „für $x_0 \neq 0$ ist $\lim\limits_{x \to x_0} \frac{1}{x} = \frac{1}{x_0}$“ (vgl. V. 1, Beisp. 3) und „für $f_0 \neq 0$ gilt mit $f_n \to f_0$ auch $\frac{1}{f_n} \to \frac{1}{f_0}$“ (vgl. IV. 2. 5) in ihren wesentlichen Punkten übereinstimmen.

Will man jedoch zeigen, daß eine konkret gegebene Funktion $f(x)$ in x_0 einen bestimmten Grenzwert f_0 hat, geht man auf die Grenzwertdefinition zurück — man kann ja nicht alle möglichen Folgen $f(x_n)$ mit $x_n \to x_0$ auf ihr Konvergenzverhalten untersuchen. Um dagegen zu beweisen, daß $f(x)$ in x_0 den Grenzwert f_0 nicht besitzt, verwendet man, wie wir schon sahen, zweckmäßigerweise eine geeignete Folge mit $x_n \to x_0$, für die $f(x_n)$ nicht mit dem Grenzwert f_0 konvergent ist.

Beispiel 4: (vgl. III. 1, Beisp. 11)

$$f(x) = \begin{cases} 1 \text{ für rationales } x \\ 0 \text{ für irrationales } x \end{cases}$$

Diese Funktion besitzt für rationales x_0 keinen Grenzwert. Zum Beweis geben wir zwei mit x_0 konvergente Folgen $x_n \to x_0$ und $\bar{x}_n \to x_0$ an, für die $f(x_n) \to 1$ und $f(\bar{x}_n) \to 0$ gilt. Man wähle hierzu für $x_1, x_2, x_3, \ldots$ rationale, für $\bar{x}_1, \bar{x}_2, \bar{x}_3, \ldots$ irrationale Zahlen.

Dies kann etwa durch die Festsetzung geschehen:

$x_n = x_0 + \frac{1}{n}$, $\bar{x}_n = x_0 + \frac{1}{n} \cdot r$, wobei r eine fest gewählte Irrationalzahl ist. Dann ist $f(x_n) = 1$, $f(\bar{x}_n) = 0$ und somit $f(x_n) \to 1$, $f(\bar{x}_n) \to 0$.

Aufgabe 13: Man zeige, daß $f(x)$ in Beispiel 4 auch für irrationales x_0 keinen Grenzwert besitzt (vgl. I. 6, Aufg. 2).

Aufgabe 14: Es sei $f(x) = x$ für rationales x und $f(x) = 1 - x$ für irrationales x in $\mathfrak{D} = \{x \mid 0 \leq x \leq 1\}$. Man zeige: $f(x)$ ist in $\mathfrak{D}$ umkehrbar eindeutig, besitzt in $x_0 = \frac{1}{2}$ den Grenzwert $\frac{1}{2}$ und für alle anderen $x_0 \in \mathfrak{D}$ keinen Grenzwert.

Aufgabe 15: Man beweise: Die Funktion $f(x)$ besitzt in x_0 dann und nur dann einen Grenzwert, wenn für jede mit dem Grenzwert x_0 konvergente Folge $x_1, x_2, x_3, \ldots$ mit $x_n \in \mathfrak{D} \setminus \{x_0\}$ auch die Folge $f(x_1), f(x_2), f(x_3) \ldots$ konvergiert. Man beachte, daß von dem Grenzwert der Folge nicht gesprochen wird. Zum Beweis vgl. man IV. 1, Bem. 6.

Aufgabe 16: Man verneine die Aussage, die mit der Definition der Konvergenz einer Folge gemacht wird und schließe daraus: konvergiert eine beschränkte Folge $f_1, f_2, f_3, \ldots$ nicht gegen f_0, so gibt es eine konvergente Teilfolge, die nicht gegen f_0 konvergiert.

Aufgabe 17: Man beweise: $f(x)$ besitzt in x_0 dann und nur dann einen Grenzwert, falls es zu jedem $\varepsilon > 0$ eine Umgebung $\mathfrak{U}(x_0)$ so gibt, daß für alle $x, \bar{x} \in \mathfrak{D} \cap \mathfrak{U}(x_0)$ mit $x \neq x_0$, $\bar{x} \neq x_0$ gilt $|f(x) - f(\bar{x})| < \varepsilon$. Dieser Satz entspricht dem Cauchyschen Konvergenzkriterium bei Folgen (vgl. IV. 3. 2).

Aufgabe 18: $f(x)$ sei in $\mathfrak{D} = \{x \mid x > a\}$ monoton wachsend. Man zeige: Es existiert $\lim_{x \to \infty} f(x)$ dann und nur dann, wenn $f(x)$ beschränkt ist.

2. Stetigkeit und gleichmäßige Stetigkeit

1. Die Stetigkeit einer Funktion $f(x)$ in x_0 definiert man mit Hilfe des Grenzwertbegriffes wie folgt:

$f(x)$ heißt stetig in einem Häufungspunkt $x_0 \in \mathfrak{D}$, wenn der Grenzwert $\lim_{x \to x_0} f(x) = f_0$ existiert und $f(x_0) = f_0$ ist.

Ist $f(x)$ in x_0 nicht stetig, so heißt $f(x)$ in x_0 unstetig.

Bemerkung 1: In dieser Definition der Stetigkeit ist die Existenz des Grenzwertes die wesentlichste Voraussetzung. Existiert $\lim_{x \to x_0} f(x) = f_0$, so läßt sich immer eine in x_0 stetige Funktion $g(x)$ definieren, die für alle von x_0 verschiedenen $x \in \mathfrak{D}$ mit $f(x)$ übereinstimmt. Man setze $g(x) = f(x)$ für $x \in \mathfrak{D}$, $x \neq x_0$ und $g(x_0) = f_0$. Ist $\lim_{x \to x_0} f(x) = f_0$, aber $f(x_0) \neq f_0$, so spricht man deshalb auch von einer *hebbaren Unstetigkeit* in x_0.

Indem wir auf die Definition des Grenzwertes einer Funktion $f(x)$ in x_0 zurückgehen, erhalten wir die Definition der Stetigkeit in der Form:

$f(x)$ heißt stetig in $x_0 \in \mathfrak{D}$, falls es zu jedem $\varepsilon > 0$ ein $\delta(\varepsilon)$ gibt, so daß für alle $x \in \mathfrak{D}$ mit $|x - x_0| < \delta$ gilt $|f(x) - f(x_0)| < \varepsilon$.

Bemerkung 2: Damit die eingangs gegebene Definition der Stetigkeit mittels des Grenzwertbegriffs anwendbar ist, muß $x_0 \in \mathfrak{D}$ Häufungspunkt von $\mathfrak{D}$ sein. Die neue Formulierung ist auch anwendbar, wenn $x_0 \in \mathfrak{D}$ nicht Häufungspunkt von $\mathfrak{D}$, also ein isolierter Punkt von $\mathfrak{D}$ ist. Die formale Anwendung der Definition sagt dann aus, daß jede Funktion $f(x)$ in einem isolierten Punkt ihrer Definitionsmenge $\mathfrak{D}$ stetig ist.

Aufgabe 1: Man zeige, daß $f(x)$ in III. 1, Beisp. 9 in allen $x_0 \in \overline{\mathfrak{D}}$ mit $\overline{\mathfrak{D}} = \left\{ x \mid \frac{1}{x} \text{ nicht natürliche Zahl} \right\}$ stetig ist. In $x_0 = 1, \frac{1}{2}, \frac{1}{3}, \ldots$ ist dagegen $f(x)$ nicht stetig.

Aufgabe 2: Es sei $f(x) = x\left(\frac{1}{x^n} - \left[\frac{1}{x^n}\right]\right)$ für $x \neq 0$, $f(x) = 0$ für $x = 0$ (vgl. III. 1, Beisp. 10). n sei eine natürliche Zahl. $f(x)$ ist in $\mathfrak{D} = \mathfrak{R}$ definiert. Man zeige: $f(x)$ ist in $x_0 = 0$ stetig. Wie muß $\delta > 0$ zu vorgegebenem $\varepsilon > 0$ gewählt werden, damit aus $|x| < \delta$ folgt $|f(x)| < \varepsilon$?

Aufgabe 3: Die Funktion $f(x)$ habe in $\mathfrak{D} = \mathfrak{R}$ die Eigenschaften: Es ist $f(x_1 + x_2) \leqq f(x_1) + f(x_2)$ für jedes $x_1, x_2 \in \mathfrak{D}$ und es ist $f(0) = 0$. Man zeige: Ist $f(x)$ in $x = 0$ stetig, so ist $f(x)$ auch für jedes $x \in \mathfrak{D}$ stetig.

Bemerkung 3: Unter Betonung des Abbildungsbegriffes formuliert man die Definition der Stetigkeit einer Funktion wie folgt: *$f(x)$ heißt stetig in x_0, falls sich zu jeder Umgebung $\mathfrak{V}$ von $f(x_0)$ eine Umgebung $\mathfrak{U}$ von x_0 so angeben läßt, daß das Bild von $\mathfrak{U} \frown \mathfrak{D}$ Teilmenge von $\mathfrak{V}$ ist.*

Bemerkung 4: Die Definition der Stetigkeit einer Funktion $f(x)$ in $x_0 \in \mathfrak{D}$ bezieht sich auf die zugrunde gelegte Definitionsmenge $\mathfrak{D}$ und ist immer in diesem Sinne zu verstehen. Es heißt ja in der Definition „. . . für alle $x \in \mathfrak{D}$ . . .“. Ist $f(x)$ in x_0 bezüglich $\mathfrak{D}$ stetig, so auch bezüglich jeder Teilmenge $\overline{\mathfrak{D}} < \mathfrak{D}$, die x_0 als Element enthält (vgl. V. 1, Bem. 2).

Bemerkung 5: Ist $f(x)$ in x_0 stetig und ist $f(x_0) < Z$ (bzw. $f(x_0) > Z$), so gibt es eine Umgebung $\mathfrak{U}$ von x_0, so daß für alle $x \in \mathfrak{U}$ gilt $f(x) < Z$ (bzw. $f(x) > Z$). Zum Beweis verwende man für $\mathfrak{U}$ die δ-Umgebung, die nach der Definition der Stetigkeit von $f(x)$ in x_0 zu $\varepsilon = \frac{1}{2} | Z - f(x_0) |$ gehört.

Aus den Regeln für das Rechnen mit Grenzwerten (vgl. V. 1. 2) folgt, daß Summe und Produkt stetiger Funktionen wieder stetig sind. Da die Funktionen $f(x) = c$, $c = \text{const.}$, und $f(x) = x$ für jedes $x \in \mathfrak{R}$ stetig sind, folgt daraus die Stetigkeit jedes Polynoms $P(x)$ für beliebiges $x_0 \in \mathfrak{R}$. Ist $f(x)$

in x_0 stetig und $f(x_0) \neq 0$, so ist auch $\frac{1}{f(x)}$ eine in x_0 stetige Funktion. Also ist auch jede rationale Funktion $R(x)$ in jedem Punkt x_0, in dem der Nenner nicht verschwindet, stetig.

Ist $f_1(x)$ in $x_0 \in \mathfrak{D}_1$ stetig und ist die Wertemenge $\mathfrak{W}_1$ Teilmenge der Definitionsmenge $\mathfrak{D}_2$ der Funktion $f_2(y)$ und ist $f_2(y)$ in $y_0 = f_1(x_0)$ stetig, so ist auch die zusammengesetzte Funktion $F(x) = f_2(f_1(x))$ in $x_0 \in \mathfrak{D}$ mit $\mathfrak{D} = \mathfrak{D}_1$ stetig.

Wir müssen zeigen, daß es zu jeder ε-Umgebung $\mathfrak{U}_\varepsilon$ von $F(x_0)$ eine δ-Umgebung $\mathfrak{V}_\delta$ von x_0 so gibt, daß das Bild von $\mathfrak{V}_\delta \cap \mathfrak{D}$ bei der Abbildung $\mathfrak{D} \xrightarrow{F} \mathfrak{W}$ Teilmenge von $\mathfrak{U}_\varepsilon$ ist. — Zu $\mathfrak{U}_\varepsilon$ gibt es eine Umgebung $\mathfrak{V}_2$ von y_0, so daß das Bild von $\mathfrak{V}_2 \cap \mathfrak{D}_2$ bei $\mathfrak{D}_2 \xrightarrow{f_2} \mathfrak{W}_2$ Teilmenge von $\mathfrak{U}_\varepsilon$ ist. Ferner gibt es zu $\mathfrak{V}_2$ eine Umgebung $\mathfrak{V}_1$ von x_0, so daß das Bild von $\mathfrak{V}_1 \cap \mathfrak{D}_1$ bei $\mathfrak{D}_1 \xrightarrow{f_1} \mathfrak{W}_1$ Teilmenge von $\mathfrak{V}_2$ ist. Also ist das Bild der Umgebung $\mathfrak{V}_1$ von x_0 bei $\mathfrak{D} \xrightarrow{F} \mathfrak{W}$ Teilmenge von $\mathfrak{U}_\varepsilon$, denn das Bild von $\mathfrak{V}_1$ bei $\mathfrak{D}_1 \xrightarrow{f_1} \mathfrak{W}_1$ ist Teilmenge von $\mathfrak{V}_2$ und das Bild von $\mathfrak{V}_2$ bei $\mathfrak{D}_2 \xrightarrow{f_2} \mathfrak{W}_2$ ist Teilmenge von $\mathfrak{U}_\varepsilon$.

Hier wurde von dem *Bild einer Menge* bei einer Abbildung gesprochen. Gilt $\mathfrak{D} \xrightarrow{f} \mathfrak{N}$, so ist die *Bildmenge* $\overline{\mathfrak{W}}$ der Teilmenge $\overline{\mathfrak{D}} < \mathfrak{D}$ die Menge $\overline{\mathfrak{W}} = \{y \mid y = f(x), x \in \overline{\mathfrak{D}}\}$. $\overline{\mathfrak{W}}$ wird kurz Bild von $\overline{\mathfrak{D}}$ genannt.

Unter der *Urbildmenge* oder kurz dem *Urbild* einer Menge $\hat{\mathfrak{W}} < \mathfrak{N}$ versteht man die Menge $\hat{\mathfrak{D}} = \{x \mid y = f(x), y \in \hat{\mathfrak{W}}\}$.

Natürlich ist dann das Bild von $\hat{\mathfrak{D}}$ wieder gleich $\hat{\mathfrak{W}}$. Dagegen braucht, wenn $\overline{\mathfrak{W}}$ das Bild von $\overline{\mathfrak{D}}$ ist, das Urbild von $\overline{\mathfrak{W}}$ nicht mit $\overline{\mathfrak{D}}$ übereinzustimmen. $\overline{\mathfrak{D}}$ ist aber sicher Teilmenge dieses Urbildes.

Bemerkung 6: Aus dem bewiesenen Satz (wir verwenden die gleichen Voraussetzungen und Bezeichnungen) ergibt sich $\lim\limits_{x \to x_0} f_2(f_1(x)) = f_2(f_1(x_0)) = f_2(y_0) = \lim\limits_{y \to y_0} f_2(y)$. Also ist

$$\lim_{x \to x_0} f_2(f_1(x)) = \lim_{y \to y_0} f_2(y).$$

Diese Grenzwertbeziehung gilt auch dann schon, wenn neben der Stetigkeit von f_2 in y_0 nur vorausgesetzt wird, daß $\lim\limits_{x \to x_0} f_1(x)$ existiert und gleich y_0 ist. Den Beweis dieser allgemeineren Aussage kann man entsprechend führen wie den Beweis des Satzes über die Stetigkeit der zusammengesetzten Funktion.

Da der Grenzwert einer Funktion $f(x)$ in x_0 genau dann existiert, wenn mit jeder Folge $x_n \to x_0$ auch $f(x_n) \to f_0$ gilt, so folgt:

$f(x)$ ist in x_0 genau dann stetig, wenn für jede mit dem Grenzwert x_0 konvergente Folge $x_n \to x_0$ auch $f(x_n) \to f(x_0)$ gilt. Für eine stetige Funktion ist also $\lim\limits_{n \to \infty} f(x_n) = f(\lim\limits_{n \to \infty} x_n)$.

Mit Hilfe dieses Satzes kann man die Aussagen über stetige Funktionen von neuem durch Zurückgehen auf die Sätze über konvergente Folgen beweisen (vgl. IV. 2).

Aufgabe 4: Im Anschluß an V. 1, Aufg. 15 zeige man: $f(x)$ ist in x_0 genau dann stetig, wenn für jede mit dem Grenzwert x_0 konvergente Folge $x_n \to x_0$ auch die Folge $f(x_1), f(x_2), f(x_3) \ldots$ konvergent ist.

Die Definition der Stetigkeit einer Funktion $f(x)$ betrifft eine bestimmte herausgegriffene Stelle $x_0 \in \mathfrak{D}$. Man sagt, die Stetigkeit sei eine Punkteigenschaft der Funktion $f(x)$. *Man nennt $f(x)$ in $\mathfrak{D}$ stetig, wenn $f(x)$ in jedem Punkt $x_0 \in \mathfrak{D}$ stetig ist.* Man sagt auch, $f(x)$ sei in einer Teilmenge $\overline{\mathfrak{D}} < \mathfrak{D}$ stetig, falls $f(x)$ für jedes $x_0 \in \overline{\mathfrak{D}}$ bezüglich $\mathfrak{D}$ stetig ist.

Die Funktionen der Beispiele 5, 6, 7, 8 in III. 1 sind in ihrer Definitionsmenge stetig; $f(x)$ in Beispiel 10 aus III. 1 ist in $\overline{\mathfrak{D}} = \{x \mid x \text{ nicht ganze Zahl}\}$ stetig. $f(x)$ in III. 1, Beispiel 11 ist für kein $x_0 \in \mathfrak{R}$ stetig. $f(x)$ in III. 1, Beispiel 9 ist stetig in $\overline{\mathfrak{D}} = \left\{x \,\middle|\, \frac{1}{x} \text{ nicht natürliche Zahl}\right\}$. Die Funktion $f(x) = \sqrt{x}$ ist in $\mathfrak{D} = \{x \mid x \geqq 0\}$ stetig (vgl. V. 1, Beisp. 2 und Aufg. 2); die Funktion $f(x) = \frac{1}{x}$ ist in $\mathfrak{D} = \{x \mid x > 0\}$ stetig (vgl. V. 1, Beisp. 3).

Aufgabe 5: Man beweise: Eine Funktion $f(x)$, die in einer offenen Menge $\mathfrak{D}$ definiert ist, $\mathfrak{D} \xrightarrow{f} \mathfrak{R}$, ist dann und nur dann in $\mathfrak{D}$ stetig, wenn das Urbild $\mathfrak{B}$ jeder offenen Teilmenge $\mathfrak{U} \subset \mathfrak{R}$ wieder offen ist. Dieser Satz ist auch dann richtig, wenn das Wort „offen" jeweils durch „abgeschlossen" ersetzt wird.

2. Gegenüber der Definition der Stetigkeit einer Funktion $f(x)$ in einer Menge $\mathfrak{D}$, die in Wirklichkeit jedes $x_0 \in \mathfrak{D}$ betrifft, bezieht sich die *gleichmäßige Stetigkeit* von vornherein auf eine bestimmte Menge $\mathfrak{D}$ selbst.

$f(x)$ heißt in $\mathfrak{D}$ gleichmäßig stetig, falls es zu jedem $\varepsilon > 0$ ein $\delta(\varepsilon) > 0$ gibt, so daß für alle $x, \bar{x} \in \mathfrak{D}$ mit $|x - \bar{x}| < \delta$ gilt $|f(x) - f(\bar{x})| < \varepsilon$.

Aus dieser Aussage folgt, wenn wir für das Element $\bar{x} \in \mathfrak{D}$ das feste Element $\bar{x} = x_0$ wählen, die gewöhnliche Stetigkeitsaussage für $f(x)$ in x_0. Also gilt:

Ist $f(x)$ in $\mathfrak{D}$ gleichmäßig stetig, so ist $f(x)$ in jedem $x_0 \in \mathfrak{D}$ stetig, kurz gesagt, $f(x)$ ist dann in $\mathfrak{D}$ stetig.

Es gibt aber, wie wir gleich zeigen werden (in Beispiel 2 und 3) Funktionen, die zwar in jedem $x_0 \in \mathfrak{D}$ stetig, in $\mathfrak{D}$ aber nicht gleichmäßig stetig sind.

Bemerkung 7: Die Definition der gleichmäßigen Stetigkeit läßt sich ausgehend von der Definition der Stetigkeit auch so formulieren, daß man verlangt, daß in der Stetigkeitsdefinition zu vorgegebenem ε das δ zwar wie immer von ε abhängen darf, daß sich aber δ so angeben lassen muß, daß δ nicht von dem gewählten Punkt $x_0 \in \mathfrak{D}$ abhängt. Da, wenn dies der Fall ist, $x_0 = \bar{x}$ irgendein Element aus $\mathfrak{D}$ sein kann, und dann für alle $x, \bar{x} \in \mathfrak{D}$ mit $|x - \bar{x}| < \delta$ gilt $|f(x) - f(\bar{x})| < \varepsilon$, so kommt man genau auf die Definition der gleichmäßigen Stetigkeit.

An diese Formulierung anschließend überblickt man das Wesen des Begriffes der gleichmäßigen Stetigkeit am besten an dem hierfür charakteristischen Beispiel:

Beispiel 1: Die Funktion $f(x) = \dfrac{1}{x}$ ist in $\mathfrak{D} = \{x \mid x > 0\}$ stetig; das zu fest vorgegebenem $\varepsilon > 0$ gehörende $\delta(x_0)$ läßt sich jedoch nur so wählen, daß $\lim\limits_{x_0 \to 0} \delta(x_0) = 0$ wird. Es gibt also kein $\delta > 0$.

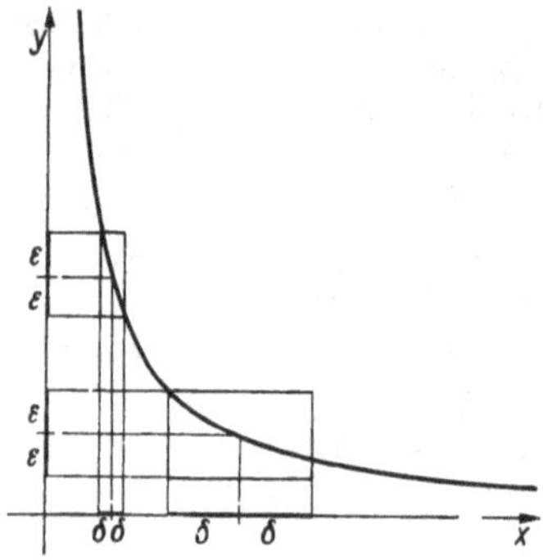

Fig. 22

das für alle $x_0 \in \mathfrak{D}$ brauchbar wäre. Man vergleiche Figur 22 und zeige:

Aufgabe 6: In Beispiel 1 ist bei jeder möglichen Wahl von $\delta(x_0)$ $\lim\limits_{x_0 \to 0} \delta(x_0) = 0$.

Für die Beispiele der in $\mathfrak{D}$ stetigen, aber nicht gleichmäßig stetigen Funktionen und auch zu einem indirekten Beweis benötigen wir die Aussage, daß eine Funktion in $\mathfrak{D}$ nicht gleichmäßig stetig ist. Es ist das kontradiktorische Gegenteil der in der Definition enthaltenen Aussage zu formulieren. Wir verweisen auf die entsprechenden Überlegungen bei der Verneinung der Grenzwertdefinition einer Funktion $f(x)$ in x_0 und die dort angeführten Beispiele.

$f(x)$ ist in $\mathfrak{D}$ nicht gleichmäßig stetig, wenn es ein $\varepsilon > 0$ gibt, so daß zu jedem $\delta > 0$ ein $x \in \mathfrak{D}$ und ein $\bar{x} \in \mathfrak{D}$ so existieren, so daß zwar $|x - \bar{x}| < \delta$, aber *$|f(x) - f(\bar{x})| \geqq \varepsilon$ gilt.*

Beispiel 2: $f(x) = \dfrac{1}{x}$ ist in $\mathfrak{D} = \{x \mid 0 < x \leqq 1\}$ nicht gleichmäßig stetig. Zum Beweis können wir $\varepsilon = 1$ verwenden (es genügt, wie dies die ausgesprochene Verneinung verlangt, *ein* passendes ε zu wählen; in unserem Beispiel ließe sich der Beweis auch mit jedem anderen $\varepsilon > 0$ entsprechend durchführen). Zu vorgegebenem $\delta > 0$ wählen wir eine Zahl k mit $k \geqq 1$ und $k \geqq \delta$ (ist $\delta < 1$, so können wir einfach $k = 1$ setzen) und setzen $x = \dfrac{\delta}{k}$ und $\bar{x} = \dfrac{\delta}{2k}$. Dann liegen, wie es sein soll, x und $\bar{x}$ im Intervall $]0, 1]$; wegen $k \geqq 1$ gilt dann zwar $|x - \bar{x}| = \dfrac{\delta}{2k} < \delta$, wegen $k \geqq \delta$ ist aber $\left|\dfrac{1}{x} - \dfrac{1}{\bar{x}}\right| = \dfrac{k}{\delta} \geqq 1$, also ist $|f(x) - f(\bar{x})| \geqq \varepsilon$ mit $\varepsilon = 1$.

Beispiel 3: $f(x)$ sei in $\mathfrak{D} = \{x \mid 0 < x \leqq 1\}$ wie folgt definiert:

$$f(x) = \begin{cases} -4n(2n-1)x + 4n - 1 & \text{für } \frac{1}{2n} \leqq x \leqq \frac{1}{2n-1}, \\ 4n(2n+1)x - 4n - 1 & \text{für } \frac{1}{2n+1} \leqq x \leqq \frac{1}{2n}, \end{cases}$$

$n = 1, 2, 3, \ldots$. Man vergleiche die Figur 23, die eine Darstellung der Funktion $f(x)$ in einem Teil des Intervalls [0, 1] gibt.

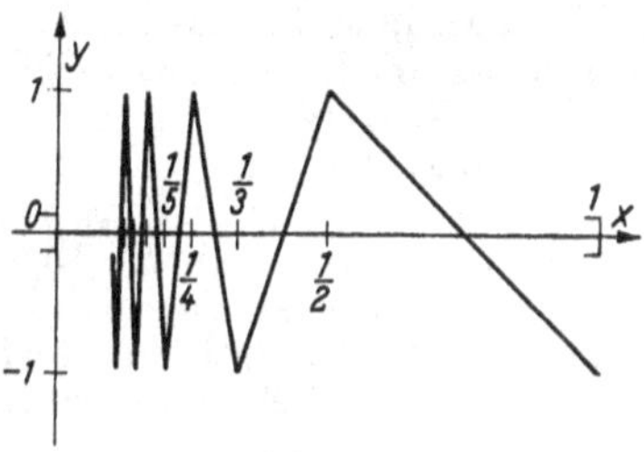

Fig. 23

Die Funktion $f(x)$ ist in $\mathfrak{D} = \{x \mid 0 < x \leqq 1\}$ beschränkt und stetig, aber nicht gleichmäßig stetig. Zum Beweis können wir $\varepsilon = 1$ verwenden (eine Zahl $\varepsilon > 2$ wäre hier nicht brauchbar). Zu vorgegebenem $\delta > 0$ wählen wir etwa $x = \frac{1}{2n}$, $\bar{x} = \frac{1}{2n+1}$ mit einer natürlichen Zahl $n > \frac{1}{2\delta}$. Dann sind x und $\bar{x}$ Elemente aus $\mathfrak{D}$; es ist $|x - \bar{x}| = \frac{1}{2n(2n+1)} < \delta$ und $f(x) = 1$, $f(\bar{x}) = -1$ und also $|f(x) - f(\bar{x})| \geqq \varepsilon$ mit $\varepsilon = 1$.

Aufgabe 7: Man zeige, daß die Funktion $y = x^2$ in $\mathfrak{D} = \{x \mid x \geqq 0\}$ nicht gleichmäßig stetig ist.

Aufgabe 8: Man gebe eine Funktion $f(x)$ an, die in $\mathfrak{D} = \{x \mid x \geqq 0\}$ gleichmäßig stetig, aber nicht beschränkt ist.

Die Beispiele zeigen, daß es Funktionen gibt, die in ihrer Definitionsmenge zwar stetig, aber nicht gleichmäßig stetig sind. In beiden Fällen ist es nicht möglich, Funktionswerte in $x = 0$ so festzusetzen, daß die auf das abgeschlossene Intervall $[0, 1]$ „erweiterten" Funktionen in dem abgeschlossenen Intervall stetig wären. Wir schließen Funktionen, wie sie in diesen Beispielen auftreten, aus, wenn wir nur Funktionen in kompakten Definitionsmengen betrachten. Tatsächlich gilt der Satz:

Eine in einem Kompaktum stetige Funktion ist dort gleichmäßig stetig.

Den Beweis führen wir indirekt. Aus der Annahme heraus, $f(x)$ sei in dem Kompaktum $\mathfrak{D}$ nicht gleichmäßig stetig, werden wir zwei mit x_0 konvergente Folgen $x_n \to x_0$, $\bar{x}_n \to x_0$ konstruieren, für die die Folgen der Bildpunkte $f(x_1), f(x_2), f(x_3), \ldots$ bzw. $f(\bar{x}_1), f(\bar{x}_2), f(\bar{x}_3), \ldots$ sicher nicht gegen denselben Grenzwert konvergieren. Dies widerspricht der vorausgesetzten Stetigkeit der Funktion in x_0.

In der Aussage, daß $f(x)$ in $\mathfrak{D}$ nicht gleichmäßig stetig ist (von der wir ja in unserem indirekten Beweis ausgehen müssen), ist für δ jede Zahl zulässig. Wir setzen $\delta = 1, \frac{1}{2}, \frac{1}{3}, \ldots$; die jeweils zugehörigen $x \in \mathfrak{D}$, $\bar{x} \in \mathfrak{D}$ bezeichnen wir mit $x_1, x_2, x_3, \ldots$ bzw. mit $\bar{x}_1, \bar{x}_2, \bar{x}_3, \ldots$ Es gilt also $|x_n - \bar{x}_n| < \frac{1}{n}$. Zu der Folge $x_1, x_2, x_3, \ldots$ gibt es, da die Elemente der Folge in dem Kompaktum liegen (vgl. IV. 3, Bem. 1), eine konvergente Teilfolge $x_{n_1}, x_{n_2}, x_{n_3}, \ldots$ mit $\lim\limits_{k \to \infty} x_{n_k} = x_0$ und $x_0 \in \mathfrak{D}$. Wegen $|x_{n_k} - \bar{x}_{n_k}| < \frac{1}{n_k}$ konvergiert dann auch die Teilfolge $\bar{x}_{n_1}, \bar{x}_{n_2}, \bar{x}_{n_3}, \ldots$ gegen denselben Grenzwert x_0 (vgl. IV. 1, Aufg. 5). Wegen $|f(x_{n_k}) - f(\bar{x}_{n_k})| \geqq \varepsilon$ konvergieren die Folgen $f(x_{n_1}), f(x_{n_2}), f(x_{n_3}), \ldots$ und $f(\bar{x}_{n_1}), f(\bar{x}_{n_2}), f(\bar{x}_{n_3}), \ldots$ sicher nicht gegen denselben Grenzwert. Dies ist ein Widerspruch zu der Voraussetzung, daß $f(x)$ in $x_0 \in \mathfrak{D}$ stetig ist.

Der Beweis zeigt deutlich, daß es wesentlich auf die Voraussetzung ankommt, daß alle Häufungspunkte von $\mathfrak{D}$ in $\mathfrak{D}$ liegen und daß $\mathfrak{D}$ beschränkt ist.

Bemerkung 8: Ein anderer Beweis beruht auf der Heine-Borelschen Eigenschaft der kompakten Mengen. Wegen der Stetigkeit von $f(x)$ gehört nach Wahl von $\varepsilon > 0$ zu jedem $x_0 \in \mathfrak{D}$ eine Umgebung $\mathfrak{U}(x_0) = \{x \mid |x - x_0| < \delta(x_0)\}$, so daß aus $x \in \mathfrak{U}(x_0)$ folgt $|f(x) - f(x_0)| < \varepsilon$. Um die Heine-Borelsche Eigenschaft auszunutzen, dürfen wir nicht — die Abschätzung wird dies später lehren — diese Umgebungsfamilie verwenden; wir müssen vielmehr eine „feinere" benutzen; deshalb wählen wir die Familie der Umgebungen $\mathfrak{V}(x_0) = \{x \mid |x - x_0| < \frac{1}{2}\delta(x_0)\}$. Nach der Heine-Borelschen Eigenschaft gibt es dann endlich viele Punkte $x_1, x_2, x_3, \ldots, x_n$ aus $\mathfrak{D}$, so daß die Umgebungen $\mathfrak{V}(x_1), \mathfrak{V}(x_2), \ldots, \mathfrak{V}(x_n)$ die Menge $\mathfrak{D}$ überdecken.

Setzen wir nun $\delta = \min\left\{\frac{1}{2}\,\delta(x_1), \frac{1}{2}\,\delta(x_2), \ldots, \frac{1}{2}\,\delta(x_n)\right\}$, so können wir zeigen, daß aus $|x - \bar{x}| < \delta$ folgt $|f(x) - f(\bar{x})| < 2\varepsilon$. Es seien $x, \bar{x}$ zwei beliebige Punkte aus $\mathfrak{D}$ mit $|x - \bar{x}| < \delta$. Da die Umgebungen $\mathfrak{V}(x_1), \mathfrak{V}(x_2), \ldots, \mathfrak{V}(x_n)$ die Menge $\mathfrak{D}$ überdecken, liegt x in einer dieser Umgebungen; es sei $x \in \mathfrak{V}(x_i)$, d. h. es ist $|x - x_i| < \frac{1}{2}\,\delta(x_i)$. Weiter folgt

$$|\bar{x} - x_i| \leqq |\bar{x} - x| + |x - x_i| < \delta + \frac{1}{2}\,\delta(x_i).$$

Nach Definition von δ ist also:

$|x - x_i| < \delta(x_i)$ und $|\bar{x} - x_i| < \delta(x_i)$. Dies bedeutet, daß beide Punkte x und $\bar{x}$ in der Umgebung $\mathfrak{U}(x_i)$ liegen. Also folgt
$|f(x) - f(\bar{x})| \leqq |f(x) - f(x_i)| + |f(x_i) - f(\bar{x})| < \varepsilon + \varepsilon = 2\varepsilon.$

Bemerkung 9: Ist die Definitionsmenge der Funktion $f(x)$ das offene Intervall $]a, b[$, existieren aber die Limites $\lim\limits_{x \to a} f(x)$, $\lim\limits_{x \to b} f(x)$, so läßt sich die Funktion $f(x)$ in den Intervallgrenzen „stetig ergänzen". Dann ist aber $f(x)$ auch in dem offenen Intervall $]a, b[$ gleichmäßig stetig.

Bemerkung 10: Ist $f(x)$ in dem offenen Intervall $]a, b[$ stetig, so ist die Funktion natürlich in jedem abgeschlossenen Intervall $[\bar{a}, \bar{b}]$ mit $a < \bar{a} < \bar{b} < b$ gleichmäßig stetig.

3. Abbildungseigenschaften der stetigen Funktionen

1. Über die Wertemenge $\mathfrak{W}$ einer in $\mathfrak{D}$ stetigen Funktion $f(x)$ läßt sich kaum etwas aussagen, wenn $\mathfrak{D}$ eine beliebige Menge ist. Wir beschränken uns auf den Fall, daß $\mathfrak{D}$ ein Kompaktum ist. Es gilt: *Die Wertemenge $\mathfrak{W}$ einer in einer kompakten Definitionsmenge $\mathfrak{D}$ stetigen Funktion ist kompakt.*

Dieser Satz gilt insbesondere auch für abgeschlossene Intervalle; wir beweisen ihn allgemeiner für ein Kompaktum $\mathfrak{D}$, da die eingehenden Voraussetzungen so am besten hervortreten.

Zum Beweis haben wir zweierlei zu zeigen:

a) *Die Wertemenge $\mathfrak{W}$ ist beschränkt*, und

b) *jeder Häufungspunkt der Wertemenge $\mathfrak{W}$ ist selbst Element von $\mathfrak{W}$.*

Beweis zu a): Den Beweis führen wir indirekt. Wäre die Wertemenge $\mathfrak{W}$ nicht beschränkt, so gäbe es zu jeder Zahl K ein x aus $\mathfrak{D}$ mit $f(x) > K$. Wir wählen für K der Reihe nach die Zahlen $K = 1, 2, 3, \ldots, n, \ldots$ und nennen die zugehörigen Werte x der Reihe nach $x_1, x_2, x_3, \ldots, x_n, \ldots$ Da alle x_n in $\mathfrak{D}$ liegen, ist die Folge $x_1, x_2, x_3, \ldots, x_n, \ldots$ beschränkt, und es gibt also eine konvergente Teilfolge $x_{n_1}, x_{n_2}, x_{n_3}, \ldots$ mit $\lim\limits_{k \to \infty} x_{n_k} = x_0$. Da die Definitionsmenge $\mathfrak{D}$ als abgeschlossen vorausgesetzt war, gehört mit den x_n auch x_0 der Menge $\mathfrak{D}$ an. Unsere Funktion $f(x)$ ist in $\mathfrak{D}$ und damit auch in x_0 stetig, und also folgt aus $x_{n_k} \to x_0$ die Aussage $f(x_{n_k}) \to f(x_0)$. Aus unserer Annahme folgte aber $f(x_{n_k}) > n_k$. Dem widerspricht die Aussage über die Konvergenz der Folge $f(x_{n_k}) \to f(x_0)$. Unsere Annahme, die Wertemenge sei nicht beschränkt, hat zu einem Widerspruch geführt.

Beweis zu b): Wir nehmen an, f_0 sei ein Häufungspunkt der Wertemenge und zeigen, daß f_0 zur Wertemenge gehört. Hierzu verwenden wir eine mit f_0 konvergente Folge $f_n \to f_0$ aus Elementen der Wertemenge (IV. 1, Aufg. 4). Zu jedem f_n gibt es, da f_n der Wertemenge angehört, ein x_n aus $\mathfrak{D}$ mit $f(x_n) = f_n$. Die Menge dieser x_n ist beschränkt; es gibt also unter ihnen eine konvergente Teilfolge $x_{n_k} \to x_0$; es ist $x_0 \in \mathfrak{D}$. Aus $x_{n_k} \to x_0$ folgt auf Grund der Stetigkeit der Funktion $f(x)$ in x_0 die Aussage $f(x_{n_k}) \to f(x_0)$. Da $f(x_{n_k})$ eine Teilfolge der konvergenten Folge $f_n \to f_0$ ist, folgt $f(x_0) = f_0$. Also ist jeder Häufungspunkt der Wertemenge selbst Element der Wertemenge.

Aufgabe 1: Man zeige durch Beispiele, daß die Kompaktheit der Definitionsmenge für die Richtigkeit des Satzes wesentlich ist, indem man in einem offenen Intervall stetige Funktionen angibt, deren Wertemenge a) nicht beschränkt, b) zwar beschränkt, aber nicht abgeschlossen ist.

Aufgabe 2: Man beweise von neuem, daß eine in einer kompakten Menge stetige Funktion beschränkt ist, indem man verwendet, daß eine in einer kompakten Menge stetige Funktion dort gleichmäßig stetig ist.

Aufgabe 3: $f(x)$ sei in $\mathfrak{D} = \mathfrak{R}$ stetig, c eine reelle Zahl. Dann ist die Menge $\mathfrak{M}_1 = \{x \mid f(x) < c\}$ offen, die Menge $\mathfrak{M}_2 = \{x \mid f(x) \leqq c\}$ abgeschlossen (man vgl. auch V. 2, Aufg. 4).

Die in dem Kompaktum $\mathfrak{D}$ stetige Funktion $f(x)$ besitzt, wie gerade bewiesen wurde, eine kompakte Wertemenge $\mathfrak{W}$. Als Kompaktum besitzt $\mathfrak{W}$ ein Maximum M und ein Minimum m; man nennt M das Maximum, m das Minimum der Funktion $f(x)$ in $\mathfrak{D}$.

Also gilt: *Eine in einem Kompaktum $\mathfrak{D}$ stetige Funktion $f(x)$ besitzt dort ein Maximum M und ein Minimum m; es gibt also $x_m, x_M \in \mathfrak{D}$ mit der Eigenschaft: $f(x_m) = m$, $f(x_M) = M$, dabei ist $m \leqq f(x) \leqq M$ für alle $x \in \mathfrak{D}$.*

Dieser Satz gilt natürlich insbesondere auch, wenn $\mathfrak{D}$ ein abgeschlossenes Intervall ist.

Bemerkung 1: Ein Maximum oder ein Minimum zu besitzen, ist eine Eigenschaft der Wertemenge $\mathfrak{W}$, die diese auch dann haben kann, wenn die bisher gemachten Voraussetzungen ($\mathfrak{D}$ kompakt, $f(x)$ in $\mathfrak{D}$ stetig) nicht erfüllt sind. Man sagt, $f(x)$ besitze in $\xi \in \mathfrak{D}$ ein Maximum oder genauer ein *absolutes Maximum*, falls für alle $x \in \mathfrak{D}$ gilt $f(x) \leqq f(\xi)$; $f(x)$ hat in $\bar{\xi} \in \mathfrak{D}$ ein *absolutes Minimum*, falls $f(x) \geqq f(\bar{\xi})$ für alle $x \in \mathfrak{D}$ ist. $\bar{\xi} \in \mathfrak{D}$ bzw. $\xi \in \mathfrak{D}$ bezeichnet man als *Extremstellen*.

$f(x)$ hat in $x_0 \in \mathfrak{D}$ ein *lokales Maximum* bzw. ein *lokales Minimum*, wenn es eine Umgebung von x_0 gibt, so daß für alle $x \in \mathfrak{D}$ dieser Umgebung $f(x) \leqq f(x_0)$ bzw. $f(x) \geqq f(x_0)$ gilt. x_0 heißt in allen diesen Fällen Extremstelle.

2. Ist die durch $y = f(x)$ bestimmte Abbildung $\mathfrak{D} \xrightarrow{f} \mathfrak{W}$ umkehrbar eindeutig, so bestimmt die Umkehrabbildung $\mathfrak{W} \xrightarrow{\bar{f}} \mathfrak{D}$ die Umkehrfunktion $x = \bar{f}(y)$. Die Wertemenge $\mathfrak{W}$ der Funktion $f(x)$ ist die Definitionsmenge $\overline{\mathfrak{D}}$ der Umkehrfunktion $\bar{f}(y)$; es ist $\overline{\mathfrak{D}} = \{y \mid y = f(x), x \in \mathfrak{D}\}$. Aus der Stetigkeit allein läßt sich nicht beweisen, daß die Umkehrfunktion stetig ist (vgl. V. 3, Bem. 2). Dagegen gilt: *Ist $\mathfrak{D}$ ein Kompaktum und $f(x)$ in $\mathfrak{D}$ stetig und umkehrbar eindeutig, so ist auch die Umkehrfunktion $\bar{f}(y)$ in $\mathfrak{W}$ stetig.* Daß dann $f(x)$ in $\mathfrak{D}$ und $\bar{f}(y)$ in $\mathfrak{W}$ tatsächlich gleichmäßig stetig sind, folgt aus den bewiesenen Sätzen.

Den Beweis der Stetigkeit der Umkehrfunktion $x = \bar{f}(y)$ führen wir indirekt. Wir nehmen an, es gäbe eine Folge $y_1, y_2, y_3, \ldots$ mit $y_n \to y_0$, so daß die Folge $x_1, x_2, x_3, \ldots$ nicht mit dem Grenzwert x_0 konvergent ist ($x_n = \bar{f}(y_n)$, $n = 1, 2, 3, \ldots$; $x_0 = \bar{f}(y_0)$). Dann gibt es eine konvergente Teilfolge $x_{n_1}, x_{n_2}, x_{n_3}, \ldots$, die gegen $\bar{x}_0 \neq x_0$ konvergiert (vgl. V. 1, Aufg. 16); wegen der Kompaktheit von $\mathfrak{D}$ ist $\bar{x}_0$ Element von $\mathfrak{D}$. Andererseits folgt aus $x_{n_k} \to \bar{x}_0$ wegen der Stetigkeit der Funktion $f(x)$: $f(x_{n_k}) \to f(\bar{x}_0)$ und also $y_{n_k} \to f(\bar{x}_0)$ Mit $\bar{x}_0 \neq x_0$ ist auch $f(\bar{x}_0) \neq f(x_0)$, da $f(x)$ nach Voraussetzung umkehrbar eindeutig ist. Damit ist ein Widerspruch erzielt: Nach Voraussetzung konvergiert $y_n \to y_0$, $y_0 = f(x_0)$; die konvergente Teilfolge $y_{n_1}, y_{n_2}, y_{n_3}, \ldots$ würde jedoch unter unserer Annahme gegen $f(\bar{x}_0) \neq f(x_0)$ konvergieren; dies ist aber unmöglich. Damit ist der Satz bewiesen.

Natürlich gilt auch dieser Satz wieder insbesondere für ein abgeschlossenes Intervall.

Bemerkung 2: Die Voraussetzung der Kompaktheit für $\mathfrak{D}$ ist wesentlich. Dies zeigt folgendes Beispiel: Die beiden Funktionen

$$f(x) = \begin{cases} x - 1 & \text{für } x \geqq 1 \\ x + 1 & \text{für } x < -1 \end{cases} \qquad \text{mit } \mathfrak{D} = \{x \mid x \geqq 1 \text{ oder } x < -1\}$$

$$\bar{f}(y) = \begin{cases} y + 1 & \text{für } y \geqq 0 \\ y - 1 & \text{für } y < 0 \end{cases} \qquad \text{mit } \bar{\mathfrak{D}} = \mathfrak{R}$$

sind Umkehrfunktionen voneinander (vgl. Fig. 24). Die Funktion $f(x)$ ist in $x_0 = 1$ stetig. Die Umkehrfunktion $\bar{f}(y)$ ist in dem zugehörigen Punkt $f(x_0) = y_0 = 0$ nicht stetig.

Bemerkung 3: Ist $f(x)$ in $\mathfrak{D}$ streng monoton wachsend, so ist sicher die Umkehrbarkeit der Funktion $f(x)$ gewährleistet; ist dann $\mathfrak{D}$ ein Kompaktum und $f(x)$ in $\mathfrak{D}$ stetig ($\mathfrak{D} \xrightarrow{f} \mathfrak{W}$), so ist auch die Umkehrfunktion in dem Kompaktum $\mathfrak{W}$ stetig.

Im übrigen ist für die Untersuchung der Stetigkeitseigenschaften der monotonen Funktionen von Bedeutung, daß eine monotone

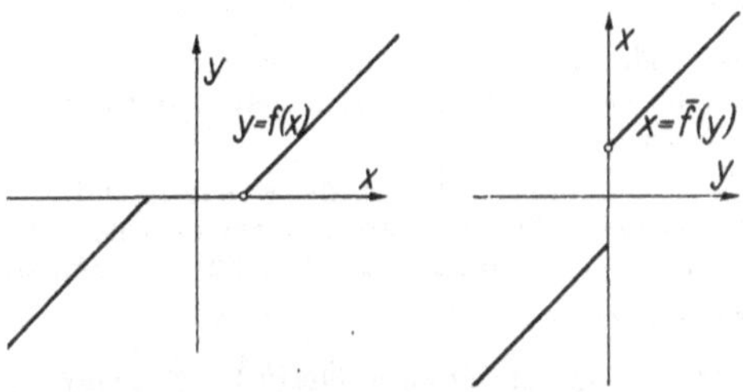

Fig. 24

Funktion für jedes x_0 einen rechts- und einen linksseitigen Grenzwert besitzt. Dies ist auch der tiefere Grund für den folgenden Satz, den wir unabhängig von dieser Tatsache beweisen.

Über $\mathfrak{D}$ werden nur die im folgenden Satz genannten Voraussetzungen gemacht, insbesondere braucht jetzt $\mathfrak{D}$ kein Kompaktum mehr zu sein; man beachte, daß die Funktion $f(x)$ in x_0 selber nicht als stetig vorausgesetzt wird.

Ist die Funktion $y = f(x)$ in $\mathfrak{D}$ streng monoton wachsend und ist x_0 innerer Punkt von $\mathfrak{D}$, so ist die Umkehrfunktion $x = \bar{f}(y)$ in $y_0 = f(x_0)$ stetig bezüglich $\mathfrak{W}$.

Den Stetigkeitsbeweis müssen wir auf die Monotonie-Eigenschaft gründen. Wir formulieren die Stetigkeitsaussage, die bewiesen werden soll, deshalb so: Zu jedem $\varepsilon > 0$ gibt es ein $\delta(\varepsilon) > 0$, so daß für alle $y \in \mathfrak{W}$ mit $y_0 - \delta < y < y_0 + \delta$ gilt $\bar{f}(y_0) - \varepsilon < \bar{f}(y) < \bar{f}(y_0) + \varepsilon$.

Es ist $x_0 - \varepsilon < x_0 < x_0 + \varepsilon$ und wegen der strengen Monotonie also $f(x_0 - \varepsilon) < f(x_0) < f(x_0 + \varepsilon)$, oder mit den Abkürzungen $y_1 = f(x_0 - \varepsilon), y_0 = f(x_0), y_2 = f(x_0 + \varepsilon)$ geschrieben: $y_1 < y_0 < y_2$.

Dabei wurde vorausgesetzt, daß $x_0 - \varepsilon$ und $x_0 + \varepsilon$ Elemente von $\mathfrak{D}$ sind. Da ε willkürlich vorzugeben war, verwenden wir an dieser Stelle, daß x_0 innerer Punkt von $\mathfrak{D}$ ist. Wird $\delta = \min\{y_0 - y_1, y_2 - y_0\}$ gewählt, so gilt $y_1 \leqq y_0 - \delta < y_0 + \delta \leqq y_2$. Aus $y_0 - \delta < y < y_0 + \delta$ folgt deshalb $y_1 < y < y_2$ und wegen der strengen Monotonie $\bar{f}(y_1) < \bar{f}(y) < \bar{f}(y_2)$; dies ist gleichbedeutend mit $x_0 - \varepsilon < \bar{f}(y) < x_0 + \varepsilon$ und also mit $\bar{f}(y_0) - \varepsilon < \bar{f}(y) < \bar{f}(y_0) + \varepsilon$. Dies war zu beweisen.

Aus dem bewiesenen Satz folgt: Ist $f(x)$ in der offenen Menge $\mathfrak{D}$ streng monoton wachsend und gilt $\mathfrak{D} \xrightarrow{f} \mathfrak{W}$, so ist die Umkehrfunktion $\bar{f}(y)$ in $\mathfrak{W}$ (bezüglich $\mathfrak{W}$) stetig (und natürlich streng monoton wachsend).

Aufgabe 4: Man beweise den Satz aus Bem. 3 unter der schwächeren Voraussetzung, daß x_0 Häufungspunkt von $\mathfrak{D} \cap \{x \mid x < x_0\}$ und von $\mathfrak{D} \cap \{x \mid x > x_0\}$ ist.

Aufgabe 5: Man zeige: Bildet die streng monoton wachsende Funktion $f(x)$ das offene oder abgeschlossene Intervall $\mathfrak{D}$ wieder auf ein Intervall $\mathfrak{W}$ ab, so sind $f(x)$ in $\mathfrak{D}$ und die Umkehrfunktion $\bar{f}(y)$ in $\mathfrak{W}$ stetig und sogar gleichmäßig stetig.

3. Es sei im folgenden die Definitionsmenge $\mathfrak{D}$ ein abgeschlossenes Intervall. Für den Zwischenwertsatz, dem wir uns jetzt zuwenden, ist diese Voraussetzung wesentlich. Die Methode beim Beweis des Zwischenwertsatzes zeigt einen ganz anderen Charakter wie die Methode der voranstehenden Beweise, bei denen die Kompaktheit von $\mathfrak{D}$ ausgenützt wurde.

Zwischenwertsatz: Es sei $f(x)$ in dem abgeschlossenen Intervall $\mathfrak{D} = [a, b]$ stetig, und es sei $f(a) = A$ und $f(b) = B$ mit $f(a) < f(b)$. Dann ist das Intervall $[A, B]$ Teilmenge der Wertemenge $\mathfrak{W}$.

Die Aussage bedeutet, daß jedes Z mit $A < Z < B$, d. h. jedes Z zwischen A und B, in der Wertemenge liegt, daß also für jedes solche Z mindestens ein z existiert mit $a < z < b$, so daß $f(z) = Z$ ist. Man formuliert dann den Satz auch so: *Mit $f(a)$ und $f(b)$ nimmt die stetige Funktion $f(x)$ auch jeden Zwischenwert Z, $f(a) < Z < f(b)$, im Intervall $[a, b]$ an.* Daher rührt der Name Zwischenwertsatz.

Beweis: Wir betrachten die Teilmenge $\mathfrak{M} < \mathfrak{D}$, die aus den Zahlen x besteht, für die $f(x) < Z$ ist. Die Menge $\mathfrak{M}$ ist nicht leer, denn wegen $f(a) < Z$ ist a Element von $\mathfrak{M}$. Ferner ist $\mathfrak{M}$ durch b nach oben beschränkt. Nach der Eigenschaft der Vollständigkeit besitzt also $\mathfrak{M}$ eine kleinste obere Schranke ξ, von der wir wissen, daß $a \leqq \xi \leqq b$ ist. Wir werden zeigen, daß ξ eine der gesuchten Zahlen z ist, daß also $f(\xi) = Z$ gilt.

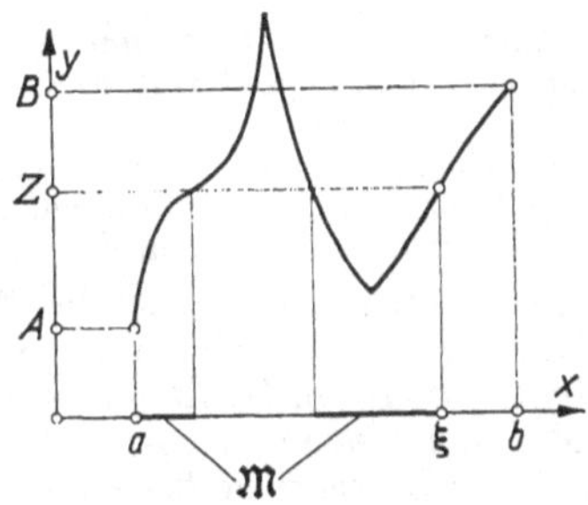

Fig. 25

Diesen Beweis führen wir indirekt, indem wir zeigen, daß weder $f(\xi) < Z$ noch $f(\xi) > Z$ richtig ist.

1. Annahme: $f(\xi) < Z$. Dann ist $\xi \neq b$, denn $\xi = b$ würde wegen $f(\xi) = f(b) = B$ die Ungleichung $B < Z$ nach sich ziehen, während doch $Z < B$ vorausgesetzt war. Weiter folgt aus der Annahme $f(\xi) < Z$ nach V. 2, Bem. 5, daß für alle x einer Umgebung von ξ gilt $f(x) < Z$. Es gibt also sicher ein $x > \xi$, so daß $f(x) < Z$ ist. Dies widerspricht der Definition von ξ als oberer Schranke von $\mathfrak{M}$.

2. Annahme: $f(\xi) > Z$. Dann ist $\xi \neq a$, denn $\xi = a$ würde $A > Z$ nach sich ziehen, während doch $A < Z$ vorausgesetzt war. Nach V. 2, Bem. 5 gibt es eine Umgebung von ξ, so daß für alle x dieser Umgebung $f(x) > Z$ gilt. Also liegt in dieser Umgebung kein Element der Menge $\mathfrak{M}$. Dann kann aber ξ nicht *kleinste* obere Schranke der Menge $\mathfrak{M}$ sein.

Da weder $f(\xi) < Z$ noch $f(\xi) > Z$ richtig ist, muß, wie behauptet, $f(\xi) = Z$ gelten. Dabei ist $a < \xi < b$, denn $\xi = a$ würde $Z = A$ und $\xi = b$ würde $Z = B$ nach sich ziehen. Damit ist der Beweis des Zwischenwertsatzes erbracht und der gesuchte Punkt ξ zugleich als kleinste obere Schranke der Menge $\mathfrak{M}$ angegeben.

Bemerkung 4: Der Zwischenwertsatz ist natürlich auch dann gültig, wenn $f(a) > f(b)$ ist. Man kommt auf den bewiesenen Satz zurück, indem man die Hilfsfunktion $g(x) = -f(x)$ verwendet. Für sie gilt dann $g(a) < g(b)$.

Aufgabe 6: Es sei $f(x)$ eine in $\mathfrak{D} = \{x \mid a \leqq x \leqq b\}$ monotone Funktion. Man zeige: $f(x)$ ist in $\mathfrak{D}$ dann und nur dann stetig, wenn $f(x)$ die „Zwischenwerteigenschaft" erfüllt, d. h. wenn es zu jedem Z zwischen $f(a)$ und $f(b)$ ein $z \in \mathfrak{D}$ gibt, so daß $f(z) = Z$ ist. Man zeige ferner, daß aus der Zwischenwerteigenschaft die Stetigkeit nicht folgt, wenn man nicht die Monotonie voraussetzt.

Die Wertemenge $\mathfrak{W}$, die bei Abbildung durch die stetige Funktion $f(x)$ aus einem abgeschlossenen Intervall $\mathfrak{D}$ entsteht, besitzt ein Maximum M und ein Minimum m, und es gilt $f(x_m) = m$ und $f(x_M) = M$ mit $x_m, x_M \in \mathfrak{D}$. Wenden wir nun den Zwischenwertsatz auf das abgeschlossene Intervall mit den Endpunkten x_m, x_M an, so erhalten wir das Ergebnis: *Ist die Definitionsmenge $\mathfrak{D}$ der stetigen Funktion $f(x)$ ein abgeschlossenes Intervall, so ist auch die Wertemenge $\mathfrak{W}$ ein abgeschlossenes Intervall. Ist M das Maximum und m das Minimum der Funktion $f(x)$ in $\mathfrak{D}$, so ist $\mathfrak{W} = [m, M]$.*

Bemerkung 5: Dem Zwischenwertsatz kommt theoretische und praktische Bedeutung bei der Bestimmung von Nullstellen einer stetigen Funktion $f(x)$ zu. Die Definitionsmenge $\mathfrak{D}$ der stetigen Funktion $f(x)$ sei ein Intervall. Kennt man dann zwei Zahlen $x_1, x_2 \in \mathfrak{D}$, so daß $f(x_1)$ und $f(x_2)$ verschiedenes Vorzeichen besitzen, so sichert der Zwischenwertsatz die Existenz einer Nullstelle im Intervall $[x_1, x_2]$. Zur praktischen näherungsweisen Berechnung einer Nullstelle in diesem Intervall kann man dann eine Intervallschachtelung verwenden, zu der man gelangt, indem man einen geeigneten Punkt x_3 im Innern von $[x_1, x_2]$ herausgreift und je nach dem Vorzeichen von $f(x_3)$ das Intervall $[x_1, x_3]$ oder $[x_3, x_2]$ auswählt. Durch Fortsetzung dieses Verfahrens kann eine Nullstelle mit gewünschter Genauigkeit berechnet werden.

Aufgabe 7: Es sei $P_n(x)$ ein Polynom von ungeradem Grad n. Man zeige, daß es eine Stelle x_1 und eine Stelle x_2 mit $P_n(x_1) < 0$ bzw. mit $P_n(x_2) > 0$ gibt und folgere daraus, daß $P_n(x)$ in $\mathfrak{D} = \mathfrak{R}$ mindestens eine Nullstelle x_0 hat.

Beispiel 2: Die Funktion $y = f(x) = x^n$ (n sei eine natürliche festgewählte Zahl) ist in $\mathfrak{D} = \{x \mid x \geqq 0\}$ stetig und streng monoton. Wir wollen zeigen, daß die Wertemenge $\mathfrak{W} = \{y \mid y \geqq 0\}$ ist. Hierzu beweisen wir, daß 0 und jede Zahl $c > 1$ zur Wertemenge gehört. Nach dem Zwischenwertsatz folgt dann, daß $\mathfrak{W}$ alle y mit $0 \leqq y \leqq c$ enthält; da dies für jedes $c > 1$ zutrifft, ist also $\mathfrak{W} = \{y \mid y \geqq 0\}$. 0 gehört zu $\mathfrak{W}$, denn es ist $f(0) = 0$. Ferner gehört c^n zu $\mathfrak{W}$; für $c > 1$ ist $0 < c < c^n$, und somit enthält die Wertemenge $\mathfrak{W}$ nach dem Zwischenwertsatz auch c.

$f(x)$ besitzt also eine Umkehrfunktion $x = \bar{f}(y)$ mit der Definitionsmenge $\bar{\mathfrak{D}} = \{y \mid y \geqq 0\}$. Diese Umkehrfunktion bezeichnet man mit $\bar{f}(y) = y^{\frac{1}{n}}$ $\left(\text{oder mit } \sqrt[n]{y}\right)$. Jeder Zahl $y \geqq 0$ ist so eine Zahl $y^{\frac{1}{n}}$ zugeordnet, so daß $\left(y^{\frac{1}{n}}\right)^n = y$ ist. Ebenso wie zum Beispiel die Bezeichnung $|x|$ verwenden wir auch $x^{\frac{1}{n}}$ als feststehendes Funktionssymbol.

Nachdem x^m und $x^{\frac{1}{n}}$ für $x \geqq 0$ und für natürliche Zahlen n und m wohlbestimmte Funktionen sind, wollen wir dem Symbol x^r für rationales $r = \frac{m}{n}$, $r > 0$, einen Sinn beilegen. Zur Definition bieten sich die beiden Möglichkeiten $x^{\frac{m}{n}} = \left(x^{\frac{1}{n}}\right)^m$ oder $x^{\frac{m}{n}} = (x^m)^{\frac{1}{n}}$ an. Tatsächlich sind beide Definitionen gleichwertig.

Dies zu beweisen, verwenden wir die Beziehung

$$(x^n)^m = x^{n \cdot m} = (x^m)^n,$$

die für natürliche Zahlen n und m besteht. Ferner gilt $\left(x^{\frac{1}{n}}\right)^n = x$. Also folgt $x^m = \left(\left(x^{\frac{1}{n}}\right)^n\right)^m = \left(\left(x^{\frac{1}{n}}\right)^m\right)^n$ und daraus $(x^m)^{\frac{1}{n}} = \left(x^{\frac{1}{n}}\right)^m$.

Es bleibt nur noch die Frage, ob $x^{\frac{m}{n}} = x^{\frac{\bar{m}}{\bar{n}}}$ ist, falls $r = \frac{m}{n} = \frac{\bar{m}}{\bar{n}}$ auf zwei verschiedene Weisen als Bruch natürlicher Zahlen dargestellt wird. Dies ist der Fall, denn es ist $x^m = x^{\frac{\bar{m}}{\bar{n}} \cdot n}$ woraus $(x^m)^{\frac{1}{n}} = x^{\frac{\bar{m}}{\bar{n}}}$, also $x^{\frac{m}{n}} = x^{\frac{\bar{m}}{\bar{n}}}$ folgt.

Für $n = 2$ hatten wir die Funktion $\sqrt{y}$ in III. 1, Beisp. 8 definiert. Die Äquivalenz mit der eben definierten Funktion $\sqrt[n]{y}$ für $n = 2$ folgt aus $(\sqrt[2]{y})^2 = y$ und der Tatsache, daß die Umkehrfunktion der Funktion $y = x^2$ eindeutig bestimmt ist.

Bemerkung 6: Es ist $\left(x_1^{\frac{1}{n}}\right) \cdot \left(x_2^{\frac{1}{n}}\right) = (x_1 \cdot x_2)^{\frac{1}{n}}$ für jedes $x_1 \geqq 0$, $x_2 \geqq 0$. Dies folgt aus $x_1 \cdot x_2 = \left(x_1^{\frac{1}{n}}\right)^n \cdot \left(x_2^{\frac{1}{n}}\right)^n = \left(x_1^{\frac{1}{n}} \cdot x_2^{\frac{1}{n}}\right)^n$.

Aufgabe 8: Man zeige, daß für positive rationale Zahlen r_1 und r_2 bei $x \geqq 0$ gilt $x^{r_1} \cdot x^{r_2} = x^{r_1 + r_2}$.

Bemerkung 7: Es ist $\lim\limits_{n\to\infty} x^{\frac{1}{n}} = 1$ für jedes $x > 0$. Für $x = 1$ ist dies sicher richtig. Wir unterscheiden die beiden Fälle $0 < x < 1$ und $x > 1$. Ist $x > 1$, so ist $x^{\frac{1}{n}} > 1$ und also $x^{\frac{1}{n}} = 1 + h_n$ mit $h_n > 0$. Daraus folgt mit der Bernoullischen Ungleichung (I.5, Beisp. 3) $x = (1 + h_n)^n \geqq 1 + nh_n > nh_n$ und also $0 < h_n < \frac{x}{n}$, also $h_n \to 0$ und damit wegen $x^{\frac{1}{n}} = 1 + h_n$ also $x^{\frac{1}{n}} \to 1$.

Bei $0 < x < 1$ setzt man $x = \frac{1}{q}$; dann ist $q > 1$ und aus $q^{\frac{1}{n}} \to 1$ folgt $\frac{1}{q^{\frac{1}{n}}} \to 1$ und wegen $\frac{1}{q^{\frac{1}{n}}} = \left(\frac{1}{q}\right)^{\frac{1}{n}} = x^{\frac{1}{n}}$ also $x^{\frac{1}{n}} \to 1$.

Aufgabe 9: Man zeige, daß $\lim\limits_{n\to\infty} n^{\frac{1}{n}} = 1$ gilt.

VI. Logarithmusfunktion und Exponentialfunktion

Die Logarithmusfunktion $\log x$ ist vom Rechnen mit der Logarithmentafel und mit dem Rechenschieber her bekannt. Sie erlaubt, die Multiplikation von Zahlen auf die Addition der Logarithmen zurückzuführen. So kann man mit dem Rechenschieber durch Addition von Strecken das Produkt der zugehörigen Zahlen erhalten. Analytisch wird dies durch die „Funktionalgleichung" der Logarithmusfunktion $\log(x_1 x_2) = \log x_1 + \log x_2$ ausgedrückt.

Logarithmen gibt es zu verschiedenen Grundzahlen. Für das praktische Rechnen werden die Zehner-Logarithmen (des Dezimalsystems wegen) bevorzugt, in der Mathematik dagegen die natürlichen Logarithmen. Jede dieser verschiedenen Funktionen erfüllt die Funktionalgleichung. Auch gilt immer $\log 1 = 0$. In der üblichen Darstellung in einer xy-Ebene (vgl. Figur 26) lassen sich die verschiedenen Logarithmen beispielsweise durch die Tangente in dem gemeinsamen Punkt $x = 1$, $y = 0$ unterscheiden; die Kurve des natürlichen Logarithmus $\ln x$ besitzt dort die Tangente $y = x - 1$; für alle $x > 0$ gilt $\ln x \leqq x - 1$.

Wir definieren hier die Funktion $\ln x$ (natürlicher Logarithmus) durch die beiden Eigenschaften: $\ln x$ erfüllt die Funktionalgleichung $\ln(x_1 x_2) = \ln x_1 + \ln x_2$ und die Ungleichung $\ln x \leqq x - 1$.

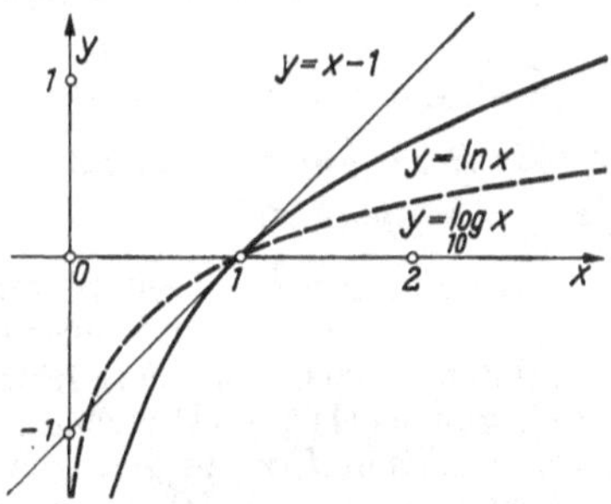

Fig. 26

Wir wählen damit zur Einführung dieser Funktion einen Weg, der sich in der neueren Mathematik vielfach bewährt hat: Man definiert gewisse mathematische Dinge nicht durch eine explizite Angabe, d. h. durch eine Konstruktionsvorschrift, sondern vielmehr durch solche ihrer Eigenschaften, die sie kennzeichnen. Tatsächlich braucht man ja in den theoretischen und praktischen Anwendungen in erster Linie die Eigenschaften. Aus ihnen heraus lassen sich oft verschiedene Konstruktionsvorschriften gewinnen, so daß man diese den jeweiligen Bedürfnissen anpassen kann.

Eindeutigkeit und Existenz der Funktion $\ln x$ wird auch hier über eine explizite Konstruktion bewiesen; ein solcher Beweis muß ja einmal geführt werden; er bildet die Grundlage, die erlaubt, sich im folgenden mit Recht allein auf die Eigenschaften zu stützen. Die Konstruktion für den Existenzbeweis wird auf das Ziel abgestimmt, das Erfülltsein der definierenden Eigenschaften zu beweisen.

Die Funktion e^x ist die Umkehrfunktion der Funktion $\ln x$. Alle weiteren Eigenschaften der Logarithmusfunktionen und der Exponentialfunktionen lassen sich leicht aus den beiden angegebenen Grundeigenschaften ableiten.

1. Definierende Eigenschaften des Logarithmus

Satz: *Es gibt eine und nur eine Funktion* $L(x)$ *in der Definitionsmenge* $\mathfrak{D} = \{x \mid x > 0\}$, *die die beiden Eigenschaften*

(I) $$L(x_1 x_2) = L(x_1) + L(x_2) \text{ für alle } x_1, x_2 \in \mathfrak{D}$$

und

(II) $$L(x) \leqq x - 1 \text{ für alle } x \in \mathfrak{D}$$

besitzt. Weiter gilt: Diese Funktion ist für jedes $a > 0$ *in* $\bar{\mathfrak{D}} = \{x \mid a \leqq x\}$ *gleichmäßig stetig.*

Den Beweis dieses Satzes werden wir führen, indem wir für jedes $x \in \mathfrak{D}$ eine Zahl $L(x)$ als Limes einer konvergenten Folge angeben und dann zeigen, daß die so festgelegte Funktion $L(x)$ den Bedingungen (I) und (II) genügt. Um zu dieser Konstruktion der Funktion $L(x)$ zu gelangen, werden wir zunächst Folgerungen aus (I) und (II) ziehen und so weitere Eigenschaften der Funktion $L(x)$ gewinnen. Folgerungen aus (I) und (II) zu ziehen, ist natürlich nur dann sinnvoll, wenn es eine Funktion mit den Eigenschaften (I) und (II) überhaupt gibt. Wir machen also zunächst die Annahme, es existiere eine Funktion $L(x)$ mit (I) und (II), und rechtfertigen diese Annahme später durch den Existenzbeweis.

1. Durch die Funktionalgleichung (I) erhält man weitere Aussagen über $L(x)$, indem man für x_1, x_2 spezielle bzw. aneinander gebundene Werte einsetzt. Dieses Vorgehen bestimmt die nächsten Schritte.

Wir setzen in (I) $x_1 = 1$ und finden $L(x_2) = L(1) + L(x_2)$. Also ist

(1) $$L(1) = 0.$$

Um dieses Ergebnis auszunutzen, setzen wir $x_1 \cdot x_2 = 1$.

also etwa $x_1 = x$, $x_2 = \frac{1}{x}$ und finden mit (1)

$$L\left(\frac{1}{x}\right) = -L(x). \tag{2}$$

Wir setzen $x_1 = x_2 = x$ und finden aus (I) $L(x^2) = 2L(x)$. Dies legt es nahe, durch vollständige Induktion zu beweisen:

(3) $L(x^n) = n \cdot L(x)$ für alle natürlichen Zahlen n.

Beweis: Für $n = 1$ ist (3) richtig. Nun gelte $L(x^k) = k \cdot L(x)$; dann setzen wir in (I) $x_1 = x^k$, $x_2 = x$ und finden $L(x^{k+1}) = k \cdot L(x) + L(x) = (k+1) \cdot L(x)$. Damit ist (3) durch vollständige Induktion bewiesen.

Wir werden zunächst Folgerungen aus (3) ziehen mit der Absicht, (3) nicht nur für natürliche Zahlen n, sondern für beliebige positive rationale Zahlen r in der Form

$$L(x^r) = r \cdot L(x) \tag{4}$$

zu beweisen. Wenden wir (3) auf die Zahl $x = \bar{x}^{\frac{1}{m}}$ mit natürlichem m an (mit $\bar{x} > 0$ ist auch $\bar{x}^{\frac{1}{m}}$ definiert (vgl. V, 3, Beisp. 2) und $\bar{x}^{\frac{1}{m}} > 0$), so folgt $L\left(\left(\bar{x}^{\frac{1}{m}}\right)^n\right) = n \cdot L\left(\bar{x}^{\frac{1}{m}}\right)$ und ebenso $L(\bar{x}) = L\left(\left(\bar{x}^{\frac{1}{m}}\right)^m\right) = m \cdot L\left(\bar{x}^{\frac{1}{m}}\right)$. Daraus ergibt sich $L\left(\bar{x}^{\frac{n}{m}}\right) = \frac{n}{m} \cdot L(\bar{x})$, also die Gleichung (4) mit $r = \frac{n}{m} > 0$.

Da wir bisher nur Folgerungen aus (I) gezogen haben, können wir zusammenfassend hervorheben: *Gibt es eine Funktion $L(x)$, die für alle $x_1, x_2 \in \mathfrak{D}$ der Funktionalgleichung* (I) *genügt, so erfüllt $L(x)$ auch die Gleichung* (4) *für jedes $x \in \mathfrak{D}$ und alle positiven rationalen Zahlen r.*

2. Wir verwenden jetzt die Ungleichung (II). Wegen (2) gibt sie uns nicht nur eine Abschätzung für die Funktion $L(x)$ nach oben, sondern auch nach unten. Denn setzen wir in (II) $x = \frac{1}{\bar{x}}$ so wird $L\left(\frac{1}{\bar{x}}\right) \leq \frac{1}{\bar{x}} - 1$ und hieraus folgt nach (2):

$-L(\bar{x}) \leqq \frac{1}{\bar{x}} - 1$. Zusammen mit (II) ergibt sich also

$$(5) \qquad 1 - \frac{1}{x} \leqq L(x) \leqq x - 1.$$

Die Figur 27 veranschaulicht diese Ungleichungsfolge; $L(x)$ muß in dem in der Figur schraffierten Bereich verlaufen. Die Ungleichungsfolge zieht, wie wir jetzt zeigen werden,

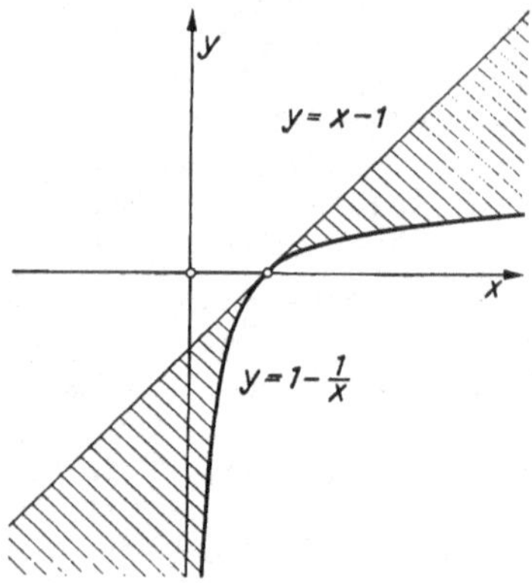

Fig. 27

für jedes $a > 0$ die gleichmäßige Stetigkeit der Funktion $L(x)$ in $\overline{\mathfrak{D}} = \{x \mid a \leqq x\}$ nach sich. (Daß die angegebene Menge $\overline{\mathfrak{D}}$ nicht nach oben beschränkt ist, stört hier nicht.)

Es sei $a > 0$ und $a \leqq x_1 \leqq x_2$; dann ist $\frac{x_1}{x_2} \leqq 1$ und $\frac{1}{x_1} \leqq \frac{1}{a}$. Nach der Funktionalgleichung (I) zusammen mit (2) ist $L(x_2) - L(x_1) = L\left(\frac{x_2}{x_1}\right)$. Setzen wir in (5) $x = \frac{x_2}{x_1}$, so erhalten wir $0 \leqq 1 - \frac{x_1}{x_2} \leqq L(x_2) - L(x_1) \leqq \frac{x_2}{x_1} - 1 = \frac{x_2 - x_1}{x_1}$.

Zu $\varepsilon > 0$ wählen wir $\delta = a \cdot \varepsilon$; dann gilt für alle $x_1, x_2 \in \overline{\mathfrak{D}}$, $\overline{\mathfrak{D}} = \{x \mid a \leqq x\}$ mit $0 \leqq x_2 - x_1 < \delta$ die Ungleichung $0 \leqq L(x_2) - L(x_1) \leqq \frac{1}{a} \cdot (x_2 - x_1) < \varepsilon$. Damit ist bewiesen: *Gibt es eine Funktion $L(x)$, die* (I) *und* (II) *erfüllt, so ist $L(x)$ für jedes $a > 0$ in $\overline{\mathfrak{D}} = \{x \mid a \leqq x\}$ gleichmäßig stetig.*

Aufgabe 1: Man zeige, daß $L(x)$ in $\mathfrak{D}$ selbst nicht gleichmäßig stetig sein kann.

3. Die Ungleichungen (5) zusammen mit der Funktionalbeziehung (4) führen uns dazu, für jedes $x \in \mathfrak{D}$ eine monoton wachsende Folge a_n und eine monoton fallende Folge b_n zu konstruieren, die beide gegen $L(x)$ konvergieren. Mit dieser expliziten Darstellung für $L(x)$ werden wir dann in den Existenzbeweis eintreten.

In den Ungleichungen (5) ersetzen wir x durch $x^{\frac{1}{2^n}}$, verwenden (4) in der Form $L\left(x^{\frac{1}{2^n}}\right) = \frac{1}{2^n} L(x)$ und multiplizieren die Ungleichungen mit 2^n; wir erhalten

$$(6) \qquad 2^n\left(1 - \frac{1}{x^{\frac{1}{2^n}}}\right) \leqq L(x) \leqq 2^n\left(x^{\frac{1}{2^n}} - 1\right).$$

4. Wir betrachten nun die beiden Folgen:

$$a_n = 2^n\left(1 - \frac{1}{x^{\frac{1}{2^n}}}\right), \qquad b_n = 2^n\left(x^{\frac{1}{2^n}} - 1\right).$$

x ist hierin eine beliebige, aber fest gewählte Zahl aus $\mathfrak{D}$. Wir zeigen, daß beide Folgen gegen denselben Grenzwert konvergieren.

Hierzu beweisen wir:

1) $a_n \leqq b_n$,
2) $a_{n-1} \leqq a_n$, $b_{n-1} \geqq b_n$.
3) $(b_n - a_n) \to 0$.

Nach den Sätzen über monotone Folgen (vgl. IV. 3. 3) ergibt sich aus 1) und 2) die Konvergenz von $a_n \to a_0$, $b_n \to b_0$ und aus 3) folgt $a_0 = b_0$. Daraus und aus (6) schließen wir: *Gibt es eine Funktion $L(x)$, die* (I) *und* (II) *erfüllt, so ist für jedes $x \in \mathfrak{D}$*

$$(7)\qquad L(x) = \lim_{n\to\infty} 2^n\left(1 - \frac{1}{x^{\frac{1}{2^n}}}\right) = \lim_{n\to\infty} 2^n\left(x^{\frac{1}{2^n}} - 1\right)$$

Daraus folgt die Eindeutigkeit: *Es gibt nicht mehr als eine Funktion $L(x)$ mit* (I) *und* (II). Daß es überhaupt eine solche Funktion gibt, bleibt noch zu zeigen.

Der Nachweis von 1), 2), 3) ist eine reine Rechenaufgabe, die wir schnell erledigen. Zur Abkürzung setzen wir

$x^{\frac{1}{2^n}} = z$, woraus $x^{\frac{1}{2^{n-1}}} = z^2$ folgt. Damit wird

$$a_n = 2^n(1 - z^{-1}),\quad a_{n-1} = 2^{n-1}(1 - z^{-2}),$$
$$b_n = 2^n(z - 1),\quad b_{n-1} = 2^{n-1}(z^2 - 1).$$

Zu 1): $b_n - a_n = 2^n(z - 1 - 1 + z^{-1}) = 2^n z^{-1}(z-1)^2 \geqq 0$

Zu 2): $a_n - a_{n-1} = 2^{n-1}(2 - 2z^{-1} - (1 - z^{-2})) =$
$= 2^{n-1}(1 - z^{-1})^2 \geqq 0,$

$b_{n-1} - b_n = 2^{n-1}(z^2 - 1 - 2(z - 1)) =$
$= 2^{n-1}(z - 1)^2 \geqq 0.$

Zu 3): Es ist $(b_n - a_n) = (z - 1)a_n$ und wegen $a_n \to a_0$ und wegen $z = x^{\frac{1}{2^n}}$ mit $x^{\frac{1}{2^n}} \to 1$ (vgl. V. 3, Bem. 7) folgt $(b_n - a_n) \to 0$.

5. Wir haben unter der Annahme, es gäbe eine Funktion $L(x)$ mit (I) und (II), Folgerungen gezogen und gelangten so zu dem expliziten Ausdruck (7) für $L(x)$. Wir führen den Existenzbeweis für die Funktion $L(x)$ mit (I) und (II), indem wir zeigen, daß die durch (7) definierte Funktion $L(x)$ tatsächlich (I) und (II) erfüllt. Wir verstehen also jetzt unter $L(x)$ den durch (7) festgelegten Grenzwert.

Zu (I): Nach V. 3, Bem. 6 ist

$$(8)\quad 2^n\left((x_1\cdot x_2)^{\frac{1}{2^n}}-1\right)=2^n\left(x_1^{\frac{1}{2^n}}\cdot x_2^{\frac{1}{2^n}}-1\right)=$$
$$=2^n\left(x_1^{\frac{1}{2^n}}-1\right)x_2^{\frac{1}{2^n}}+2^n\left(x_2^{\frac{1}{2^n}}-1\right).$$

Die Limites der hier auftretenden Summanden existieren und sind nach (7) und nach V. 3, Bem. 7 bekannt; es ist

$$\lim_{n\to\infty}2^n\left((x_1\cdot x_2)^{\frac{1}{2^n}}-1\right)=L(x_1\cdot x_2);\ \lim_{n\to\infty}2^n\left(x_1^{\frac{1}{2^n}}-1\right)=L(x_1)$$
$$\lim_{n\to\infty}x_2^{\frac{1}{2^n}}=1;\qquad \lim_{n\to\infty}2^n\left(x_2^{\frac{1}{2^n}}-1\right)=L(x_2)$$

Nach den Gesetzen über das Rechnen mit konvergenten Folgen (vgl. IV. 2) folgt also aus (8) tatsächlich (I):

$$L(x_1\cdot x_2)=L(x_1)+L(x_2).$$

Zu (II): Die Folge $b_1, b_2, b_3, \ldots$ fällt monoton und konvergiert gegen $L(x)$. Also ist

$$L(x)\leqq b_n\leqq b_1=2\left(x^{\frac{1}{2}}-1\right)=x-1-\left(x^{\frac{1}{2}}-1\right)^2\leqq x-1,$$

d. h. es gilt (II).

Damit ist unser eingangs ausgesprochener Satz voll bewiesen. Alle Aussagen über die Funktion $L(x)$, die bisher nur unter dem Vorbehalt ihrer Existenz gemacht werden konnten, erhalten somit uneingeschränkte Gültigkeit. Den expliziten Ausdruck (7) für $L(x)$ benötigen wir im folgenden nicht mehr. Wir beziehen uns nurmehr auf (I) und (II) und die daraus leicht gewonnenen Folgerungen (1), (2), (4), (5).

Aufgabe 2: Man zeige, daß die Funktion $L(x)$ statt durch (I) und (II) auch durch die Funktionalgleichung (I) zusammen mit (II'): „es gelte $\lim\limits_{x\to 1}\dfrac{L(x)}{x-1}=1$" festgelegt ist. Man führe die zum Beweis notwendigen Schritte von neuem durch.

Aufgabe 3: Man zeige, daß es in $\mathfrak{D} = \{x \mid x > 0\}$ eine und nur eine Funktion $f(x)$ gibt, die der Funktionalgleichung $f(x_1 \cdot x_2) = f(x_1) + f(x_2)$ für alle $x_1, x_2 \in \mathfrak{D}$ und der Ungleichung $f(x) \leqq \alpha(x - 1)$ für alle $x \in \mathfrak{D}$ genügt. α ist eine beliebige, fest vorgegebene positive Zahl. Welcher Zusammenhang besteht mit $L(x)$?

Aufgabe 4: α, β seien beliebige, fest vorgegebene reelle Zahlen, die nicht beide gleich 1 sind. Man bestimme alle in $\mathfrak{D} = \{x \mid x > 0\}$ definierten Funktionen $f(x)$, die für alle $x_1, x_2 \in \mathfrak{D}$ der Funktionalgleichung $f(x_1 \cdot x_2) = \alpha f(x_1) + \beta f(x_2)$ genügen.

Bemerkung 1: Zu den *elementaren Funktionen* rechnet man außer den rationalen Funktionen (vgl. III. 1. 4) und außer den Logarithmus- und Exponentialfunktionen, die wir in diesem Abschnitt behandeln, auch die *Winkelfunktionen* (vgl. Kap. VIII). In Analogie zu der hier beschriebenen Einführung der Funktion $L(x)$ lassen sich die Winkelfunktionen mittels einer Funktion $A(x)$ definieren, von der gefordert wird, daß sie einer Funktionalgleichung (I) und einer Ungleichung (II) genügt; hierfür formulieren wir die folgende Aufgabe. Wir werden später zeigen (VIII. 3, Aufg. 2), daß die Funktion $\operatorname{arctg} x$ die Eigenschaften (I) und (II) besitzt.

Aufgabe 5: Man beweise: Es gibt eine und nur eine Funktion $A(x)$ in der Definitionsmenge $\mathfrak{D} = \mathfrak{R}$, die die beiden Eigenschaften

$$\text{(I)} \qquad A\left(\frac{x_1 + x_2}{1 - x_1 \cdot x_2}\right) = A(x_1) + A(x_2)$$

für alle $x_1, x_2 \in \mathfrak{D}$ mit $x_1 \cdot x_2 < 1$ und

$$\text{(II)} \qquad \frac{x}{1 + x^2} \leqq A(x) \leqq x$$

für alle $x \geqq 0$ besitzt. Man zeige weiter: Diese Funktion ist in $\mathfrak{D} = \mathfrak{R}$ gleichmäßig stetig. Statt (II) genügt auch die Forderung

$$\text{(II')} \qquad \lim_{x \to 0} \frac{A(x)}{x} = 1\,.$$

2. Eigenschaften der Funktionen $\ln x$ und e^x

1. *Die Funktion $L(x)$ ist in $\mathfrak{D} = \{x \mid x > 0\}$ streng monoton wachsend*; denn aus $x_1 < x_2$ folgt nach (5):

$$0 < 1 - \frac{x_1}{x_2} \leqq L\left(\frac{x_2}{x_1}\right) = L(x_2) - L(x_1)\,.$$

Weiter folgt aus $1 < 2$ die Ungleichung $L(1) < L(2)$; wegen $L(1) = 0$ heißt dies, daß $L(2) > 0$ ist. Nach (3) ist $L(2^n) = n \cdot L(2)$ für jede natürliche Zahl n. Also gibt es (Archimedische Eigenschaft) zu jedem $K > 0$ ein $\bar{x} = 2^n$, so daß $L(\bar{x}) > K$ und $L(\bar{x}^{-1}) < -K$ wird; man wähle $n > \frac{K}{L(2)}$. $L(x)$ ist stetig in $\mathfrak{D}$ und also folgt aus dem Zwischenwertsatz, daß $L(x)$ jeden Wert zwischen $L(\bar{x})$ und $L(\bar{x}^{-1})$ und also auch jeden Wert zwischen K und $-K$ annimmt. Da dies für jedes K gilt, finden wir: *Die Wertemenge $\mathfrak{W}$ der Funktion $L(x)$ in $\mathfrak{D}$ besteht aus allen reellen Zahlen.*

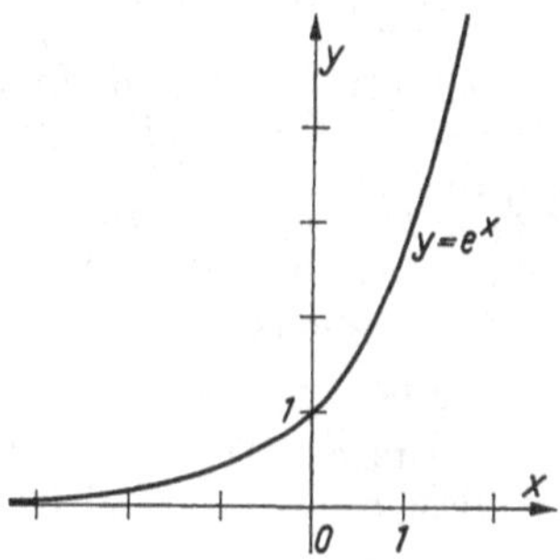

Fig. 28

Also besitzt $L(x)$ eine Umkehrfunktion $x = E(y)$ in der Definitionsmenge $\overline{\mathfrak{D}} = \mathfrak{R}$. Wertemenge $\overline{\mathfrak{W}}$ von $E(y)$ ist die Definitionsmenge der Funktion $L(x)$, also $\overline{\mathfrak{W}} = \{x \mid x > 0\}$, (vgl. V. 3. 1). $E(y)$ ist streng monoton wachsend und in jedem abgeschlossenen Intervall gleichmäßig stetig.

Wir stellen die beiden Funktionen, ihre Definitions- und Wertemengen nebeneinander:

$y = L(x)$	$x = E(y)$
$\mathfrak{D} = \{x \mid x > 0\}, \mathfrak{W} = \mathfrak{R}$	$\overline{\mathfrak{D}} = \mathfrak{R}, \overline{\mathfrak{W}} = \{x \mid x > 0\}$.

2. Zu jeder Aussage über $L(x)$ gehört eine damit äquivalente Aussage über die Umkehrfunktion $E(y)$.

Ist $y_i = L(x_i)$, $i = 1, 2, 3$, und also $x_i = E(y_i)$, so folgt aus $x_3 = x_1 \cdot x_2$ nach der Funktionalgleichung (I)

$$L(x_3) = L(x_1 \cdot x_2) = L(x_1) + L(x_2)$$

und somit $y_3 = y_1 + y_2$. Dann ist

$$E(y_1) \cdot E(y_2) = x_1 \cdot x_2 = x_3 = E(y_3) = E(y_1 + y_2)$$

und also gelten die Funktionalgleichungen

$L(x_1 \cdot x_2) = L(x_1) + L(x_2)$ für alle $x_1, x_2 \in \mathfrak{D}$	$E(y_1 + y_2) = E(y_1) \cdot E(y_2)$ für alle $y_1, y_2 \in \overline{\mathfrak{D}}$.

Aus (1) folgt

$L(1) = 0$	$E(0) = 1$

Verwenden wir dies und setzen in der Funktionalgleichung $y_1 = y$ und $y_2 = -y$, so folgt

$L\left(\frac{1}{x}\right) = -L(x)$	$E(-y) = \frac{1}{E(y)}$

Nach (4) gilt für positive rationale r die Beziehung $L(x^r) = r \cdot L(x)$. Aus ihr folgt mit $y = L(x)$, $x = E(y)$ und $\overline{y} = L(x^r)$, $x^r = E(\overline{y})$ zunächst $\overline{y} = r \cdot y$ und daraus $E(\overline{y}) = E(r \cdot y)$. Da $E(\overline{y}) = x^r = (E(y))^r$ ist, ergibt sich weiter $(E(y))^r = E(r \cdot y)$. Somit stehen nebeneinander (r positiv rational):

$L(x^r) = r \cdot L(x)$	$E(r \cdot y) = (E(y))^r$.

Wir setzen $E(1) = e$, also $L(e) = 1$ und zeigen, daß e mit der gleichbenannten Zahl in IV. 3, Beisp. 1 übereinstimmt. Aus (5) folgt, wenn man dort $x = 1 + \frac{1}{n}$ setzt und mit n multipliziert:

$$\frac{1}{1+\frac{1}{n}} \leqq n \cdot L\left(1 + \frac{1}{n}\right) \leqq 1$$

und also nach (3)

$$\frac{1}{1+\frac{1}{n}} \leqq L\left(\left(1 + \frac{1}{n}\right)^n\right) \leqq 1.$$

Da $\lim\limits_{n \to \infty} \frac{1}{n} = 0$ ist, so folgt auf Grund der Stetigkeit der Funktion $L(x)$:

$$1 = \lim_{n \to \infty} L\left(\left(1 + \frac{1}{n}\right)^n\right) = L\left(\lim_{n \to \infty}\left(1 + \frac{1}{n}\right)^n\right) = L(e)$$

mit $\lim\limits_{n \to \infty} \left(1 + \frac{1}{n}\right)^n = e$. Wir heben hervor

$$L(e) = 1 \qquad \Big| \qquad E(1) = e$$

Für positives rationales r folgt daraus $e^r = (E(1))^r = E(r \cdot 1) = E(r)$. Also gilt für positives rationales r:

$$L(e^r) = r \qquad \Big| \qquad E(r) = e^r$$

Der Ausdruck e^r hat für positives rationales r einen wohlbestimmten Sinn; wir haben gerade gezeigt, daß der Wert e^r mit $E(r)$ für positives rationales r übereinstimmt. Somit ist es sinnvoll, die Funktion $E(y)$ auch für beliebiges reelles y mit e^y zu bezeichnen. Wir führen statt $L(x)$ und $E(y)$ die neuen feststehenden Symbole

$$L(x) = \ln x \qquad \Big| \qquad E(y) = e^y$$

ein. Die Funktion $\ln x$ heißt *natürlicher Logarithmus*, e^y *Exponentialfunktion* oder *e-Funktion*.

Bemerkung 1: Die Ungleichungen (5) für die Funktion $L(x)$ übersetzen sich in entsprechende Ungleichungen für e^x. In (5) ersetzen wir x durch $x + 1$ und erhalten $L(x + 1) \leqq x$ für $x + 1 > 0$ und daraus $x + 1 \leqq e^x$, da die Exponentialfunktion monoton wächst. Da $e^x > 0$ ist für alle $x \in \mathfrak{R}$, so gilt die Ungleichung selbstverständlich auch für $x + 1 \leqq 0$ und also für alle $x \in \mathfrak{R}$.

Setzen wir jetzt $x = -y$, so folgt $1 - y \leqq e^{-y}$ und daraus $\frac{1}{1-y} \geqq e^y$ für $1 - y > 0$. Zusammenfassend ergibt sich mit (5):

$$1 - \frac{1}{x} \leqq \ln x \leqq x - 1 \qquad \Big| \qquad y + 1 \leqq e^y \leqq \frac{1}{1-y},$$

wobei in der zweiten Hälfte der rechten Ungleichung $y < 1$ vorauszusetzen ist.

3. Für positives rationales r ist a^r bei $a > 0$ eine wohlbestimmte reelle Zahl. Es ist $\ln(a^r) = r \cdot \ln a$ un[illegible] $e^{r \cdot \ln a} = a^r$. Da für nicht rationales y dem Symb[illegible] bisher kein Sinn beigelegt wurde, können wir wie folgt definieren:

Für jede reelle Zahl $a > 0$ und für jede reelle Zahl y erklären wir das Symbol a^y durch

$$a^y = e^{y \ln a}$$

Aus der Definition folgen die Rechenregeln

$$a^{y_1} \cdot a^{y_2} = a^{y_1 + y_2}, \quad (a^y)^z = a^{z \cdot y}, \quad a^y \cdot b^y = (a \cdot b)^y.$$

Es sei a eine fest gewählte Zahl $a > 0$, $a \neq 1$. Die Funktion $f(y) = a^y$ ist in $\mathfrak{D} = \mathfrak{R}$ definiert und für $0 < a < 1$ streng monoton fallend, für $a > 1$ streng monoton wachsend. Denn für $0 < a < 1$ ist $\ln a < 0$ und für $a > 1$ ist $\ln a > 0$. Aus $y_1 < y_2$ folgt $y_1 \cdot \ln a > y_2 \cdot \ln a$ für $0 < a < 1$ und also $e^{y_1 \cdot \ln a} > e^{y_2 \cdot \ln a}$, d. h. $a^{y_1} > a^{y_2}$ und für $a > 1$ entsprechend $a^{y_1} < a^{y_2}$.

Die Wertemenge $\bar{\bar{\mathfrak{W}}}$ der Funktion a^y stimmt überein mit der Wertemenge der Funktion e^x in $\bar{\bar{\mathfrak{D}}} = \mathfrak{R}$; also ist $\bar{\bar{\mathfrak{W}}} = \{x \mid x > 0\}$. Die Funktion a^y besitzt eine ebenfalls streng monotone Umkehrfunktion, die wir mit $y = {}^a\log x$ bezeichnen. Wir stellen zusammen:

$y = {}^a\log x$	$x = a^y$
$\mathfrak{D} = \{x \mid x > 0\}$, $\mathfrak{W} = \mathfrak{R}$	$\bar{\bar{\mathfrak{D}}} = \mathfrak{R}$, $\bar{\bar{\mathfrak{W}}} = \{x \mid x > 0\}$.

Aufgabe 1: Man beweise die Beziehungen:

$${}^a\log x = \frac{\ln x}{\ln a}; \quad {}^a\log x = {}^a\log b \cdot {}^b\log x, \quad {}^a\log b \cdot {}^b\log a = 1.$$

Aufgabe 2: Es sei α eine festgewählte reelle Zahl. Man zeige, daß die Funktion $f(x) = x^\alpha$ in $\mathfrak{D} = \{x \mid x > 0\}$ für $\alpha > 0$ streng monoton wächst, für $\alpha < 0$ streng monoton fällt. Man verwende hierzu die Definition $x^\alpha = e^{\alpha \cdot \ln x}$.

Bemerkung 2: Für jedes $\alpha > 0$, $\beta > 0$ ist

$$\lim_{x \to \infty} \frac{x^\alpha}{e^{\beta x}} = 0 \qquad\qquad \lim_{y \to \infty} \frac{(\ln y)^\alpha}{y^\beta} = 0.$$

Man sagt $e^{\beta x}$ wächst für jedes (noch so kleine) positive β stärker als x^α für jedes (noch so große) positive α; andererseits wächst y^β stärker als $(\ln y)^\alpha$.

Zum Beweis geht man von der Ungleichung $y + 1 \leqq e^y$ aus; daraus folgt $y < e^y$ und wegen $(e^y)^{\alpha+1} = e^{(\alpha+1)y}$ und der Monotonie der Funktion x^α (VI. 2, Aufg. 2) weiter $y^{\alpha+1} < e^{(\alpha+1)y}$. Setzt man hier $(\alpha + 1)y = \beta x$, so ergibt sich

$$\left(\frac{\beta x}{\alpha + 1}\right)^{\alpha+1} < e^{\beta x} \quad \text{also} \quad 0 < \frac{x^\alpha}{e^{\beta x}} < \left(\frac{\alpha + 1}{\beta}\right)^{\alpha+1} \cdot \frac{1}{x}.$$

Darin wurde verwendet, daß $x^\alpha > 0$ und $e^{\beta x} > 0$ ist. Aus dieser Ungleichung folgt aber der erste Teil der Behauptung unmittelbar; der zweite Teil ist — man setze $x = \ln y$ — mit dem ersten gleichbedeutend.

Aufgabe 3: Man zeige: Für jede natürliche Zahl m ist

$$\lim_{z \to 0} \frac{e^{-\frac{1}{z^2}}}{z^m} = 0.$$

Man knüpfe an die voranstehende Bemerkung an, setze $x = \frac{1}{\bar{x}}$ und verwende dabei V. 1, Bem. 5 und setze schließlich $\bar{x} = z^2$, $\beta = 1$ und $2\alpha = m$.

Aufgabe 4: Man bestimme die Grenzwerte

$$\lim_{z \searrow 0} (-\ln z)^\alpha z^\beta, \ \lim_{x \to \infty} \frac{x^\alpha}{a^{\beta x}}, \ \lim_{y \to \infty} \frac{({}^a\log y)^\alpha}{y^\beta} \ \text{bei}\ a > 1, \alpha > 0, \beta > 0.$$

Aufgabe 5: Man bestimme die folgenden Grenzwerte

$$\lim_{x \searrow 0} x^x, \ \lim_{x \searrow 0} x^{\frac{1}{x}}, \ \lim_{x \searrow 0} x^{\left[\frac{1}{x}\right]},$$

$$\lim_{x \to \infty} x^x, \ \lim_{x \to \infty} x^{\frac{1}{x}}, \ \lim_{x \to \infty} \frac{(x \cdot \ln x)^2}{e^{(\ln x)^2}},$$

falls diese existieren.

VII. Differenzierbare Funktionen

Die Differentialrechnung erwuchs aus der Aufgabe, die Gleichung der Tangente an eine analytisch gegebene Kurve zu finden. Es ist dazu die Steigung der Tangente als Grenzwert der Steigungen der Sehnen zu bestimmen. Dieser Zusammenhang ist hinreichend bekannt; wir erinnern daran durch die Figur. Ist die Kurve in der x,y-Ebene durch $y = f(x)$ gegeben, so wird man durch diese Überlegung zur Definition des Differentialquotienten geführt. — Wir können uns hier auf die bereits ent-

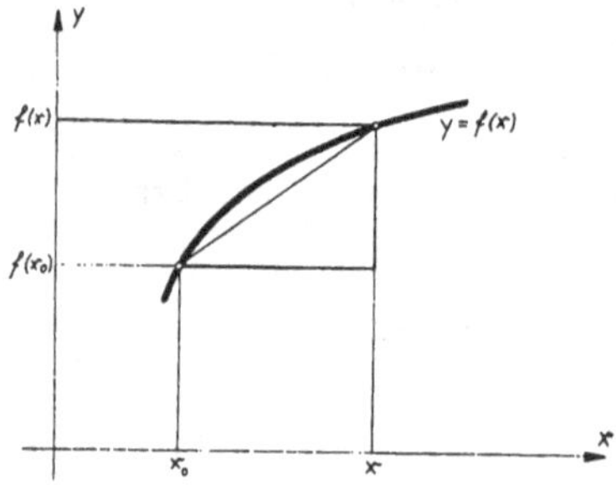

Fig. 29

wickelte Grenzwerttheorie berufen, so daß die Herleitung der Rechenregeln und die Bestimmung der Ableitungen spezieller Funktionen keine Schwierigkeiten macht.

Der Mittelwertsatz der Differentialrechnung und ebenso die Taylorsche Formel lassen sich aus einem Spezialfall des Mittelwertsatzes, dem Satz von Rolle, herleiten. Der eigentliche Inhalt dieser Sätze zeigt sich am deutlichsten in dem Satz von Rolle selbst. Dieser ist zwar anschaulich einleuchtend (vgl. VII. 2, Figur 32), tatsächlich beruht er jedoch auf tieferliegenden, punktmengentheoretischen Sätzen und erweist sich als Folge der Existenz eines Maximums und eines Minimums einer in einem abgeschlossenen Intervall stetigen Funktion.

In dem Mittelwertsatz und der Taylorschen Formel mit ihrem weitreichenden Einfluß auf alle Teilgebiete der Analysis haben wir ein Beispiel dafür, wie eine aus einer geometrischen Betrachtung fließende Erkenntnis in geeigneter Formulierung zum entscheidenden analytischen Beweishilfsmittel wird.

Das formale Differenzieren wird schon in der Schule geübt; wir beschränken uns deshalb auf wenige Beispiele für Differentiationsaufgaben.

1. Ableitung einer Funktion, Differentiationsregeln

1. Es sei $\mathfrak{D}$ die Definitionsmenge der Funktion $f(x)$ und x_0 Häufungspunkt von $\mathfrak{D}$. *Existiert in* $x_0 \in \mathfrak{D}$ *der Grenzwert*

$$\lim_{x \to x_0} \frac{f(x) - f(x_0)}{x - x_0}$$

so heißt $f(x)$ *in* x_0 *differenzierbar.* Den Grenzwert bezeichnet man mit $f'(x_0)$ und nennt ihn die *Ableitung* oder den *Differentialquotienten* der Funktion $f(x)$ in x_0.

Existiert in den Punkten $x_0 \in \bar{\mathfrak{D}}$ einer gewissen Teilmenge $\bar{\mathfrak{D}} \subset \mathfrak{D}$ die Ableitung $f'(x_0)$ der Funktion $f(x)$, *so heißt* $f(x)$ *in* $\bar{\mathfrak{D}}$ *differenzierbar.* $f'(x)$ stellt eine in $\bar{\mathfrak{D}}$ definierte neue Funktion dar. Den Übergang von der Funktion $f(x)$ zu der Funktion $f'(x)$ bezeichnet man auch als *Bilden der Ableitung* von $f(x)$ und kürzer als *Ableiten* oder *Differenzieren* der Funktion $f(x)$.

Bemerkung 1: Für die Ableitung der Funktion $y = f(x)$ an der Stelle x_0 sind verschiedene Bezeichnungsweisen üblich, z. B.:

$$f'(x_0) = \left.\frac{dy}{dx}\right|_{x = x_0} = Df(x_0).$$

Diese verschiedenen Bezeichnungsweisen sind historisch bedingt; jede hat ihre Vorzüge.

Bemerkung 2: $\dfrac{f(x) - f(x_0)}{x - x_0}$ ist der Quotient zweier Differenzen und heißt deshalb *Differenzenquotient.* Man beachte, daß der Differenzenquotient für $x = x_0$ keinen Sinn hat, da dann der Nenner verschwindet. Beim Grenzübergang zum Differentialquotienten ist der Limes für x gegen x_0 zu bilden; in der Definition dieses Grenzwertes wird ausdrücklich $x \neq x_0$ vorausgesetzt.

Bemerkung 3: (vgl. V. 1, Bem. 2) $\lim\limits_{x \nearrow x_0} \dfrac{f(x) - f(x_0)}{x - x_0} = f'_-(x_0)$ bzw. $\lim\limits_{x \searrow x_0} \dfrac{f(x) - f(x_0)}{x - x_0} = f'_+(x_0)$ bezeichnet man, falls sie existieren, als links- bzw. rechtsseitige Ableitung der Funktion $f(x)$ in x_0. $f(x)$ ist in einem inneren Punkt $x_0 \in \mathfrak{D}$ differenzierbar, falls $f(x)$ in x_0 eine rechts- und linksseitige Ableitung besitzt und $f'_-(x_0) = f'_+(x_0)$ ist. Dann gilt $f'(x_0) = f'_-(x_0) = f'_+(x_0)$.

Setzt man $x - x_0 = h$, wobei wegen $x \in \mathfrak{D}$ jetzt $x_0 + h \in \mathfrak{D}$ sein muß, so wird

$$f'(x_0) = \lim_{h \to 0} \frac{f(x_0 + h) - f(x_0)}{h}.$$

Diese Schreibweise hat praktische Vorteile, da h im Nenner kürzer ist als $(x - x_0)$. Wir verwenden sie aus diesem Grunde beim Herleiten der Differentiationsregeln.

Beispiel 1: $f(x) = c$, $c = \text{const}$ in $\mathfrak{D} = \mathfrak{R}$. Es ist für $h \neq 0$ $\frac{f(x_0 + h) - f(x_0)}{h} = \frac{c - c}{h} = \frac{0}{h} = 0$. Also $f'(x_0) = 0$ für jedes $x_0 \in \mathfrak{D}$.

Beispiel 2: $f(x) = x$ in $\mathfrak{D} = \mathfrak{R}$. Es ist für $h \neq 0$

$$\frac{f(x + h) - f(x)}{h} = \frac{x + h - x}{h} = \frac{h}{h} = 1.$$

Also $f'(x_0) = 1$ für jedes $x_0 \in \mathfrak{D}$.

Aufgabe 1: Man zeige mit Hilfe der binomischen Formel (I. 5, Aufg. 2), daß für $f(x) = x^n$ in $\mathfrak{D} = \mathfrak{R}$ gilt $f'(x_0) = n \cdot x_0^{n-1}$ für jedes $x_0 \in \mathfrak{D}$.

Beispiel 3:

$$f(x) = \begin{cases} x^2, \text{ falls } x \neq 0 \text{ und } \frac{1}{x} \text{ natürliche Zahl ist,} \\ 0, \text{ falls } x = 0 \text{ oder falls } \frac{1}{x} \text{ keine natürliche Zahl ist.} \end{cases}$$

Die Ableitung von $f(x)$ in $x_0 = 0$ ist $f'(0) = 0$. Denn es gilt

$$\frac{f(x) - f(x_0)}{x - x_0} = \frac{f(x) - 0}{x - 0} = \begin{cases} x, \text{ falls } \frac{1}{x} \text{ natürliche Zahl ist,} \\ 0, \text{ falls } \frac{1}{x} \text{ keine natürliche Zahl ist.} \end{cases}$$

Also ist $0 \leqq \frac{f(x)}{x} \leqq |x|$ und daher $f'(0) = \lim_{x \to 0} \frac{f(x)}{x} = 0$.

Beispiel 4: $f(x) = \ln x$ in $\mathfrak{D} = \{x \mid x > 0\}$. Man hat den Grenzwert $\lim_{h \to 0} \frac{\ln(x + h) - \ln x}{h}$ zu berechnen und geht hierzu von den Ungleichungen (5) des Kapitels VI aus; in (5) ersetzt man x durch $\frac{x + h}{x}$ und erhält $1 - \frac{x}{x + h} \leqq \ln \frac{x + h}{x} \leqq \frac{x + h}{x} - 1$.

Indem man diese Ungleichungen mit $\frac{1}{h}$, $h \neq 0$, multipliziert und die Funktionalgleichung anwendet, ergibt sich

$$\frac{1}{x+h} \leqq \frac{\ln(x+h) - \ln x}{h} \leqq \frac{1}{x} \quad \text{für } h > 0,$$

$$\frac{1}{x+h} \geqq \frac{\ln(x+h) - \ln x}{h} \geqq \frac{1}{x} \quad \text{für } h < 0.$$

Hieraus folgt

$$(\ln x)' = \lim_{h \to 0} \frac{\ln(x+h) - \ln x}{h} = \frac{1}{x}$$

für jedes $x \in \mathfrak{D}$.

Beispiel 5: $f(x) = e^x$ in $\mathfrak{D} = \mathfrak{R}$. Es ist nach der Funktionalgleichung der Exponentialfunktion (vgl. VI. 2. 2).

$$\frac{f(x+h) - f(x)}{h} = \frac{e^{x+h} - e^x}{h} = \frac{e^x \cdot e^h - e^x}{h} = e^x \cdot \frac{(e^h - 1)}{h}$$

und aus den Ungleichungen (VI. 2, Bem. 1) für e^x ergibt sich mit $y = h$, $h < 1$ der Reihe nach

$$h + 1 \leqq e^h \leqq \frac{1}{1-h}, \quad h \leqq e^h - 1 \leqq \frac{h}{1-h}$$

und für $h \neq 0$ nach Multiplikation mit $\frac{1}{h}$

$$1 \leqq \frac{e^h - 1}{h} \leqq \frac{1}{1-h} \text{ für } h > 0 \text{ bzw. } 1 \geqq \frac{e^h - 1}{h} \geqq \frac{1}{1-h} \text{ für } h < 0.$$

Es folgt $\lim\limits_{h \to 0} \frac{1}{h}(e^h - 1) = 1$ und also für jedes $x \in \mathfrak{R}$

$$(e^x)' = \lim_{h \to 0} \frac{e^{x+h} - e^h}{h} = e^x.$$

Aufgabe 2: Man zeige im Anschluß an VI. 1, Aufg. 5: Wenn es eine Funktion $A(x)$ gibt, die (I) und (II) genügt, so ist sie für alle $x \in \mathfrak{R}$ differenzierbar, und es gilt $A'(x) = \frac{1}{1+x^2}$.

Beispiel 6: $f(x) = |x|$ besitzt in $x_0 = 0$ die linksseitige Ableitung $f'_-(0) = -1$ und die rechtsseitige Ableitung $f'_+(0) = 1$; denn für $x > 0$ ist $f(x) = x$ und deshalb $\frac{f(x) - f(0)}{x - 0} = 1$, für $x < 0$ ist

$f(x) = -x$ und deshalb $\frac{f(x) - f(0)}{x - 0} = -1$. Da $f'_-(0) \neq f'_+(0)$ ist, ist $f(x) = |x|$ in $x_0 = 0$ nicht differenzierbar.

Aufgabe 3: Es sei $a > 0$ und $\varphi(x)$ in $\mathfrak{D} = \{x \mid 0 \leqq x \leqq a\}$ beschränkt. $\alpha > 1$ sei fest gewählt. Man zeige, daß $f(x) = x^\alpha \varphi(x)$ in $x_0 = 0$ rechtsseitig differenzierbar ist und bestimme $f'_+(0)$.

Aufgabe 4: $f(x)$ und $g(x)$ seien in $x_0 \in \mathfrak{D}$ differenzierbar; α und β seien fest vorgegebene reelle Zahlen. Man bestimme die Grenzwerte

$$\lim_{x \to x_0} \frac{f(x_0)\, g(x) - f(x)\, g(x_0)}{x - x_0}, \quad \lim_{h \to 0} \frac{f(x_0 + \alpha h) - f(x_0 + \beta h)}{h}.$$

Aufgabe 5: Man zeige: Sind $f(x)$ und $g(x)$ in $x_0 \in \mathfrak{D}$ differenzierbar und ist $f(x_0) = 0$, $g(x_0) = 0$ und $g'(x_0) \neq 0$, so gilt

$$\lim_{x \to x_0} \frac{f(x)}{g(x)} = \frac{f'(x_0)}{g'(x_0)}.$$

2. Welche Beziehungen bestehen zwischen der Stetigkeit und der Differenzierbarkeit einer Funktion $f(x)$ in x_0? Wir zeigen, daß aus der Differenzierbarkeit einer Funktion $f(x)$ in x_0 die Stetigkeit in diesem Punkte folgt:

Die Differenzierbarkeit besagt, daß $\lim\limits_{x \to x_0} \frac{f(x) - f(x_0)}{x - x_0}$ existiert; ferner ist $\lim\limits_{x \to x_0} (x - x_0) = 0$. Nach den Regeln über das Rechnen mit Grenzwerten existiert dann auch $\lim\limits_{x \to x_0} \frac{f(x) - f(x_0)}{x - x_0} \cdot (x - x_0)$ und ist gleich 0, d.h. aber, es ist $\lim\limits_{x \to x_0} \big(f(x) - f(x_0)\big) = 0$. Daraus folgt

$$\lim_{x \to x_0} \big(f(x) - f(x_0)\big) + \lim_{x \to x_0} f(x_0) = f(x_0), \text{ also } \lim_{x \to x_0} f(x) = f(x_c).$$

Somit gilt:

Eine in x_0 differenzierbare Funktion ist in x_0 stetig.

Umgekehrt folgt aus der Stetigkeit einer Funktion in x_0 nicht die Differenzierbarkeit in x_0, wie das Beispiel $f(x) = |x|$ mit $x_0 = 0$ zeigt (vgl. VII. 1, Beisp. 6). Wesentlich schwieriger ist es, eine Funktion anzugeben, die in einem Intervall stetig, aber trotzdem an keiner Stelle dieses Intervalls differenzierbar ist. Wir konstruieren eine solche Funktion in

Beispiel 7: Zur Konstruktion einer Funktion $f(x)$, die in $\mathfrak{D} = \mathfrak{R}$ stetig, aber für kein $x \in \mathfrak{R}$ differenzierbar ist, machen wir Gebrauch von einer Funktion $\varphi(x)$, die in $\mathfrak{D} = \mathfrak{R}$ wie folgt definiert ist (vgl. Fig. 30):

$$\varphi(x) = \begin{cases} x - k & \text{für } k \leqq x \leqq k + \frac{1}{2} \\ k - x & \text{für } k - \frac{1}{2} \leqq x \leqq k \end{cases} \quad \text{mit } k = \ldots, -1, 0, 1, 2, \ldots$$

$\varphi(x)$ ist in $\mathfrak{D}$ stetig; ferner gilt $\varphi(x + l) = \varphi(x)$ für alle ganzen Zahlen l. $\varphi(x)$ ist in jedem der Intervalle $\left[k, k + \frac{1}{2}\right]$ bzw. $\left[k - \frac{1}{2}, k\right]$ linear und es gilt mit $x_1 \neq x_2$

$$\frac{\varphi(x_1) - \varphi(x_2)}{x_1 - x_2} = 1 \qquad \text{für } x_1, x_2 \in \left[k, k + \frac{1}{2}\right]$$

$$\text{und} \quad \frac{\varphi(x_1) - \varphi(x_2)}{x_1 - x_2} = -1 \quad \text{für } x_1, x_2 \in \left[k - \frac{1}{2}, k\right].$$

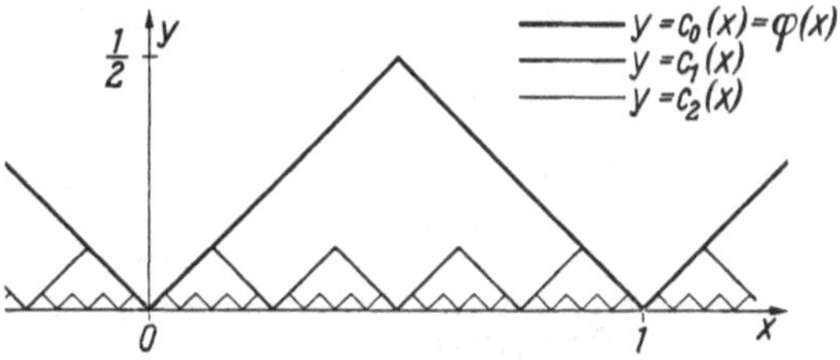

Fig. 30

Neben $\varphi(x)$ selbst betrachten wir die Funktionen $c_n(x) = \frac{\varphi(4^n x)}{4^n}$ für $n = 0, 1, 2, \ldots$; diese sind ebenfalls in gewissen Intervallen linear, und zwar in

$$\mathfrak{J}_n^+ = \left\{x \,\middle|\, \frac{k}{4^n} \leqq x \leqq \frac{k + \frac{1}{2}}{4^n}\right\} \text{bzw. in } \mathfrak{J}_n^- = \left\{x \,\middle|\, \frac{k - \frac{1}{2}}{4^n} \leqq x \leqq \frac{k}{4^n}\right\}.$$

In diesen Intervallen[1]) $\mathfrak{J}_n^-, \mathfrak{J}_n^+$ sind die Funktionen $c_m(x)$ mit $m < n$ erst recht linear, so daß immer dann

$$\frac{c_m(x_1) - c_m(x_2)}{x_1 - x_2} = \pm 1,$$

gilt, wenn x_1 und x_2 Elemente desselben Intervalls $\mathfrak{J}_n^+$ oder $\mathfrak{J}_n^-$ sind und $m \leqq n$ ist. (Das Vorzeichen kann dabei von m abhängen; doch interessiert uns dies nicht).

Ist x Element von $\mathfrak{J}_n^-$, so ist zumindest entweder $x + \frac{1}{4 \cdot 4^n}$ oder $x - \frac{1}{4 \cdot 4^n}$ Element von $\mathfrak{J}_n^-$, und zwar je nachdem x aus $\left[\frac{k - \frac{1}{2}}{4^n}, \frac{k - \frac{1}{4}}{4^n}\right]$ oder aus $\left[\frac{k - \frac{1}{4}}{4^n}, \frac{k}{4^n}\right]$ entnommen ist. Ebenso sieht man, daß mit $x \in \mathfrak{J}_n^+$ zumindest entweder $x + \frac{1}{4 \cdot 4^n}$ oder $x - \frac{1}{4 \cdot 4^n}$ dem Intervall $\mathfrak{J}_n^+$ angehört (vgl. Fig. 31). Ist $x \in \mathfrak{R}$ fest vorgegeben, so gibt es also für jedes $n = 0, 1, 2, \ldots$ eine Zahl $h_n = \pm \frac{1}{4^{n+1}}$, so daß

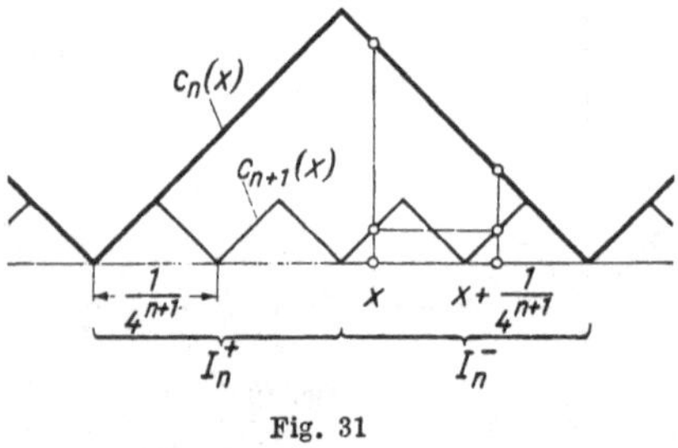

Fig. 31

$$\text{(1)} \qquad \frac{c_m(x + h_n) - c_m(x)}{h_n} = \pm 1$$

[1]) Im folgenden ist zunächst k eine feste ganze Zahl; wir haben deshalb einfach $\mathfrak{J}_n^-, \mathfrak{J}_n^+$ geschrieben.

für alle $m \leqq n$ ist. Ist jedoch $m > n$, so finden wir

$$(2)\; c_m(x+h_n)-c_m(x)=\frac{1}{4^m}\left(\varphi(4^m x \pm 4^{m-n-1})-\varphi(4^m x)\right)=0,$$

da jetzt 4^{m-n-1} eine ganze Zahl ist.

Nach diesen Vorbereitungen betrachten wir für jedes $x \in \mathfrak{R}$ die unendliche Reihe

$$\sum_{m=0}^{\infty} c_m(x)=\sum_{m=0}^{\infty}\frac{\varphi(4^m x)}{4^m}.$$

Für jedes $x \in \mathfrak{R}$ konvergiert diese Reihe, denn es ist $c_n(x) \geqq 0$ und $f_n=\sum_{m=0}^{n} c_m(x)=\sum_{m=0}^{n}\frac{\varphi(4^m x)}{4^m}<\sum_{m=0}^{n}\frac{1}{4^m}<\frac{4}{3}$, da $0 \leqq \varphi(x)<1$ ist (vgl. IV. 4). Also ist die Funktion $f(x)=\sum_{m=0}^{\infty} c_m(x)$ für jedes $x \in \mathfrak{R}$ definiert.

Die Funktion $f(x)$ ist für kein $x \in \mathfrak{R}$ differenzierbar. Zum Beweis, den wir bereits vorbereitet haben, verwenden wir nach Wahl von $x \in \mathfrak{R}$ die oben festgelegten Zahlen $h_0, h_1, h_2, \ldots$, für die $h_n \to 0$ gilt. Daß $f(x)$ in x nicht differenzierbar ist, folgt dann daraus, daß die Folge $\frac{f(x+h_n)-f(x)}{h_n}$, $n=1, 2, 3, \ldots$, wie wir zeigen werden, nicht konvergiert. Es ist nämlich (vgl. IV. 4, Bem. 2):

$$\frac{f(x+h_n)-f(x)}{h_n}=\sum_{m=0}^{\infty}\frac{c_m(x+h_n)-c_m(x)}{h_n}.$$

Die unendliche Reihe auf der rechten Seite der Gleichung ist in Wirklichkeit eine endliche Summe aus $n+1$ Summanden, denn nach (2) verschwinden alle Summanden mit $m > n$. Nach (1) ist jeder einzelne dieser Summanden entweder 1 oder -1. Deshalb ist der Differenzenquotient $\frac{f(x+h_n)-f(x)}{h_n}$ für gerades n sicher eine *ungerade*, für ungerades n sicher eine *gerade* ganze Zahl. Die Folge $\frac{f(x+h_n)-f(x)}{h_n}$, $n=1, 2, 3, \ldots$ konvergiert daher sicher nicht. Da $x \in \mathfrak{R}$ beliebig gewählt war, ist also $f(x)$ für kein $x \in \mathfrak{R}$ differenzierbar.

Die Funktion $f(x)$ ist aber für jedes $x_0 \in \mathfrak{R}$ stetig. Geben wir

$\varepsilon > 0$ vor und wählen zuerst $N > \frac{1}{\varepsilon}$ und danach $\delta = \frac{\varepsilon}{N}$, so folgt aus $|x - x_0| < \delta$:

$$\begin{aligned} |f(x) - f(x_0)| &= \left|\sum_{m=0}^{N-1} (c_m(x) - c_m(x_0)) + \sum_{m=N}^{\infty} (c_m(x) - c_m(x_0))\right| \\ &\leqq \sum_{m=0}^{N-1} |c_m(x) - c_m(x_0)| + \left|\sum_{m=N}^{\infty} (c_m(x) - c_m(x_0))\right| \\ &\leqq N \cdot |x - x_0| + \varepsilon < N \cdot \delta + \varepsilon = 2\varepsilon. \end{aligned}$$

Dabei wurden die Ungleichungen $|c_m(x) - c_m(x_0)| \leqq |x - x_0|$ und

$$\left|\sum_{m=N}^{\infty} (c_m(x) - c_m(x_0))\right| \leqq \sum_{m=N}^{\infty} |c_m(x) - c_m(x_0)| \leqq$$

$$\leqq \sum_{m=N}^{\infty} \frac{\frac{1}{2} + \frac{1}{2}}{4^m} = \frac{1}{4^N} \cdot \frac{4}{3} < \frac{1}{N} < \varepsilon$$

verwendet (vgl. IV. 4, Bem. 2).

3. Beim Bilden von Ableitungen benötigt man Rechenregeln für die Differentiation von Summe, Produkt und Quotient zweier Funktionen. Nach Umformung der entsprechenden Differenzenquotienten ergeben sich diese Regeln aus den Regeln für das Rechnen mit Grenzwerten (V. 1. 2).

Es sei $f(x)$ und $g(x)$ in $x_0 \in \mathfrak{D}$ differenzierbar. Dann gilt:

1) *Aus $F(x) = f(x) + g(x)$ folgt $F'(x_0) = f'(x_0) + g'(x_0)$.*

2) *Aus $F(x) = f(x) \cdot g(x)$*

folgt $F'(x_0) = f'(x_0) \cdot g(x_0) + f(x_0) \cdot g'(x_0)$.

3) *Aus $F(x) = \frac{1}{f(x)}$ folgt bei $f(x_0) \neq 0$: $F'(x_0) = -\frac{f'(x_0)}{(f(x_0))^2}$.*

In dieser Formulierung ist enthalten, daß $F(x)$ in x_0 differenzierbar ist.

Zum Beweis von 2) formen wir den Differenzenquotienten wie folgt um:

$$\frac{F(x_0+h)-F(x_0)}{h} = \frac{1}{h}\left(f(x_0+h)\cdot g(x_0+h) - f(x_0)\cdot g(x_0)\right)$$

$$= \frac{f(x_0+h)-f(x_0)}{h}\cdot g(x_0+h) + f(x_0)\,\frac{g(x_0+h)-g(x_0)}{h}.$$

Da die Existenz der Grenzwerte

$$\lim_{h\to 0}\frac{f(x_0+h)-f(x_0)}{h} = f'(x_0),$$

$$\lim_{h\to 0}\frac{g(x_0+h)-g(x_0)}{h} = g'(x_0)$$

vorausgesetzt war und da die Stetigkeit von $g(x)$ aus der Differenzierbarkeit folgt, also $\lim\limits_{h\to 0} g(x_0+h) = g(x_0)$ gilt, so ergibt sich nach den Regeln für das Rechnen mit Grenzwerten die Behauptung 2).

Zum Beweis von 3) verwenden wir die Umformung

$$\frac{F(x_0+h)-F(x_0)}{h} = \frac{1}{h}\left(\frac{1}{f(x_0+h)} - \frac{1}{f(x_0)}\right)$$

$$= -\frac{f(x_0+h)-f(x_0)}{h}\cdot\frac{1}{f(x_0+h)\cdot f(x_0)}.$$

Hierin ist wegen $f(x_0) \neq 0$ auf Grund der Stetigkeit von $f(x)$ in x_0 für alle genügend kleinen h (vgl. V. 2, Bem. 5) auch $f(x_0+h) \neq 0$; also sind die auftretenden Ausdrücke sinnvoll. Nach den Regeln für das Rechnen mit Grenzwerten folgt die Behauptung 3).

Aufgabe 6: Man beweise 1) nach dem Vorbild der Beweise für 2) und 3).

Aufgabe 7: Mit Hilfe von 2) und 3) beweise man: Sind $g(x)$ und $f(x)$ in x_0 differenzierbar und ist $f(x_0) \neq 0$, so ist $F(x) = \frac{g(x)}{f(x)} = g(x)\cdot\frac{1}{f(x)}$ in x_0 differenzierbar und es gilt:

$$F'(x_0) = \frac{f(x_0)\cdot g'(x_0) - f'(x_0)\cdot g(x_0)}{(f(x_0))^2}.$$

4. Es sei $F(x)$ als zusammengesetzte Funktion $F(x) = g(f(x))$ gegeben. Es sei $y_0 = f(x_0)$; $y = f(x)$ sei in x_0 und $g(y)$ sei in y_0 differenzierbar. Dann folgt, wie wir zeigen werden, daß $F(x)$ in x_0 differenzierbar ist und daß $F'(x_0) = g'(y_0) \cdot f'(x_0)$ gilt (*Kettenregel*).

Zum Beweis betrachten wir den Differenzenquotienten

$$\frac{F(x) - F(x_0)}{x - x_0} = \frac{g(f(x)) - g(f(x_0))}{x - x_0} = \frac{g(y) - g(y_0)}{x - x_0}.$$

Für diejenigen x, für die $y - y_0 \neq 0$ ist, können wir weiter

$$\frac{F(x) - F(x_0)}{x - x_0} = \frac{g(y) - g(y_0)}{y - y_0} \cdot \frac{y - y_0}{x - x_0} \tag{1}$$

schreiben. Für $y - y_0 = 0$, d. h. für $f(x) = f(x_0)$ ist $F(x) = g(f(x)) = g(f(x_0)) = F(x_0)$ und also $F(x) - F(x_0) = 0$. Für diejenigen x, für die $y = y_0$ ist, besteht also die Beziehung

$$\frac{F(x) - F(x_0)}{x - x_0} = G(y)\,\frac{y - y_0}{x - x_0} \tag{2}$$

für jede Funktion $G(y)$. Setzen wir speziell

$$G(y) = \begin{cases} \dfrac{g(y) - g(y_0)}{y - y_0} & \text{für } y \neq y_0 \\ g'(y_0) & \text{für } y = y_0 \end{cases}$$

so ist nach (1) die Gleichung (2) für alle $x \in \mathfrak{D}$, $x \neq x_0$, und zwar unabhängig davon, ob $y = y_0$ oder $y \neq y_0$ ist, erfüllt. Die Funktion $G(y)$ ist in $y = y_0$ stetig, denn es gilt $\lim\limits_{y \to y_0} G(y) = g'(y_0)$; wegen $\lim\limits_{x \to x_0} f(x) = f(x_0) = y_0$ ist auch $\lim\limits_{x \to x_0} G(f(x)) = \lim\limits_{y \to y_0} G(y) = g'(y_0)$. Somit folgt, wie behauptet,

$$F'(x_0) = \lim_{x \to x_0} \frac{F(x) - F(x_0)}{x - x_0} = \lim_{x \to x_0} G(y)\,\frac{y - y_0}{x - x_0} = g'(y_0) \cdot f'(x_0).$$

Bemerkung 4: Ist $f(x)$ in $\mathfrak{D}$ eineindeutig und in $x_0 \in \mathfrak{D}$ differenzierbar und ist ferner die Umkehrfunktion $\bar{f}(y)$ in $y_0 = f(x_0)$ differenzierbar, so folgt aus $\bar{f}(f(x)) = x$ die Aussage $\bar{f}'(y_0) \cdot f'(x_0) = 1$.

5. In Bemerkung 4 wurde vorausgesetzt, daß auch die Umkehrfunktion $\bar{f}(y)$ in y_0 differenzierbar ist. Es ist jedoch erwünscht, die Aussage aus Bemerkung 4 unter solchen Voraussetzungen zu beweisen, die nur die Ausgangsfunktion $f(x)$ und die Definitionsmenge $\mathfrak{D}$ betreffen. Es gilt der Satz: *Ist $\mathfrak{D}$ ein Kompaktum, $f(x)$ in $\mathfrak{D}$ eineindeutig und stetig und in $x_0 \in \mathfrak{D}$ differenzierbar und $f'(x_0) \neq 0$, so ist die Umkehrfunktion $\bar{f}(y)$ in $y_0 = f(x_0)$ differenzierbar und es ist*

$$\bar{f}'(y_0) = \frac{1}{f'(x_0)}.$$

Zu zeigen ist, daß $\lim\limits_{y \to y_0} \frac{\bar{f}(y) - \bar{f}(y_0)}{y - y_0}$ existiert und gleich $\frac{1}{f'(x_0)}$ ist. Wegen der Eineindeutigkeit ist mit $y \neq y_0$ auch $\bar{f}(y) \neq \bar{f}(y_0)$ und wegen $y = f(\bar{f}(y))$, $y_0 = f(\bar{f}(y_0))$ gilt

$$\frac{\bar{f}(y) - \bar{f}(y_0)}{y - y_0} = \frac{1}{\dfrac{f(\bar{f}(y)) - f(\bar{f}(y_0))}{\bar{f}(y) - \bar{f}(y_0)}} = \frac{1}{\dfrac{f(x) - f(x_0)}{x - x_0}}.$$

Setzen wir zur Abkürzung

$$F_2(x) = \begin{cases} \dfrac{1}{\dfrac{f(x) - f(x_0)}{x - x_0}} & \text{für } x \neq x_0 \\[2ex] \dfrac{1}{f'(x_0)} & \text{für } x = x_0 \end{cases} \quad \text{und } F_1(y) = \bar{f}(y),$$

so ist $F_2(x)$ in x_0 und $F_1(y)$ in y_0 stetig, da $f(x)$ in dem Kompaktum $\mathfrak{D}$ stetig ist (V. 3. 2.). Für den Differenzenquotienten $\frac{\bar{f}(y) - \bar{f}(y_0)}{y - y_0}$ erhalten wir für $y \neq y_0$ die Darstellung $F_2(F_1(y))$, und es ist $F_2(F_1(y)) = F_2(x)$. Nach V. 2, Bem. 6 existiert der Grenzwert $\lim\limits_{y \to y_0} F_2(F_1(y))$ und ist gleich $\lim\limits_{x \to x_0} F_2(x) = \frac{1}{f'(x_0)}$.

Der Beweisgang zeigt, daß die Kompaktheit von $\mathfrak{D}$ hier nur benutzt wurde, um die Stetigkeit von $\bar{f}(y)$ in y_0 zu sichern.

Aufgabe 8: Man gebe eine in einer (nicht kompakten!) Definitionsmenge $\mathfrak{D}$ umkehrbar eindeutige, stetige Funktion $y = f(x)$ an, die in $x_0 \in \mathfrak{D}$ differenzierbar ist, deren Umkehrfunktion $\bar{f}(y)$ jedoch in $y_0 = f(x_0)$ nicht stetig ist.

6. $f'(x)$ sei die Ableitung von $f(x)$ und auch $f'(x)$ sei in $\mathfrak{D}$ differenzierbar. Dann hat die Funktion $f'(x)$ eine Ableitung, die wir mit $f''(x)$ bezeichnen. So fahren wir fort: Ist $f^{(k)}(x)$ in $\mathfrak{D}$ differenzierbar, so bezeichnen wir die Ableitung von $f^{(k)}(x)$ mit $f^{(k+1)}(x)$. Man schreibt $f'(x)$, $f''(x)$, $f'''(x)$ und weiter $f^{(4)}(x)$, $f^{(5)}(x)$, ..., $f^{(k)}(x)$, ...; $f^{(k)}(x)$ heißt *k-te Ableitung* der Funktion $f(x)$.

Man sagt, $f(x)$ ist in $\mathfrak{D}$ *k-mal differenzierbar*, wenn man auf diese Weise durch sukzessive Differentiation die Ableitungen $f'(x), f''(x), \ldots, f^{(k)}(x)$ bilden kann. Ist außerdem $f^{(k)}(x)$ in $\mathfrak{D}$ stetig, so heißt $f(x)$ *k-mal stetig differenzierbar*. Die Gesamtheit der in einer Menge $\mathfrak{D}$ k-mal stetig differenzierbaren Funktionen bildet, wie man sagt, die *Klasse* C^k bezüglich $\mathfrak{D}$; eine k-mal stetig differenzierbare Funktion wird daher auch Funktion der Klasse C^k genannt. (Meistens ist hierbei $\mathfrak{D}$ ein Intervall.) Mit C^0 bezeichnet man sinngemäß die Klasse der in $\mathfrak{D}$ stetigen Funktionen. Zur *Klasse* C^∞ rechnet man diejenigen Funktionen $f(x)$, für die alle Ableitungen $f^{(k)}(x)$, $k = 1, 2, 3, \ldots$ existieren.

Beispiel 8: $f(x) = e^x$ in $\mathfrak{D} = \mathfrak{R}$. Es ist $f^{(k)}(x) = e^x$ für jede natürliche Zahl k. e^x gehört zur Klasse C^∞ bezüglich $\mathfrak{R}$.

Aufgabe 9: Man bestimme die k-te Ableitung der Funktion a^x, $a > 0$, in $\mathfrak{D} = \mathfrak{R}$.

Beispiel 9: $f(x) = \ln x$ in $\mathfrak{D} = \{x \mid x > 0\}$. Es ist $f'(x) = x^{-1}$ und daraus folgt $f^{(k)}(x) = (-1)^{k-1} \cdot (k-1)! \cdot x^{-k}$, $k = 1, 2, 3, \ldots$; $\ln x$ gehört in $\mathfrak{D}$ zur Klasse C^∞.

Beispiel 10: Für beliebiges α ist die Funktion $f(x) = x^\alpha$ in $\mathfrak{D} = \{x \mid x > 0\}$ differenzierbar; es gilt $f'(x) = \alpha x^{\alpha-1}$. Denn es ist $x^\alpha = e^{\alpha \cdot \ln x}$ und daraus folgt

$$f'(x) = e^{\alpha \cdot \ln x} \cdot \alpha \cdot \frac{1}{x} = \alpha \cdot e^{\alpha \cdot \ln x} \cdot e^{-\ln x} = \alpha \cdot e^{(\alpha-1)\ln x} = \alpha \cdot x^{\alpha-1}.$$

Weiter ergibt sich

$$f^{(k)}(x) = \alpha(\alpha - 1) \cdots (\alpha - k + 1) x^{\alpha - k} = \binom{\alpha}{k} k! \, x^{\alpha - k}$$

(vgl. IV. 2, Beisp. 3).

Beispiel 11: $f(x) = x^n$ für $x \geqq 0$, $f(x) = -x^n$ für $x \leqq 0$ in $\mathfrak{D} = \mathfrak{R}$. Es ist $f^{(k)}(x) = n \cdot (n-1) \cdot \cdots \cdot (n-k+1) x^{n-k}$ für $x \geqq 0$, $f^{(k)}(x) = -n \cdot (n-1) \cdot \cdots \cdot (n-k+1) x^{n-k}$ für $x \leqq 0$, $k = 1, 2, \ldots, n-1$. Weiter ist $f^{(n-1)}(x)$ in $\overline{\overline{\mathfrak{D}}} = \{x \mid x > 0$ oder $x < 0\}$ differenzierbar, es ist $f^{(n)}(x) = n!$ für $x > 0$ und $f^{(n)}(x) = -n!$ für $x < 0$; $f^{(n-1)}(x)$ ist jedoch in $x_0 = 0$ nicht differenzierbar. $f(x)$ gehört also in $\mathfrak{D}$ zur Klasse C^{n-1}, nicht aber zur Klasse C^n. In $\overline{\overline{\mathfrak{D}}}$ gehört $f(x)$ zur Klasse C^∞.

Beispiel 12: In $\mathfrak{D} = \mathfrak{R}$ sei $f(x) = e^{-\frac{1}{x^2}}$ für $x \neq 0$, $f(x) = 0$ für $x = 0$. Durch vollständige Induktion beweisen wir:

(a) Es ist

$$f^{(k)}(x) = P_{3k}\left(\frac{1}{x}\right) e^{-\frac{1}{x^2}} \quad \text{für } x \neq 0;$$

dabei ist $P_{3k}(z)$ ein Polynom von höchstens $3k$-tem Grade und $z = \frac{1}{x}$;

(b) es ist

$$f^{(k)}(x) = 0 \quad \text{für} \quad x = 0.$$

Zum Beweis benötigen wir die Beziehung $\lim\limits_{x \to 0} \dfrac{e^{-\frac{1}{x^2}}}{x^m} = 0$ für jede natürliche Zahl m; dies folgt aus VI. 2, Aufg. 3. Die Aussage für $k = 1$ folgt durch Differentiation: Für $x \neq 0$ ist $f'(x) = \dfrac{2}{x^3} \cdot e^{-\frac{1}{x^2}}$; wegen $\lim\limits_{x \to 0} \dfrac{e^{-\frac{1}{x^2}} - 0}{x - 0} = 0$ ist $f'(x) = 0$ für $x = 0$. Weiter folgt aus $f^{(k)}(x) = P_{3k}\left(\frac{1}{x}\right) \cdot e^{-\frac{1}{x^2}}$ für $x \neq 0$:

$$f^{(k+1)}(x) = \left(P'_{3k}\left(\frac{1}{x}\right) + \frac{2}{x^3} \cdot P_{3k}\left(\frac{1}{x}\right)\right) \cdot e^{-\frac{1}{x^2}} = P_{3(k+1)}\left(\frac{1}{x}\right) \cdot e^{-\frac{1}{x^2}}.$$

Ist dann $f^{(k)}(0) = 0$ schon bewiesen, so ergibt sich

$$\frac{f^{(k)}(x) - f^{(k)}(0)}{x - 0} = \frac{f^{(k)}(x)}{x} = \frac{1}{x} P_{3k}(x) e^{-\frac{1}{x^2}}$$

und wegen $\lim\limits_{x \to 0} \frac{1}{x} P_{3k}\left(\frac{1}{x}\right) e^{-\frac{1}{x^2}} = 0$ daraus $f^{(k+1)}(0) = 0$.

$f(x)$ gehört in $\mathfrak{D} = \mathfrak{R}$ zur Klasse C^∞.

Aufgabe 10: Man zeige durch vollständige Induktion: Sind $f(x)$ und $g(x)$ in $\mathfrak{D}$ n-mal differenzierbar, so ist (Leibnizsche Regel):

$$(f(x)g(x))^{(n)} = \sum_{k=0}^{n} \binom{n}{k} f^{(k)}(x) \cdot g^{(n-k)}(x).$$

2. Satz von Rolle und Mittelwertsatz

Beim Satz von Rolle (und ebenso beim Mittelwertsatz) handelt es sich darum, die Existenz einer Stelle ξ nachzuweisen, für die $f'(x)$ einen bestimmten Wert annimmt. Die Figur 32 erläutert den Satz.

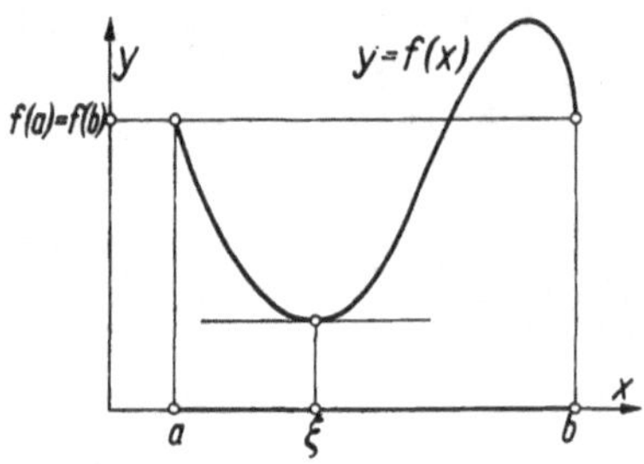

Fig. 32

Satz von Rolle: *Zu einer in einem abgeschlossenen Intervall $\mathfrak{D} = \{x \mid a \leqq x \leqq b\}$ stetigen und in dem offenen Intervall $\bar{\mathfrak{D}} = \{x \mid a < x < b\}$ differenzierbaren Funktion $f(x)$, für die $f(a) = f(b)$ gilt, gibt es (mindestens) eine Stelle $\xi \in \bar{\mathfrak{D}}$ mit $f'(\xi) = 0$.*

Die in dem abgeschlossenen Intervall $\mathfrak{D}$ stetige Funktion $f(x)$ hat dort ein Maximum M und ein Minimum m. Wir werden zeigen, daß $f(x)$ das Maximum M oder das Minimum m an einer Stelle *im Innern* des Intervalls annimmt. An einer Extremstelle ξ im Innern des Intervalls muß aber, wie wir sehen werden, $f'(\xi) = 0$ sein.

Für alle $x \in \mathfrak{D}$ gilt $m \leqq f(x) \leqq M$, also ist auch $m \leqq f(a) = f(b) \leqq M$. Wir unterscheiden drei Fälle:

1. Fall: Es ist $m = f(a) = f(b) = M$, also $m = f(x) = M$ Dann ist $f'(x) = 0$ für alle $x \in \overline{\mathfrak{D}}$ und also der Satz von Rolle mit jedem $\xi \in \overline{\mathfrak{D}}$ erfüllt.

2. Fall: Es ist $m \leqq f(a) = f(b) < M$. Nach V. 3. 1 gibt es ein $x_M \in \mathfrak{D}$, so daß $f(x_M) = M$ ist. Dabei ist $x_M \neq a$, $x_M \neq b$, da ja $x_M = a$ bzw. $x_M = b$ die Aussage $f(a) = M$ nach sich ziehen würde; wir hatten aber $f(a) < M$ vorausgesetzt. Also ist $a < x_M < b$.

Der Satz von Rolle wird dann mit $\xi = x_M$ erfüllt. Hierzu zeigen wir, daß $f'(x_M) = 0$ ist. Es ist ja $f(x) \leqq f(x_M) = M$ für alle $x \in \mathfrak{D}$, also ist

$$\frac{f(x) - f(x_M)}{x - x_M} \begin{cases} \geqq 0 & \text{für } x < x_M \\ \leqq 0 & \text{für } x > x_M \end{cases}$$

und daraus folgt

$$f'(x_M) = \lim_{x \to x_M} \frac{f(x) - f(x_M)}{x - x_M} = 0$$

Damit ist also im 2. Fall wieder die Existenz von (mindestens) einer Zahl ξ mit $a < \xi < b$ und $f'(\xi) = 0$ nachgewiesen.

3. Fall: Es ist $m < f(a) = f(b) \leqq M$; hier schließt man mit Hilfe des Wertes $\xi = x_m$ mit $f(x_m) = m$, $a < x_m < b$ entsprechend wie im 2. Fall auf $f'(\xi) = 0$.

Da sicher einer der drei genannten Fälle eintritt, ist damit der Satz von Rolle bewiesen.

Aufgabe 1: $f(x)$ sei in $\mathfrak{D} = \{x \mid a \leqq x \leqq b\}$ differenzierbar und es sei $f(a) = f(b) = 0$. Man zeige: Ist $g(x)$ in $\mathfrak{D}$ differenzierbar, so gibt es zumindest ein $\xi \in \mathfrak{D}$ der Art, daß $f'(\xi) + g'(\xi)\, f(\xi) = 0$ ist. Zum Beweis betrachte man die Funktion $f(x) \cdot e^{g(x)}$.

Aufgabe 2: Mittels des Satzes von Rolle zeige man: a) für jede reelle Zahl c hat $f(x) = x^3 - 3x + c$ in $\mathfrak{D} = \{x \mid 0 \leqq x \leqq 1\}$ höchstens eine Nullstelle; b) für je zwei reelle Zahlen p und q hat $f(x) = x^n + px + q$ in $\mathfrak{D} = \mathfrak{R}$ für gerades n höchstens zwei, für ungerades n höchstens drei Nullstellen.

Bemerkung 1: $f(x)$ sei jetzt wieder in einer beliebigen Menge $\mathfrak{D}$ definiert. *Ist x_0 innerer Punkt der Definitionsmenge $\mathfrak{D}$ der Funktion $f(x)$, ist $f(x)$ in x_0 differenzierbar und besitzt $f(x)$ in x_0 ein lokales Extremum, so gilt $f'(x_0) = 0$.*

Tatsächlich wurde in dem Beweis des Satzes von Rolle gerade die Richtigkeit dieser Aussage erwiesen. Man kann dies mit Hilfe der linksseitigen Ableitung $f'_-(x_0)$ und der rechtsseitigen Ableitung $f'_+(x_0)$ auch so fassen: Besitzt $f(x)$ in x_0 ein lokales Maximum, so ist dort $f'_-(x_0) \geqq 0$ und $f'_+(x_0) \leqq 0$. Existiert $f'(x_0)$, so muß also $f'(x_0) = 0$ sein.

Nach dem ausgesprochenen Satz kann eine differenzierbare Funktion lokale Extremwerte nur in den Punkten von $\mathfrak{D}$, die nicht innere Punkte von $\mathfrak{D}$ sind, also (vgl. II. 3, Bem. 3) in den Randpunkten von $\mathfrak{D}$, und in solchen inneren Punkten $x_0 \in \mathfrak{D}$, in denen $f'(x_0) = 0$ gilt, haben. Es braucht jedoch weder in einem inneren Punkt $x_0 \in \mathfrak{D}$ mit $f'(x_0) = 0$ noch in einem Randpunkt von $\mathfrak{D}$ tatsächlich ein Extremum vorzuliegen.

Bemerkung 2: Es kommt oftmals die Aufgabe vor, alle lokalen Extremwerte einer Funktion $f(x)$ aufzusuchen, die nicht in allen Punkten von $\mathfrak{D}$ differenzierbar ist. Dann kann man die Überlegungen der voranstehenden Bemerkung nur auf die Teilmenge $\overline{\mathfrak{D}} < \mathfrak{D}$ anwenden, in der $f(x)$ differenzierbar ist. Ob in der Menge $\mathfrak{D} \setminus \overline{\mathfrak{D}}$ Extremwerte auftreten, ist mit anderen Methoden zu untersuchen.

Für eine in $\mathfrak{D}$ stetige Funktion können hiernach und nach Bemerkung 1 Extremwerte von $f(x)$ höchstens auftreten:

1) in Punkten, in denen $f(x)$ nicht differenzierbar ist;

2) in inneren Punkten von $\overline{\mathfrak{D}}$, in denen die Ableitung verschwindet;

3) in Randpunkten von $\overline{\mathfrak{D}}$.

Die folgenden Beispiele zeigen, daß in jedem der genannten Fälle, und zwar in $x_0 = 0$, (a) tatsächlich ein Extremum vorliegen kann, (b) ein solches jedoch nicht aufzutreten braucht (vgl. Fig. 33).

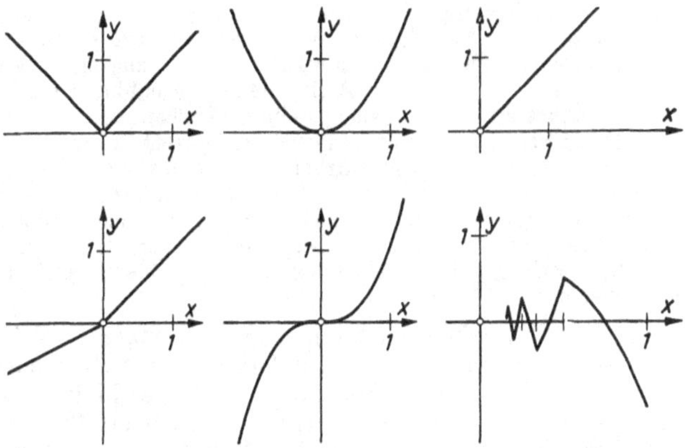

Fig. 33

Zu 1) (a) $f(x) = |x|$, $\mathfrak{D} = \mathfrak{R}$.

(b) $f(x) = x$ für $x > 0$, $f(x) = \frac{1}{2}x$ für $x \leqq 0$, $\mathfrak{D} = \mathfrak{R}$.

Zu 2) (a) $f(x) = x^2$, $\mathfrak{D} = \mathfrak{R}$.

(b) $f(x) = x^3$, $\mathfrak{D} = \mathfrak{R}$.

Zu 3) (a) $f(x) = x$, $\mathfrak{D} = \{x \mid x \geqq 0\}$,

(b) $f(x) = x\,g(x)$ für $x \neq 0$, $f(x) = 0$ für $x = 0$, $\mathfrak{D} = \{x \mid 0 \leqq x \leqq 1\}$; dabei ist $g(x)$ die in V. 2, Beisp. 3 definierte Funktion.

Ob an einer Stelle x_0 tatsächlich ein Extremum vorliegt, entscheidet man durch Zurückgehen auf die Definition des lokalen Extremums (vgl. V. 3, Bem. 1). Oftmals erlaubt aber die Fragestellung selbst, auch auf Grund ihrer Herkunft aus einem geometrischen oder physikalischen Problem oder aus einem Problem eines anderen Anwendungsgebietes, zu entscheiden, welche der nach den notwendigen Bedingungen möglichen Stellen die gesuchten Extremstellen sind. Eine solche Überlegung ist meist aufschlußreicher als die formale Anwendung hinreichender Kriterien (vgl. VII. 2, Bem. 5 und 6).

Aufgabe 3: Ein geradliniger Fluß der festen Breite b durchströme das Flußbett, das von zwei parallelen Wänden begrenzt ist, mit der an jeder Stelle gleichen Geschwindigkeit u. Ein hungriger Wanderer steht diesseits des Flusses, ihm genau gegenüber befindet sich jenseits des Flusses der Eingang eines Wirtshauses. Der Wanderer, dessen Schwimmgeschwindigkeit v und dessen Gehgeschwindigkeit w beträgt, möchte in möglichst kurzer Zeit den Eingang des Wirtshauses erreichen. Wie muß er losschwimmen? — Man achte auf die verschiedenen Möglichkeiten je nach den Größenverhältnissen von u, v, w; man achte ferner darauf, daß bei Berechnung der Gehzeit der absolute Betrag einer Größe in die Rechnung eingeht.

Aus dem Satz von Rolle kann man in vielfacher Weise analytische Folgerungen ziehen, indem man mit einer oder mehreren Funktionen eine Hilfsfunktion $F(x)$ so bildet, daß $F(x)$ die Voraussetzungen des Satzes von Rolle erfüllt. Man kann dieses Verfahren sogar „iterieren", indem man mit den neugewonnenen Aussagen das Verfahren wiederholt.

Auch wir werden hier diese Methode benutzen und so zunächst den Mittelwertsatz und später die Taylorsche Formel gewinnen. Wählt man als Hilfsfunktion die Funktion $F(x) = f(x) + cx$, so ist $F(x)$ in $\mathfrak{D} = \{x \mid a \leqq x \leqq b\}$ stetig und in $\overline{\mathfrak{D}} = \{x \mid a < x < b\}$ differenzierbar, falls $f(x)$ diese Eigenschaften hat. $F(x)$ erfüllt die weitere Voraussetzung für den Satz von Rolle, $F(a) = F(b)$, wenn

$$F(x) = f(x) - \frac{f(b) - f(a)}{b - a} \cdot x$$

gesetzt wird.

Der Satz von Rolle, angewendet auf $F(x)$, lehrt, daß es ein $\xi \in \overline{\mathfrak{D}}$ gibt, für das $F'(\xi) = 0$ ist. Wegen

$$F'(x) = f'(x) - \frac{f(b) - f(a)}{b - a}$$

folgt hieraus der *Mittelwertsatz der Differentialrechnung:*

Ist $f(x)$ in $\mathfrak{D} = \{x \mid a \leqq x \leqq b\}$ stetig und in $\overline{\mathfrak{D}} = \{x \mid a < x < b\}$ differenzierbar, so gibt es (mindestens) ein ξ mit $a < \xi < b$, so daß

$$\frac{f(b) - f(a)}{b - a} = f'(\xi)$$

gilt.

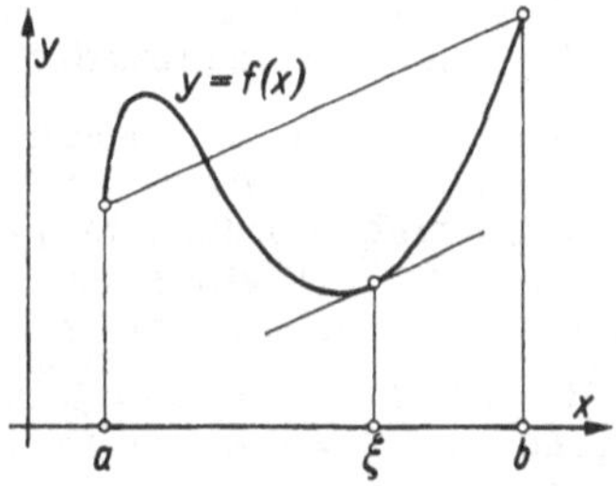

Fig. 34

Figur 34 veranschaulicht den Mittelwertsatz in der üblichen Darstellung der Funktion $f(x)$ in einer x, y-Ebene.

Bemerkung 3: Eine Folgerung aus dem Mittelwertsatz ist die Aussage: $f(x)$ *sei in einem abgeschlossenen Intervall* $\mathfrak{D}$ *differenzierbar; es sei* $x \in \mathfrak{D}$ *und* $x + h \in \mathfrak{D}$. *Dann gibt es (mindestens) ein* ϑ *mit* $0 < \vartheta < 1$, *so daß*

$$f(x + h) = f(x) + h \cdot f'(x + \vartheta h)$$

gilt.

Diese Fassung folgt aus der zuerst gegebenen Formulierung, wenn man dort $a = x$, $b = x + h$ und $\xi = x + \vartheta h$ setzt. Über ξ ist $a < \xi < b$, also $x < \xi < x + h$ für $h > 0$ und $x + h < \xi < x$ für $h < 0$ ausgesagt. $\xi = x + \vartheta h$ erfüllt die eine oder andere Aussage dann und nur dann, wenn $0 < \vartheta < 1$ ist. In der Schreibweise $\xi = x + \vartheta h$ vermeidet man die Unterscheidung zwischen $h > 0$ und $h < 0$; deshalb verwendet man sie.

Aufgabe 4: Man wende den Mittelwertsatz der Differentialrechnung in der Form von Bem. 3 auf die Funktionen

a) $f(x) = c_0 + c_1 x + c_2 x^2$ in $\mathfrak{D} = \mathfrak{R}$,
b) $f(x) = e^x$ in $\mathfrak{D} = \mathfrak{R}$,
c) $f(x) = \ln x$ in $\mathfrak{D} = \{x \mid x > 0\}$

an und bestimme in $f(x + h) = f(x) + h \cdot f'(x + \vartheta h)$ zu gegebenem $x \in \mathfrak{D}$, $x + h \in \mathfrak{D}$ eine Größe ϑ. — Im Falle a) gebe man eine geometrische Deutung an Hand des Graphen der Funktion.

Aufgabe 5: Ist $f(x)$ in $\mathfrak{D} = \{x \mid a \leqq x \leqq b\}$ zweimal differenzierbar, so gibt es ein ϑ mit $0 < \vartheta < 1$, der Art, daß

$$\frac{f(x_0 + 2h) - 2f(x_0 + h) + f(x_0)}{h^2} = f''(x_0 + 2\vartheta h)$$

gilt. Zum Beweis verwende man als Hilfsfunktion
$F(x) = f(x) + c_0 + c_1 x + c_2 x^2$ mit geeigneten Konstanten c_0, c_1, c_2.

Aufgabe 6: Man zeige: Ist $f(x)$ in einer Umgebung $\mathfrak{U}$ von x_0 stetig, in $\mathfrak{U} \setminus \{x_0\}$ differenzierbar und ist $\lim\limits_{x \to x_0} f'(x) = a$, so ist $f(x)$ auch in x_0 differenzierbar, und es ist $f'(x_0) = a$.

Der Mittelwertsatz der Differentialrechnung ist wohl das meistgebrauchte Hilfsmittel im weiteren Aufbau der Differential- und Integralrechnung. Hier ziehen wir aus ihm einige Folgerungen, auf die wir immer wieder zurückgreifen werden.

1. Es sei $\mathfrak{D} = \{x \mid a \leqq x \leqq b\}$ und $f'(x) = 0$ für alle $x \in \mathfrak{D}$. Dann ist $f(x) = c$, c eine Konstante. Nach dem Mittelwertsatz ist $f(x) = f(a) + (x - a) f'(\xi)$ für alle $x \in \mathfrak{D}$ mit $a < \xi < x \leqq b$. Da aber $f'(\xi) = 0$ vorausgesetzt war, folgt, wie behauptet, $f(x) = f(a)$ für alle $x \in \mathfrak{D}$; darin ist $f(a)$ eine feste Zahl. In Verbindung mit VII. 1, Beispiel 1 folgt hieraus: *Eine in einem Intervall $\mathfrak{D}$ differenzierbare Funktion $f(x)$ ist dann und nur dann eine Konstante, wenn in $\mathfrak{D}$ $f'(x) = 0$ ist.*

Bemerkung 4: Die Funktion $f(x) = e^x$ genügt für alle $x \in \mathfrak{D}$, $\mathfrak{D} = \mathfrak{R}$, der Differentialgleichung $f'(x) - f(x) = 0$ und der Anfangsbedingung $f(0) = 1$. Von einer *Differentialgleichung* spricht man, da $f'(x) - f(x) = 0$ eine Beziehung zwischen einer Funktion $y = f(x)$ und deren Ableitung darstellt. Unter *Anfangsbedingung* versteht man die Angabe des Funktionswertes $f(x_0)$ für ein spezielles $x_0 \in \mathfrak{D}$.

Wir zeigen: *$f(x) = e^x$ ist die einzige in $\mathfrak{R}$ definierte Funktion mit $f'(x) - f(x) = 0$ für alle $x \in \mathfrak{R}$ und $f(0) = 1$.* Ist $g(x)$ eine zweite Funktion mit diesen Eigenschaften, gilt also $g'(x) - g(x) = 0$, $g(0) = 1$, so folgt

$$\left(\frac{g(x)}{f(x)}\right)' = \frac{1}{(f(x))^2}\,(g(x) \cdot f'(x) - f(x) \cdot g'(x)) = 0$$

auf Grund der Differentialgleichungen für $g(x)$ und $f(x)$. Also ist $\frac{g(x)}{f(x)} = c$, $c = \text{const}$. Daraus folgt insbesondere $g(0) = c \cdot f(0)$ und daraus nach der Anfangsbedingung $c = 1$. Also ergibt sich zwangsläufig $g(x) = f(x)$. Es gibt also nur eine Funktion, die in $\mathfrak{R}$ der Differentialgleichung $f'(x) - f(x) = 0$ mit der Anfangsbedingung $f(0) = 1$ genügt; dies ist, wie wir bereits wissen, die Funktion $f(x) = e^x$.

2. $f(x)$ sei in einem abgeschlossenen Intervall $\mathfrak{D}$ definiert. Gibt es in $\mathfrak{D}$ eine Funktion $F(x)$, so daß $F'(x) = f(x)$ ist, so soll $F(x)$ *Stammfunktion* zu der Funktion $f(x)$ heißen. Es gilt: *Mit* $F(x)$ *ist auch* $F(x) + c$, $c =$ const, *eine Stammfunktion zu* $f(x)$; *ist* $F_1(x)$ *irgendeine Stammfunktion zu* $f(x)$, *so ist mit einer Konstanten* $c_1 : F_1(x) = F(x) + c_1$. Der erste Teil der Aussage folgt aus $(F(x) + c)' = F'(x) = f(x)$. Weiter ist $(F_1(x) - F(x))' = f(x) - f(x) = 0$ und also nach 1., wie behauptet, $F_1(x) - F(x) = c_1$ mit $c_1 =$ const.

Über die Existenz einer Stammfunktion wird hier nichts ausgesagt. Wir werden später (Teil 2) zeigen, daß es zu einer in $\mathfrak{D}$ stetigen Funktion $f(x)$ immer Stammfunktionen gibt.

Aufgabe 7: Man gebe zu dem Polynom

$$P(x) = a_0 + a_1 x + \cdots + a_n x^n$$

in $\mathfrak{D} = \mathfrak{R}$ eine Stammfunktion an.

3. Ist $f(x)$ in $\mathfrak{D} = \{x \mid a < x < b\}$ differenzierbar und $f'(x) > 0$, so ist $f(x)$ eine streng monoton wachsende Funktion. Nach dem Mittelwertsatz ist nämlich

$$f(x_2) = f(x_1) + (x_2 - x_1) f'(\xi)$$

mit $a < x_1 < \xi < x_2 < b$. Darin ist $x_2 - x_1 > 0$ und nach Voraussetzung $f'(\xi) > 0$. Also folgt aus $x_1 < x_2$ die Ungleichung $f(x_1) < f(x_2)$.

Aufgabe 8: Unter der schwächeren Voraussetzung $f'(x) \geqq 0$ zeige man die (nicht notwendig strenge) Monotonie der Funktion $f(x)$. — Ist $f'(x) \geqq 0$ und dabei in keinem Teilintervall $f'(x) = 0$, so ist $f(x)$ sogar streng monoton wachsend.

Aufgabe 9: Ist $f'(x) \leqq 0$ (bzw. $f'(x) < 0$) in $\mathfrak{D}$, so ist $f(x)$ in $\mathfrak{D}$ monoton (bzw. streng monoton) fallend.

Bemerkung 5: Es sei $f(x)$ in der Definitionsmenge $\mathfrak{D}$ stetig. Gibt es ein abgeschlossenes Intervall $\mathfrak{J}$, das Teilmenge von $\mathfrak{D}$ ist und den Punkt x_0 im Innern enthält, und ist $f(x)$ in $\mathfrak{J} \setminus \{x_0\}$ differenzierbar und ist ferner $f'(x) \geqq 0$ für alle $x \in \mathfrak{J}$ mit $x < x_0$ und $f'(x) \leqq 0$ für $x > x_0$, so besitzt $f(x)$ in x_0 ein lokales Maximum. Nach dem Mittelwertsatz ist nämlich $f(x) = f(x_0) + (x - x_0) f'(\xi)$ und nach Voraussetzung $(x - x_0) f'(\xi) \leqq 0$ für alle $x \in \mathfrak{J} \setminus \{x_0\}$. Also folgt $f(x) \leqq f(x_0)$ für alle $x \in \mathfrak{J}$.

Aufgabe 10: Entsprechend voranstehender Bemerkung formuliere man ein hinreichendes Kriterium dafür, daß die Funktion $f(x)$ in x_0 ein lokales Minimum hat.

Bemerkung 6: Es sei $f(x)$ in $\mathfrak{D}$ stetig und in einer Umgebung eines inneren Punktes x_0 differenzierbar mit $f'(x_0) = 0$; ferner sei $f'(x)$ in x_0 differenzierbar und $f''(x_0) \neq 0$. *Dann besitzt $f(x)$ in x_0 ein lokales Extremum, und zwar ein Maximum, wenn $f''(x_0) < 0$ ist.*

Die Existenz von $f''(x_0)$ bedeutet, daß zu jedem $\varepsilon > 0$ eine Umgebung von x_0 so existiert, daß für alle x der Umgebung $\left|\frac{f'(x_0) - f'(x)}{x_0 - x} - f''(x_0)\right| < \varepsilon$ gilt. Wir setzen $\varepsilon = -\frac{1}{2} f''(x_0)$ und finden für alle x der zugehörigen Umgebung von x_0:

$$\frac{1}{2} f''(x_0) < \frac{f'(x_0) - f'(x)}{x_0 - x} - f''(x_0) < -\frac{1}{2} f''(x_0),$$

woraus mit $f'(x_0) = 0$ folgt $\frac{3}{2} f''(x_0) < \frac{-f'(x)}{x_0 - x} < \frac{1}{2} f''(x_0)$. Hieraus ergibt sich $f'(x) > 0$ für $x < x_0$ und $f'(x) < 0$ für $x > x_0$. Nach Bemerkung 5 reicht diese Aussage hin zum Beweis dafür, daß $f(x)$ in x_0 ein lokales Maximum hat.

Aufgabe 11: Man zeige: Gilt in voranstehender Bemerkung $f''(x_0) > 0$, so hat $f(x)$ in x_0 ein lokales Minimum.

Bemerkung 7: Aus dem Mittelwertsatz folgt, wenn $f(x)$ und $g(x)$ in $\mathfrak{D} = \{x \mid a \leqq x \leqq b\}$ stetig und in $\overline{\mathfrak{D}} = \{x \mid a < x < b\}$ differenzierbar sind und $g(b) - g(a) \neq 0$ ist, daß es $\xi_1, \xi_2 \in \overline{\mathfrak{D}}$ gibt, für die $\frac{f(b) - f(a)}{g(b) - g(a)} = \frac{f'(\xi_1)}{g'(\xi_2)}$ gilt; dabei läßt sich über die Mittelwerte ξ_1, ξ_2 nichts Näheres aussagen. Wir wollen hier beweisen, daß sogar ein ξ so existiert, daß diese Beziehung mit $\xi = \xi_1 = \xi_2$ besteht. Diese Aussage nennt man *erweiterten* oder *zweiten Mittelwertsatz der Differentialrechnung*. Mit $g(x) = x$ enthält er den gewöhnlichen Mittelwertsatz als Sonderfall.

Zum Beweis geht man wieder auf den Satz von Rolle zurück und zeigt, daß $F(x) = f(x) - f(a) - \frac{f(b) - f(a)}{g(b) - g(a)} \cdot (g(x) - g(a))$

die Voraussetzungen des Satzes von Rolle mit $F(a) = F(b) = 0$ erfüllt. Aus $F'(\xi) = 0$ folgt dann die Behauptung:

$$\frac{f(b) - f(a)}{g(b) - g(a)} = \frac{f'(\xi)}{g'(\xi)} \quad \text{mit } a < \xi < b.$$

Aufgabe 12: Sind $f(x)$ und $g(x)$ in $\mathfrak{D} = \{x \mid a \leq x < x_0\}$ differenzierbar, ist $\lim\limits_{x \nearrow x_0} f(x) = 0$, $\lim\limits_{x \nearrow x_0} g(x) = 0$ und $\lim\limits_{x \nearrow x_0} \dfrac{f'(x)}{g'(x)} = A$, so gilt $\lim\limits_{x \nearrow x_0} \dfrac{f(x)}{g(x)} = A$.

3. Taylorsche Formel und Reihe

1. Wir vergleichen die beiden Funktionen $f(x)$ und $g(x)$ in der Umgebung einer festen Stelle x_0. $f(x)$ und $g(x)$ seien in einem Intervall $\mathfrak{D}$ definiert und dort n-mal differenzierbar; x_0 sei ein festgewählter innerer Punkt dieses Intervalls. Ist dann $f(x_0) = g(x_0)$, $f'(x_0) = g'(x_0)$, ..., $f^{(n)}(x_0) = g^{(n)}(x_0)$, so sagt man, *$f(x)$ und $g(x)$ stimmen in x_0 in n-ter Ordnung überein.* Als Beispiel sind in Figur 35 die Funktion $f(x) = \ln x$, $g(x) = 1 - e^{1-x}$ und $h(x) = \frac{1}{6}x^2 + \frac{1}{2} - \frac{2}{3x}$ dargestellt. Diese Funktionen stimmen in $x_0 = 1$ paarweise in zweiter Ordnung überein.

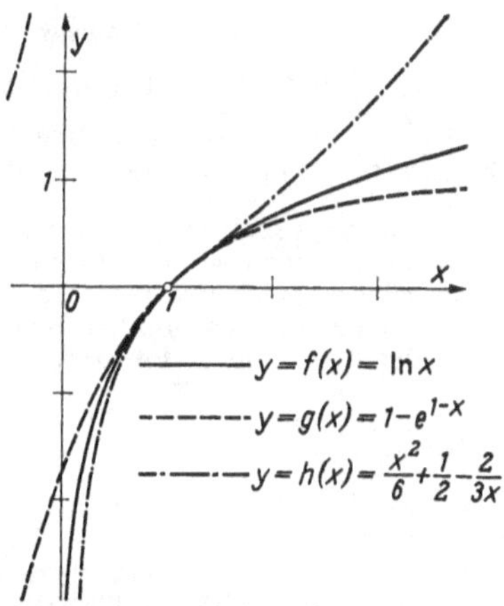

Fig. 35

Aufgabe 1: Man bestimme α, β, γ so, daß die Funktionen $f(x) = \ln(1 + x)$ und $g(x) = \dfrac{\alpha + \beta x}{1 + \gamma x} x$ in $\mathfrak{D} = \left[-\dfrac{1}{2}, \dfrac{1}{2}\right]$

definiert sind und in $x_0 = 0$ in möglichst hoher Ordnung übereinstimmen.

Zu einer gegebenen Funktion $f(x)$ gibt es ein eindeutig bestimmtes Polynom, dessen Grad höchstens n ist, das mit $f(x)$ in x_0 in n-ter Ordnung übereinstimmt. Setzt man

$$P_n(x) = c_0 + c_1(x - x_0) + c_2(x - x_0)^2 + \cdots + c_n(x - x_0)^n$$

mit konstanten $c_0, c_1, \ldots, c_n$, so findet man nach k-maligem Differenzieren $(k \leqq n): P^{(k)}(x_0) = c_k \cdot k!$ und also aus $f^{(k)}(x_0) = P_n^{(k)}(x_0)$ weiter $c_k = \dfrac{f^{(k)}(x_0)}{k!}$. Das eindeutig bestimmte Polynom $P_n(x)$, das mit $f(x)$ in x_0 in n-ter Ordnung übereinstimmt, lautet also

$$P_n(x) = f(x_0) + f'(x_0)(x - x_0) + \frac{f''(x_0)}{2!}(x - x_0)^2 + \cdots + \frac{f^{(n)}(x_0)}{n!}(x - x_0)^n.$$

Insbesondere stimmt die lineare Funktion

$$P_1(x) = f(x_0) + f'(x_0)(x - x_0)$$

mit $f(x)$ in x_0 in erster Ordnung überein. Im anschaulichen Bild stellt $P_1(x)$ die Tangente an das Bild von $f(x)$ in x_0 dar.

Aufgabe 2: $f(x)$ sei in einem Intervall $\mathfrak{D}$ differenzierbar und es sei $x_0, x_1 \in \mathfrak{D}$. Man bestimme die lineare Funktion $h(x) = a + bx$, so daß $h(x_0) = f(x_0)$ und $h(x_1) = f(x_1)$ ist. Bei festgewähltem x_0 ergeben sich a und b als Funktionen von $x_1: a(x_1), b(x_1)$. Man zeige: Es existieren die Limites $\lim\limits_{x_1 \to x_0} a(x_1) = a_0$, $\lim\limits_{x_1 \to x_0} b(x_1) = b_0$; ferner: $P_1(x) = a_0 + b_0 x$ stimmt mit $f(x)$ in x_0 in erster Ordnung überein.

Aufgabe 3: $f(x)$ sei in einem Intervall $\mathfrak{D}$ zweimal differenzierbar und es seien x_0, x_1, x_2 Punkte aus $\mathfrak{D}$. Man bestimme das Polynom $h(x) = a_0 + a_1(x - x_0) + a_2(x - x_0)^2$, so daß $h(x_i) = f(x_i)$ für $i = 0, 1, 2$ ist. Bei festgewähltem x_0, x_1 bilde man $\lim\limits_{x_2 \to x_0} a_i(x_2) = b_i$, $i = 0, 1, 2$ und bei festgewähltem x_0 bilde man dann weiter $\lim\limits_{x_1 \to x_0} b_i(x_1) = c_i$, $i = 0, 1, 2$. Es entsteht so ein Polynom $P_2(x) = c_0 + c_1(x - x_0) + c_2(x - x_0)^2$, das mit $f(x)$ in x_0 in zweiter Ordnung übereinstimmt.

Bemerkung 1: Man nennt $P_n(x)$ auch oskulierendes Polynom der Funktion $f(x)$ in x_0, weil sich in der anschaulichen Darstellung die Bilder von $f(x)$ und von $P_n(x)$ in x_0 gut aneinander anschmiegen und zwar um so besser, je größer n ist. Diese Bemerkung, die hier nur zur Erläuterung dienen soll, wird begründet für $n = 1$, $n = 2$ durch die voranstehenden Aufgaben.

In vielen praktisch wichtigen Fällen unterscheiden sich die Funktionswerte $P_n(x)$ von den Werten der Funktion $f(x)$ in einer Umgebung von x_0 nur wenig. Gelingt es uns, für die Differenz $R_n(x)$

$$R_n(x) = f(x) - \Big(f(x_0) + f'(x_0)(x - x_0) + \frac{f''(x_0)}{2!}(x - x_0)^2 + \cdots + \frac{f^{(n)}(x_0)}{n!}(x - x_0)^n\Big) \tag{1}$$

eine Abschätzung anzugeben, so können wir die Funktionswerte von $f(x)$ mit der durch die Abschätzung für $R_n(x)$ angegebenen Genauigkeit dadurch berechnen, daß wir statt ihrer die Werte von $P_n(x)$ bestimmen.

Da $P_n(x)$ einen gut zu handhabenden Rechenausdruck darstellt, dürfen wir durch ein solches Vorgehen praktische Vorteile erhoffen. Doch werden aus diesen Überlegungen auch theoretisch wichtige Ergebnisse folgen.

Wir orientieren uns zunächst an zwei Beispielen:

Beispiel 1: $f(x) = \dfrac{1}{1-x}$ in $\mathfrak{D} = \{x \mid x < 1\}$. Es ist $f'(x) = \dfrac{1}{(1-x)^2}$ und durch vollständige Induktion findet man $f^{(k)}(x) = \dfrac{k!}{(1-x)^{k+1}}$. Somit wird $f^{(k)}(0) = k!$, $k = 0, 1, 2, \ldots$, und also ergibt sich mit $x_0 = 0$

$$P_n(x) = \sum_{k=0}^{n} \frac{x^k}{k!} \cdot k! = \sum_{k=0}^{n} x^k = \frac{1 - x^{n+1}}{1 - x},$$

$$R_n(x) = f(x) - P_n(x) = \frac{1}{1-x} - \frac{1 - x^{n+1}}{1 - x} = \frac{x^{n+1}}{1 - x}.$$

Wir orientieren uns über die Größe von $R_n(x)$, indem wir für x einige spezielle Zahlen einsetzen. Für $x = \frac{1}{2}$ wird $R_n = \frac{1}{2^n}$; für

$x = -1$ wird $R_n = (-1)^{n+1} \cdot \frac{1}{2}$; für $x = -2$ wird $R_n = (-1)^{n+1} \cdot \frac{2}{3} \cdot 2^n$, für $n = 1, 2, 3, \ldots$. Für $x = \frac{1}{2}$ wird R_n mit wachsendem n kleiner, für $x = -1$ wird R_n abwechselnd $+\frac{1}{2}, -\frac{1}{2}$, für $x = -2$ schwankt R_n zwischen größerwerdenden positiven und negativen Zahlen hin und her.

Beispiel 2: $f(x) = e^{-\frac{1}{x^2}}$ für $x \neq 0$, $f(x) = 0$ für $x = 0$ in $\mathfrak{D} = \mathfrak{R}$. Es ist (vgl. VII. 1, Beisp. 12) $f(0) = f'(0) = f''(0) = \ldots = f^{(n)}(0) = 0$. Also ergibt sich mit $x_0 = 0$: $P_n(x) = 0$ für jedes $x \in \mathfrak{D}$. Also ist $R_n(x) = e^{-\frac{1}{x^2}}$, $n = 1, 2, 3, \ldots$, für $x \neq 0$.

Die Beispiele weisen auf verschiedenartiges Verhalten hin und zeigen: In gewissen Fällen läßt sich $f(x)$ mit einer bestimmten gewünschten Genauigkeit durch $P_n(x)$ berechnen, in anderen Fällen jedoch nicht.

In der Taylorschen Formel werden wir für $R_n(x)$ eine Darstellung kennenlernen, die manchmal die Größe $R_n(x)$ abzuschätzen gestattet. (Die Werte von $R_n(x) = f(x) - P_n(x)$ wird man ja fast immer nur mit großer Mühe berechnen können; die ausgewählten Beispiele sind durchaus Ausnahmen.) Dadurch kommt der Taylorschen Formel große praktische und theoretische Bedeutung zu.

$f(x)$ sei in $\mathfrak{D} = \{x \mid a \leqq x \leqq b\}$ n-mal stetig differenzierbar und in $\overline{\mathfrak{D}} = \{x \mid a < x < b\}$ $(n+1)$-mal differenzierbar. Wie beim Beweis des Mittelwertsatzes verwenden wir eine Hilfsfunktion, deren Betrachtung durch Gleichung (1) nahegelegt wird (es ist x durch b und x_0 durch x ersetzt worden):

$$F(x) = f(b) - \left(f(x) + (b-x)f'(x) + \frac{(b-x)^2}{2!}f''(x) + \cdots + \frac{(b-x)^n}{n!}f^{(n)}(x)\right) - \frac{(b-x)^{n+1}}{(n+1)!}c.$$

Hierin ist c eine Konstante, die wir uns so bestimmt denken, daß $F(a) = 0$ ist. Dann erfüllt $F(x)$ alle Voraussetzungen des Satzes von Rolle, denn es ist $F(b) = F(a) = 0$ und $F(x)$ in

$\mathfrak{D}$ stetig und in $\overline{\mathfrak{D}}$ differenzierbar. Also gibt es ein ξ mit $a < \xi < b$, so daß $F'(\xi) = 0$ ist. Man berechnet $F'(x)$ zu

$$F'(x) = -\frac{(b-x)^n}{n!} f^{(n+1)}(x) + \frac{(b-x)^n}{n!} \cdot c.$$

Also zieht $F'(\xi) = 0$ nach sich $c - f^{(n+1)}(\xi) = 0$. Da $F(a) = 0$ ist, erhalten wir das folgende Ergebnis:

Ist $f(x)$ in $\mathfrak{D} = \{x \mid a \leqq x \leqq b\}$ n-mal stetig differenzierbar und in $\overline{\mathfrak{D}} = \{x \mid a < x < b\}$ $(n+1)$-mal differenzierbar, so gibt es (mindestens) ein ξ mit $a < \xi < b$, so daß

$$f(b) = f(a) + (b-a) f'(a) + \frac{(b-a)^2}{2!} f''(a) + \cdots + \\ + \frac{(b-a)^n}{n!} f^{(n)}(a) + \frac{(b-a)^{n+1}}{(n+1)!} f^{(n+1)}(\xi)$$

gilt (Taylor*sche Formel*).

Indem wir die Bezeichnungsweise ändern und b durch x, a durch x_0 ersetzen, kommen wir auf die Gleichung (1), die wir zum Ausgangspunkt genommen hatten, zurück: *Ist $f(x)$ in einem Intervall $\mathfrak{D} = \{x \mid a \leqq x \leqq b\}$ n-mal stetig differenzierbar und in $\overline{\mathfrak{D}} = \{x \mid a < x < b\}$ $(n+1)$-mal differenzierbar, so gibt es für jedes x_0, $x \in \mathfrak{D}$ eine Zahl ξ mit* $x_0 < \xi < x$ bzw. $x < \xi < x_0$, *so daß*

$$f(x) = \sum_{k=0}^{n} \frac{f^{(k)}(x_0)}{k!} \cdot (x - x_0)^k + R_n(x)$$

mit

$$R_n(x) = \frac{f^{(n+1)}(\xi)}{(n+1)!} \cdot (x - x_0)^{n+1}$$

gilt. Diese Aussage ermöglicht es, das „Restglied" R_n in manchen Fällen abzuschätzen. Wie in VII. 2 kann man $\xi = x_0 + \vartheta(x - x_0)$ mit $0 < \vartheta < 1$ setzen.

Beispiel 3: $f(x) = e^x$ in $\mathfrak{D} = \mathfrak{R}$. Für $e^1 = e$ soll ein Näherungswert $\tilde{e}$ so angegeben werden, daß $|e - \tilde{e}| < 10^{-5}$ ist. Es ist $f^{(k)}(x) = e^x$, $f^{(k)}(0) = 1$ und nach der Taylorschen Formel

$$e^x = 1 + x + \frac{x^2}{2!} + \cdots + \frac{x^n}{n!} + \frac{x^{n+1}}{(n+1)!} e^{\vartheta x}, 0 < \vartheta < 1$$

für $x_0 = 0$ und beliebiges reelles x. Mit $x = 1$ folgt

$$e - \left(1 + 1 + \frac{1}{2!} + \frac{1}{3!} + \cdots + \frac{1}{n!}\right) = \frac{e^{\xi}}{(n+1)!} \text{ mit } 0 < \xi < 1.$$

Da $0 < e^{\xi} < e < 3$ (vgl. IV. 3, Beisp. 1) und $11! > 3 \cdot 10^5$ ist, wird mit $n = 10$: $R_n = \frac{e^{\xi}}{11!} < 10^{-5}$. Also gibt

$\tilde{e} = 1 + 1 + \frac{1}{2!} + \frac{1}{3!} + \cdots + \frac{1}{10!}$ die Zahl e mit der gewünschten Genauigkeit wieder.

Bemerkung 2: Mit Hilfe der Taylorschen Formel für e^1 (vgl. voranstehendes Beispiel) können wir beweisen, daß die Zahl e sicher keine rationale Zahl ist. Den Beweis führen wir indirekt. Wir nehmen an, es wäre $e = p/q$ eine rationale Zahl, p eine ganze und q eine natürliche Zahl mit $q \geqq 2$. Wir verwenden die Taylorsche Formel

$$e - \left(1 + 1 + \frac{1}{2!} + \cdots + \frac{1}{n!}\right) = \frac{e^{\xi}}{(n+1)!} \text{ mit } 0 < \xi < 1 \text{ und}$$

setzen darin $n = q$. Aus unserer Annahme folgt nach Multiplikation mit $q!$:

$$q!\left(\frac{p}{q} - \left(1 + 1 + \frac{1}{2!} + \cdots + \frac{1}{q!}\right)\right) = \frac{e^{\xi}}{q+1}\,.$$

Hierin ist $0 < \frac{e^{\xi}}{q+1} < \frac{3}{q+1} \leqq 1$ und also

$0 < q!\left(\frac{p}{q} - \left(1 + 1 + \frac{1}{2!} + \cdots + \frac{1}{q!}\right)\right) < 1$. Damit ist ein Widerspruch erzielt, denn

$$q!\left(\frac{p}{q} - \left(1 + 1 + \frac{1}{2!} + \cdots + \frac{1}{q!}\right)\right) =$$
$$= p(q-1)! - \left(q! + q! + \frac{q!}{2!} + \cdots + 1\right) = g$$

ist als Summe ganzer Zahlen selbst eine ganze Zahl g, für die $0 < g < 1$ unmöglich ist.

Aufgabe 4: Man zeige: Die Zahl e kann nicht Nullstelle eines Polynoms $P_2(z) = z^2 + \alpha z + \beta$ sein, wenn α, β rationale Zahlen sind. Zum Beweis verwende man die Taylorsche Formel für $f(x) = e^x + \beta e^{-x}$.

Beispiel 4: $f(x) = \ln(1+x)$ in $\mathfrak{D} = \{x \mid x > -1\}$. Nach VII. 1. Beisp. 4 und 10 ist $f^{(k)}(x) = \frac{(-1)^{k-1}(k-1)!}{(1+x)^k}$ und daher $f(0) = 0$, $f'(0) = 1, f''(0) = -1, \ldots, f^{(k)}(0) = (-1)^{k-1}(k-1)!$. Also gilt $\ln(1+x) = x - \frac{x^2}{2} + \frac{x^3}{3} - \frac{x^4}{4} + \cdots + (-1)^{n-1} \cdot \frac{x^n}{n} +$ $+ (-1)^n \cdot \frac{x^{n+1}}{n+1} \cdot \frac{1}{(1+\xi)^{n+1}}$ mit $0 < \xi < x$ bzw. $x < \xi < 0$. Auf Grund unserer Kenntnis von $R_n = (-1)^n \frac{x^{n+1}}{n+1} \cdot \frac{1}{(1+\xi)^{n+1}}$ aus der Taylorschen Formel können wir bei $x = \frac{1}{2}$ wegen $0 < \xi < \frac{1}{2}$ auf $|R_n| \leqq \frac{1}{2^{n+1}(n+1)}$ und bei $x = -\frac{3}{4}$ wegen $-\frac{3}{4} < \xi < 0$ auf $|R_n| \leqq \frac{\left(\frac{3}{4}\right)^{n+1}}{n+1} \cdot \frac{1}{\left(\frac{1}{4}\right)^{n+1}} = \frac{3^{n+1}}{n+1}$ schließen.

Bemerkung 3: Daß man R_n nach der Taylorschen Formel in der Form
$$R_n = \frac{(x-x_0)^{n+1}}{(n+1)!} f^{(n+1)}(\xi) \text{ mit } x_0 < \xi < x \text{ bzw. } x < \xi < x_0$$
angeben kann, ermöglicht für gewisse Funktionen $f(x)$ und gewisse Werte von $x, x_0 \in \mathfrak{D}$ eine Abschätzung von R_n, die für den gewünschten Zweck ausreicht. Diese Abschätzung kann aber auch sehr schlecht sein; man weiß doch von ξ nur, daß ξ in dem Intervall $]x_0, x[$ oder $]x_0, x[$ liegt. — Genügt die Abschätzung für R_n nicht den gestellten Anforderungen, so ist damit gar nichts über die tatsächliche Größe von $R_n(x) = f(x) - P_n(x)$ ausgesagt. Im voranstehenden Beispiel ist für $\ln(1+x)$, $x_0 = 0$, $x = -\frac{3}{4}$ für $n = 10$ tatsächlich $|R_{10}| < \frac{1}{50}$, während aus der Abschätzung nach der Taylorschen Formel lediglich $|R_{10}| < 16\,105$ folgt.

Deshalb bemüht man sich, für $R_n(x)$ auch noch andere Darstellungen anzugeben.

Bemerkung 4: *Andere Darstellungen für* R_n. Auf die Hilfsfunktion $F(x) = f(b) - \big(f(x) + (b-x)f'(x)$
$$+ \frac{(b-x)^2}{2!} f''(x) + \cdots + \frac{(b-x)^n}{n!} f^{(n)}(x)\big) - C$$

und $g(x) = (b - x)^p$, p eine festgewählte natürliche Zahl, wende man den zweiten Mittelwertsatz der Differentialrechnung (vgl. VII. 2, Bem. 7) an. Es ist $F(b) = -C$; die Konstante C sei durch $F(a) = 0$ bestimmt. Man berechnet $F'(x) = \frac{-(b-x)^n}{n!} f^{(n+1)}(x)$, $g(b) = 0$, $g(a) = (b-a)^p$, $g'(x) = -p(b-x)^{p-1}$. Damit folgt aus dem zweiten Mittelwertsatz mit $a < \xi < b$

$$\frac{F'(\xi)}{g'(\xi)} = \frac{C}{(b-a)^p} = \frac{\frac{(b-\xi)^n}{n!} f^{(n+1)}(\xi)}{p(b-\xi)^{p-1}},$$

$$\text{also } C = \frac{(b-a)^p}{n!\,p} \cdot (b-\xi)^{n-p+1} \cdot f^{(n+1)}(\xi).$$

Berücksichtigt man, daß $F(a) = 0$ gilt, so ergibt sich die Formel

$$f(b) = f(a) + (b-a) f'(a) + \frac{(b-a)^2}{2!} f''(a) + \cdots +$$

$$+ \frac{(b-a)^n}{n!} f^{(n)}(a) + \frac{(b-a)^p}{n!\,p} \cdot (b-\xi)^{n-p+1} \cdot f^{(n+1)}(\xi),$$

die sich von der Taylorschen Formel durch die Darstellung von R_n unterscheidet (für $p = n + 1$ ergibt sich die alte Darstellung).

Nach dem beschriebenen Verfahren gewinnt man weitere Darstellungen für R_n, wenn man für $g(x)$ irgendwelche andere Funktionen, die die Voraussetzungen des zweiten Mittelwertsatzes erfüllen, verwendet.

Beispiel 5: (vgl. Beisp. 4). Nach voranstehender Bemerkung wird für $f(x) = \ln(1 + x)$ mit $p = 1$

$$R_n = (-1)^n \frac{(b-a)}{n!} (b-\xi)^n \frac{n!}{(1+\xi)^{n+1}} =$$

$$= (-1)^n \cdot \frac{(b-a)\,b^n}{1+\xi} \cdot \left(\frac{1-\frac{\xi}{b}}{1+\xi}\right)^n;$$

wählen wir hier $a = 0$ und $b = -\frac{3}{4}$, so ist $-\frac{3}{4} < \xi < 0$, und wegen $0 < \frac{1-\frac{\xi}{b}}{1+\xi} < 1$ gilt $|R_n| < 4\left(\frac{3}{4}\right)^{n+1}$; dies kann, im

Gegensatz zu der anderen, in Beispiel 4 gegebenen Abschätzung, durchaus zu einem brauchbaren Ergebnis führen.

Aufgabe 5: Man zeige: Eine in einem Intervall $\mathfrak{D}$ $(n+1)$-mal differenzierbare Funktion ist dann und nur dann ein Polynom vom Grade k mit $k \leqq n$, wenn in $\mathfrak{D}$ gilt $f^{(n+1)}(x) = 0$.

Bemerkung 5: Sind $f(x)$ und $g(x)$ in $\mathfrak{D}$ $(n+1)$-mal differenzierbar und ist in einem inneren Punkt $x_0 \in \mathfrak{D}: f^{(k)}(x_0) = g^{(k)}(x_0) = 0$ für $k = 0, 1, \ldots, n$, ist aber $g^{(n+1)}(x_0) \neq 0$, so gilt

$$\lim_{x \to x_0} \frac{f(x)}{g(x)} = \frac{f^{(n+1)}(x_0)}{g^{(n+1)}(x_0)}$$

Der Beweis dieser Aussage (Regel von de l'Hospital) folgt unmittelbar aus der Taylorschen Formel, wenn die Stetigkeit der Funktionen $f^{(n+1)}(x)$, $g^{(n+1)}(x)$ in x_0 vorausgesetzt wird.

Bemerkung 6: Ist $f(x)$ in $\mathfrak{D}$ $(n+1)$-mal differenzierbar und ist $f^{(k)}(x_0) = 0$ für $k = 1, 2, \ldots, n$ in einem inneren Punkt $x_0 \in \mathfrak{D}$ und ist $f^{(n+1)}(x_0) \neq 0$ und $f^{(n+1)}(x)$ in x_0 stetig, so besitzt $f(x)$ in x_0 genau dann ein lokales Extremum, wenn n ungerade ist. Bei $f^{(n+1)}(x_0) > 0$ handelt es sich um ein Minimum, bei $f^{(n+1)}(x_0) < 0$ um ein Maximum der Funktion. Der Beweis folgt wieder unmittelbar aus der Taylorschen Formel unter Verwendung der Stetigkeit der Funktion $f^{(n+1)}(x)$ in x_0.

Aufgabe 6: Man zeige: In voranstehender Bemerkung genügt die schwächere Voraussetzung „$f(x)$ in $\mathfrak{D}$ n-mal differenzierbar, $f^{(n)}(x)$ in x_0 differenzierbar mit $f^{(n+1)}(x_0) \neq 0$“. Man führe den Beweis nach dem Vorbild in VII. 2, Bem. 6.

2. Die Funktion $f(x)$ möge in einem Intervall $\mathfrak{D}$ alle ihre Ableitungen besitzen, d. h. $f(x)$ gehöre in $\mathfrak{D}$ zur Klasse C^∞. x_0 sei ein Punkt aus $\mathfrak{D}$. Wir hatten den Wert der Funktion $f(x)$ an einer Stelle $x \in \mathfrak{D}$ verglichen mit dem Wert des Polynoms, das mit $f(x)$ in x_0 in n-ter Ordnung übereinstimmt.

$$f(x) - \sum_{k=0}^{n} \frac{f^{(k)}(x_0)}{k!}(x - x_0)^k = R_n(x).$$

Die behandelten Beispiele zeigen, daß in gewissen Fällen $\lim\limits_{n \to \infty} R_n(x) = 0$ gilt; dies sagt genau aus, daß

$$f(x) = \sum_{k=0}^{\infty} \frac{f^{(k)}(x_0)}{k!} (x - x_0)^k$$

ist. Man nennt diese Reihe die Taylor*sche Reihe* der Funktion $f(x)$ bezüglich x_0 und sagt, *die Funktion $f(x)$ lasse sich in x in ihre* Taylor*sche Reihe bezüglich x_0 entwickeln.* Die Funktionen, die sich in jedem Punkt x einer offenen Menge $\mathfrak{D}$ bezüglich eines geeigneten Punktes x_0 in ihre Taylorsche Reihe entwickeln lassen, faßt man in der *Klasse C^ω* bezüglich $\mathfrak{D}$ zusammen.

Ist die Voraussetzung $R_n(x) \to 0$ nicht erfüllt, so kann man trotzdem die Taylorsche Reihe formal aufschreiben, man spricht von der formal gebildeten Taylorschen Reihe. Wie die Beispiele zeigen, sind, wenn $R_n \to 0$ nicht gilt, die beiden Fälle möglich: 1) Die formal gebildete Taylorsche Reihe konvergiert, ihre Summe ist jedoch von $f(x)$ verschieden (Beisp. 2 bei $x \neq 0$). 2) Die formal gebildete Taylorsche Reihe konvergiert nicht (Beisp. 1 bei $x \leqq -1$).

An Hand der Taylorschen Formel kann man für gewisse Funktionen $f(x)$ und gewisse $x \in \mathfrak{D}$ ablesen, daß $R_n(x) \to 0$ gilt.

Beispiel 6: $f(x) = \ln(1 + x)$ in $\mathfrak{D} = \{x \mid -1 < x \leqq 1\}$, $x_0 = 0$. Nach Beispiel 4 ist $|R_n(x)| \leqq \frac{x^{n+1}}{n+1}$ für $0 \leqq x \leqq 1$ und nach Beispiel 5 $|R_n(x)| \leqq \frac{x^{n+1}}{1+x}$ für $-1 < x \leqq 0$. Also gilt $R_n(x) \to 0$ für jedes $x \in \mathfrak{D}$. Somit folgt für $\ln(1 + x)$ die Reihe

$$\ln(1 + x) = x - \frac{x^2}{2} + \frac{x^3}{3} - \frac{x^4}{4} \pm \dots \text{ für jedes } x \text{ mit } -1 < x \leqq 1$$

und insbesondere $\ln 2 = 1 - \frac{1}{2} + \frac{1}{3} - \frac{1}{4} \pm \cdots$.

Bemerkung 7: Ist $f^{(n)}(x)$ in einem Intervall $\mathfrak{J}$ beschränkt, gilt also $|f^{(n)}(x)| \leqq K_n$ in $\mathfrak{J}$ und ist weiter K_n eine beschränkte Folge, also $K_n \leqq K$, so folgt

$$|R_n| = \left| \frac{(x - x_0)^{n+1}}{(n+1)!} \right| \left| f^{(n+1)}(\xi) \right|$$
$$\leqq \left| \frac{(x - x_0)^{n+1}}{(n+1)!} \right| K_n \leqq \left| \frac{(x - x_0)^{n+1}}{(n+1)!} \right| K$$

und wegen $\left|\frac{(x-x_0)^n}{n!}\right| \to 0$ (vgl. IV. 2, Beisp. 2) also $R_n \to 0$. Dann ist also die Funktion $f(x)$ sicher für jedes $x \in \mathfrak{J}$ in ihre Taylorsche Reihe bezüglich x_0 entwickelbar.

Beispiel 7: $f(x) = e^x$ in $\mathfrak{D} = \{x \mid -a \leqq x \leqq a\}$ mit beliebigem $a > 0$; $x_0 = 0$. Es ist $f^{(k)}(x) = e^x$, $f^{(k)}(0) = 1$, also $|f^{(k)}(x)| \leqq K$ mit $K = e^a$. Also ist nach voranstehender Bemerkung

$$e^x = 1 + x + \frac{1}{2!}x^2 + \frac{1}{3!}x^3 + \cdots + \frac{1}{k!}x^k + \cdots$$

für jedes $x \in \mathfrak{D}$. Da a eine beliebige positive Zahl ist, gilt diese Darstellung von e^x durch eine konvergente unendliche Reihe für jede reelle Zahl x.

Beispiel 8: Die Funktion $f(x) = (1+x)^\alpha$ ist bei beliebigem α in $\mathfrak{D} = \{x \mid x > -1\}$ definiert und von der Klasse C^∞. Die für $x_0 = 0$ formal gebildete Taylorsche Reihe dieser Funktion heißt *binomische Reihe*; sie lautet nach VII. 1, Beisp. 10:

$$1 + \alpha x + \frac{\alpha(\alpha-1)}{1 \cdot 2}x^2 + \cdots + \binom{\alpha}{k}x^k + \cdots.$$

Das Restglied $R_n = \binom{\alpha}{n+1}x^{n+1}(1+\xi)^{\alpha-n-1}$ läßt sich für $0 < x < 1$ wie folgt abschätzen: Es ist dann $0 < \xi < x < 1$ und also für $n+1 > \alpha$: $0 < (1+\xi)^{\alpha-n-1} < 1$. Damit wird $|R_n| \leqq \left|\binom{\alpha}{n+1}\right| x^{n+1}$. Da für $0 < x < 1$ gilt $\binom{\alpha}{n}x^n \to 0$ (vgl. IV. 2, Beisp. 3), folgt $|R_n| \to 0$. Also konvergiert für $0 < x < 1$ die binomische Reihe, und es ist $(1+x)^\alpha = \sum_{k=0}^{\infty}\binom{\alpha}{k}x^k$.

Aufgabe 7: Mit dem Restglied aus Bemerkung 4, und zwar mit $p = 1$ dehne man das Ergebnis über die binomische Reihe aus auf die x mit $-1 < x \leqq 0$.

VIII. Winkelfunktionen

Die von der Schule her bekannte Definition der Funktionen $\cos x$, $\sin x$ an der Figur des Einheitskreises bezieht sich auf das Bogenmaß. Selbst wenn wir uns auf die euklidische Geometrie stützen wollten, wäre die Berechnung der Länge des Kreisbogens eine Aufgabe, die vor der Definition der Winkelfunktionen erledigt werden müßte.

Wir gehen daher einen anderen Weg und definieren die Winkelfunktionen $\cos x = C(x)$ und $\sin x = S(x)$ durch die folgenden Bedingungen: $C(x)$, $S(x)$ seien in $\mathfrak{D} = \mathfrak{R}$ differenzierbar; es gelte für jedes $x \in \mathfrak{D}$: $C'(x) = -S(x)$, $S'(x) = C(x)$; es sei $C(0) = 1$, $S(0) = 0$. Wir werden später zeigen, daß $C(x)$, $S(x)$ die auf die Bogenlänge bezogenen Koordinaten eines Punktes auf dem Einheitskreis sind. Die Bezeichnungen $C(x)$, $S(x)$ verwenden wir an Stelle von $\cos x$, $\sin x$, um uns leichter darauf konzentrieren zu können, daß für $C(x)$ und $S(x)$ nur die definierenden Eigenschaften und daraus abgeleitete Relationen Gültigkeit besitzen.

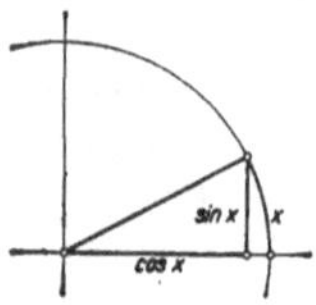

Fig. 36

Zur Motivierung der Definition geben wir eine kinematische Deutung an; natürlich machen wir in diesem Kapitel von dieser kinematischen Überlegung keinen Gebrauch. — Wir denken uns den Einheitskreis von einem Punkt so durchlaufen, daß dieser in der Zeiteinheit die Längeneinheit zurücklegt. Die Geschwindigkeit des Massenpunktes wird dann von einem Vektor $\mathfrak{v}$ der Länge 1 beschrieben, der in der Tangente an den Einheitskreis liegt. Sind $x_1(t)$, $x_2(t)$ die Koordinaten des Punktes in Abhängigkeit von der Zeit t, so sind $x_1'(t)$, $x_2'(t)$ die Komponenten des Geschwindigkeitsvektors. Aus der Kongruenz der beiden Dreiecke (vgl. Figur 37) folgt: $x_1' = -x_2$, $x_2' = x_1$, wobei das negative Vorzeichen sich daraus ergibt, daß x_1' der Richtung von x_1 entgegengesetzt ist. Beginnen wir zur Zeit $t = 0$ im Punkte $(1, 0)$ der x_1-Achse, so ist weiter $x_1(0) = 1$, $x_2(0) = 0$. Mit $t = x$, $x_1 = C(x)$, $x_2 = S(x)$ sind die genannten Beziehungen genau die, die wir zur Definition von $C(x)$ und $S(x)$ verwenden wollen.

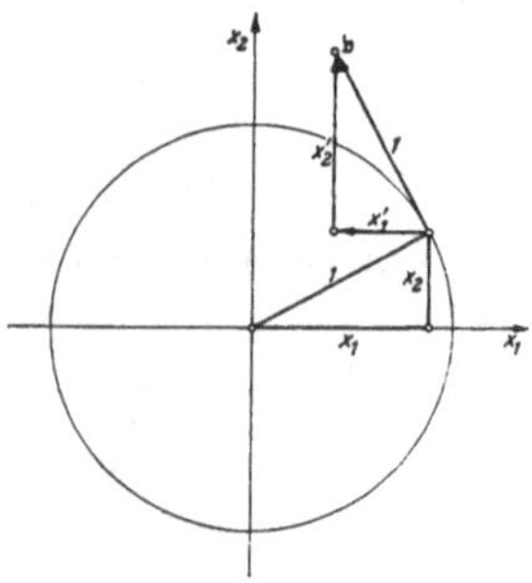

Fig. 37

Methodisch gehen wir in diesem Abschnitt entsprechend vor wie bei der Einführung von $\ln x$. Aus den definierenden Eigenschaften ziehen wir Folgerungen, die zuletzt über die Taylor-Reihen zu einer Konstruktion der Funktionen $C(x)$ und $S(x)$ führen. Den Existenzbeweis führt man dann, indem man nachprüft, daß die angegebenen Reihenentwicklungen Funktionen $C(x)$, $S(x)$ darstellen, die tatsächlich die definierenden Eigenschaften haben. Hierzu muß vorweg gezeigt werden, daß die Reihen konvergieren.

1. Definierende Eigenschaften der Funktionen $\cos x$ und $\sin x$, Folgerungen.

Wir zeigen: *Es gibt genau eine Funktion $C(x)$ und genau eine Funktion $S(x)$, die in $\mathfrak{D} = \mathfrak{R}$ definiert und differenzierbar sind und für alle $x \in \mathfrak{D}$ den Differentialgleichungen*

(I) $$C'(x) = -S(x), \quad S'(x) = C(x)$$

und in $x = 0$ den Anfangsbedingungen

(II) $$C(0) = 1, \quad S(0) = 0$$

genügen.

Den Existenzbeweis für die Funktionen $C(x)$ und $S(x)$, die (I) und (II) genügen, stellen wir zunächst noch zurück. Alle Aussagen, die wir jetzt gewinnen werden, sind vorläufig mit dem Zusatz „falls es solche Funktionen überhaupt gibt" zu versehen. Wir beginnen damit, aus (I) und (II) weitere Eigenschaften der Funktionen $C(x)$ und $S(x)$ abzuleiten.

1. Es ist $C(x)^2 + S(x)^2 = 1$; denn differenzieren wir die Funktion $f(x) = C(x)^2 + S(x)^2$, so folgt nach (I)
$f'(x) = -2C(x) \cdot S(x) + 2S(x) \cdot C(x) = 0$ und also
$C(x)^2 + S(x)^2 = \text{const.}$ Nach (II) wird $C(0)^2 + S(0)^2 = 1$, woraus sich für die Konstante der Wert 1 ergibt. Hieraus folgt weiter (vgl. I. 2, Aufg. 3): $|C(x)| \leqq 1$, $|S(x)| \leqq 1$.

2. Nach (I) ist $-S(x) = C'(x)$; mit $-S(x)$ ist also auch $C'(x)$ differenzierbar und es gilt $-S'(x) = C''(x)$. Entsprechend $C'(x) = S''(x)$. Verwenden wir nochmals (I), so folgt: $C''(x) + C(x) = 0$, $S''(x) + S(x) = 0$. Daraus ergibt sich, daß jede Funktion $f(x) = a \cdot C(x) + b \cdot S(x)$ mit konstanten a, b der Differentialgleichung $f''(x) + f(x) = 0$ genügt.

Es gilt auch die Umkehrung: Genügt eine Funktion $f(x)$ in $\mathfrak{R}$ der Differentialgleichung $f''(x) + f(x) = 0$, so läßt sich $f(x)$ mit geeigneten Konstanten a, b in der Form

$$f(x) = a \cdot C(x) + b \cdot S(x)$$

darstellen.

Zum Beweis betrachte man die Hilfsfunktionen

$$a(x) = f(x) \cdot C(x) - f'(x) \cdot S(x),$$
$$b(x) = f(x) \cdot S(x) + f'(x) \cdot C(x),$$

die sich wegen

$$a'(x) = -S(x) \cdot (f(x) + f''(x)) = 0,$$
$$b'(x) = \quad C(x) \cdot (f(x) + f''(x)) = 0$$

als Konstante erweisen: $a(x) = a = \text{const}$, $b(x) = b = \text{const}$. Mittels der Hilfsfunktionen finden wir

$$aC(x) + bS(x) = (f(x) \cdot C(x) - f'(x) \cdot S(x))\, C(x)$$
$$+ (f(x) \cdot S(x) + f'(x) \cdot C(x))\, S(x)$$
$$= f(x) \cdot (C(x)^2 + S(x)^2)$$

und also nach 1. $f(x) = aC(x) + bS(x)$.

3. *Die Eindeutigkeit von $C(x)$ und $S(x)$.* Gäbe es neben $C(x)$ und $S(x)$ noch die Funktionen $\overline{C}(x)$ und $\overline{S}(x)$, die (I) und (II) genügen, so wäre für $f(x) = C(x) - \overline{C}(x)$ und $g(x) = S(x) - \overline{S}(x)$ einmal $f''(x) + f(x) = 0$, $f'(x) = -g(x)$, zum anderen $f(0) = g(0) = 0$. Nach 2. wäre mit konstantem a, b: $f(x) = aC(x) + bS(x)$, also $f'(x) = -aS(x) + bC(x)$; da nach (II) $f(0) = 0$ und $f'(0) = -g(0) = 0$ ist, würde $a = 0$, $b = 0$ folgen. Also ist $f(x) = 0$ für jedes x und also $\overline{C}(x) = C(x)$. Entsprechend beweist man $\overline{S}(x) = S(x)$. Damit ist gezeigt: Es gibt höchstens eine Funktion $C(x)$ und eine Funktion $S(x)$, so daß (I) und (II) für $C(x)$ und $S(x)$ erfüllt sind.

Aufgabe 1: Man führe den Beweis für $\overline{S}(x) = S(x)$ durch.

4. *Die Additionstheoreme.* Für die Funktion $f(x) = C(\alpha + x)$ mit einer beliebigen Konstanten α ist nach (I)

$$f'(x) = -S(\alpha + x), \; f''(x) = -C(\alpha + x)$$

und also $f''(x) + f(x) = 0$. Damit folgt aus 2. mit Konstanten a_1, b_1: $C(\alpha + x) = a_1 C(x) + b_1 S(x)$. Ebenso findet man $S(\alpha + x) = a_2 C(x) + b_2 S(x)$ mit Konstanten a_2, b_2. Durch Differenzieren erhält man $-S(\alpha + x) = -a_1 S(x) + b_1 C(x)$ und $C(\alpha + x) = -a_2 S(x) + b_2 C(x)$. Für $x = 0$ folgt hieraus $a_1 = C(\alpha)$, $a_2 = S(\alpha)$, $b_1 = -S(\alpha)$ und $b_2 = C(\alpha)$. Verwendet man dies, so ergeben sich die *Additionstheoreme* für die Funktionen $C(x)$, $S(x)$:

$$C(\alpha + x) = C(\alpha) \cdot C(x) - S(\alpha) \cdot S(x),$$
$$S(\alpha + x) = S(\alpha) \cdot C(x) + C(\alpha) \cdot S(x).$$

5. In $\overline{\mathfrak{D}} = \{x \mid x > 0\}$ gibt es eine Nullstelle der Funktion $C(x)$. Wir führen die Annahme $C(x) > 0$ für alle $x \in \overline{\mathfrak{D}}$ zu einem Widerspruch. Aus $C(x) > 0$ würde nach (I) $S'(x) > 0$ folgen und also wäre $S(x)$ in $\overline{\mathfrak{D}}$ streng monoton wachsend; wegen $S(0) = 0$ würde $S(x) > 0$ folgen für alle $x \in \overline{\mathfrak{D}}$.

Sei dann $x_0 \in \overline{\mathfrak{D}}$ ein beliebiger, im folgenden festgewählter Punkt aus $\overline{\mathfrak{D}}$. Für $x > x_0$ wäre nach dem Mittelwertsatz und nach (I) $C(x) - C(x_0) = (x - x_0) \cdot C'(\xi) = -(x - x_0) \cdot S(\xi)$ mit $x_0 < \xi < x$ und wegen der Monotonie der Funktion $S(x)$ also $C(x) - C(x_0) < -(x - x_0) \cdot S(x_0)$. Wählen wir dann $x > \frac{C(x_0)}{S(x_0)} + x_0$, so wird $C(x) < 0$. Dies ist ein Widerspruch zu der Annahme $C(x) > 0$ für alle $x \in \overline{\mathfrak{D}}$; also gibt es ein $\bar{x} \in \overline{\mathfrak{D}}$ mit $C(\bar{x}) \leqq 0$. Da $C(0) = 1$ und $C(\bar{x}) \leqq 0$ ist, folgt nach dem Zwischenwertsatz die Existenz einer positiven Nullstelle der Funktion $C(x)$.

Der Nachweis, den wir geführt haben, ist ein reiner Existenzbeweis für eine Nullstelle der Funktion $C(x)$ in $\overline{\mathfrak{D}}$. Er bietet keine Möglichkeit, eine solche Nullstelle zu konstruieren.

6. Die Menge $\mathfrak{M}$ der Nullstellen der Funktion $C(x)$ in $\overline{\mathfrak{D}}$ ist nach unten durch 0 beschränkt, die Menge ist nicht leer. Also besitzt $\mathfrak{M}$ eine größte untere Schranke $\xi = \underline{\text{fin}}\, \mathfrak{M}$. Wir zeigen: ξ ist selbst Nullstelle, d. h. es gilt $C(\xi) = 0$, $\xi = \min \mathfrak{M}$. Als größte untere Schranke ist ξ entweder Element von $\mathfrak{M}$ und also $C(\xi) = 0$ oder Häufungspunkt von Elementen aus $\mathfrak{M}$. Dann lehrt die Stetigkeit von $C(x)$, daß mit $C(x) = 0$ für $x \in \mathfrak{M}$ auch $C(\xi) = 0$ gilt. Es ist $\xi \neq 0$, da $C(0) = 1$ ist.

Es gibt also eine kleinste positive Nullstelle der Funktion $C(x)$. Wir bezeichnen sie mit $\frac{\pi}{2}$; es ist $C\left(\frac{\pi}{2}\right) = 0$ und $C(x) > 0$ für $0 \leqq x < \frac{\pi}{2}$. Wir heben hervor: $\frac{\pi}{2}$ *ist definiert als kleinste positive Nullstelle der Funktion* $C(x)$.

7. In $0 \leqq x < \frac{\pi}{2}$ ist $C(x) > 0$ und also nach (I) $S'(x) > 0$. Also wächst hier $S(x)$ streng monoton, und wegen $S(0) = 0$ ist $S(x) > 0$ in $0 < x < \frac{\pi}{2}$. Nach 1. und 6. ist $\left(S\left(\frac{\pi}{2}\right)\right)^2 = 1$. Daraus folgt $S\left(\frac{\pi}{2}\right) = 1$ wegen der Stetigkeit von $S(x)$.

8. Aus den Additionstheoremen folgt für $\alpha = \frac{\pi}{2}$:

$$S\left(x + \frac{\pi}{2}\right) = C(x), \quad C\left(x + \frac{\pi}{2}\right) = -S(x)$$

und daraus weiter $S(x + \pi) = C\left(x + \frac{\pi}{2}\right) = -S(x)$ und $C(x + \pi) = -S\left(x + \frac{\pi}{2}\right) = -C(x)$ und ferner $S(x + 2\pi) = -S(x + \pi) = S(x)$ und ebenso $C(x + 2\pi) = C(x)$. Mithin gilt: *Die Funktionen* $S(x)$ *und* $C(x)$ *sind periodisch mit der Periode* 2π. Genau dies besagen die Gleichungen $S(x + 2\pi) = S(x)$, $C(x + 2\pi) = C(x)$.

Aufgabe 2: Aus den Additionstheoremen folgere man mit $\alpha = -x$ unter Benutzung von 1.:

$$C(x) = C(-x), \quad S(x) = -S(-x).$$

Bemerkung 1: Eine Funktion $f(x)$ in $\mathfrak{D} = \{x \mid -a < x < a\}$ mit der Eigenschaft $f(x) = f(-x)$ heißt *gerade Funktion.* Gilt $f(x) = -f(-x)$, so wird $f(x)$ *ungerade Funktion* genannt. In der anschaulichen Darstellung ist der Graph einer geraden Funktion spiegelbildlich bezüglich der y-Achse, der Graph einer ungeraden Funktion geht bei Spiegelung am Ursprung in sich über. — Nach voranstehender Aufgabe ist $C(x)$ eine gerade, $S(x)$ eine ungerade Funktion.

9. Aus (I) folgt direkt, daß alle Ableitungen der Funktionen $C(x)$, $S(x)$ existieren, und zwar wird

$$C' = -S,\ C'' = -C,\ C''' = S,\ C^{(4)} = C, \ldots$$
$$S' = C,\ S'' = -S,\ S''' = -C,\ S^{(4)} = S, \ldots$$

Also gilt $|C^{(n)}(x)| \leqq 1$, $|S^{(n)}(x)| \leqq 1$ und somit werden (nach VII. 3, Bem. 7) die Funktionen $C(x)$ und $S(x)$ durch ihre Taylorschen Reihen dargestellt; diese konvergieren für jedes $x \in \mathfrak{R}$. Mit (II) folgt:

$$C(x) = 1 - \frac{x^2}{2!} + \frac{x^4}{4!} - \frac{x^6}{6!} \pm \cdots = \sum_{k=0}^{\infty} (-1)^k \cdot \frac{x^{2k}}{(2k)!}$$

$$S(x) = x - \frac{x^3}{3!} + \frac{x^5}{5!} - \frac{x^7}{7!} \pm \cdots = \sum_{k=0}^{\infty} (-1)^k \frac{x^{2k+1}}{(2k+1)!}$$

Wenn es also überhaupt Funktionen gibt, die (I) und (II) genügen, so sind diese durch die genannten unendlichen Reihen eindeutig bestimmt, womit von neuem die Eindeutigkeit bewiesen ist. Allerdings gelten alle Aussagen nur, wenn es solche Funktionen $C(x)$, $S(x)$, die (I) und (II) genügen, überhaupt gibt. Da wir dies noch nicht wissen, ist tatsächlich nicht einmal die Konvergenz der unendlichen Reihen gesichert.

Aufgabe 3: Die durchgeführten Überlegungen vollziehe man an einem anderen Beispiel nach. Man zeige: Es gibt genau eine Funktion $\gamma(x)$ und genau eine Funktion $\sigma(x)$, die in $\mathfrak{D} = \mathfrak{R}$ den Differentialgleichungen

$$(\bar{\text{I}}) \qquad \gamma'(x) = \sigma(x), \quad \sigma'(x) = \gamma(x)$$

und in $x_0 = 0$ den Anfangsbedingungen

$$(\bar{\text{II}}) \qquad \gamma(0) = 1, \qquad \sigma(0) = 0$$

genügen. Ohne Verwendung der Funktion e^x folgere man: a) es ist $(\gamma(x))^2 - (\sigma(x))^2 = 1$; b) $\gamma(x)$ ist in $\mathfrak{D}_1 = \{x \mid x \geqq 0\}$, $\sigma(x)$ in $\mathfrak{D}_2 = \mathfrak{R}$ streng monoton wachsend; c) es ist $\gamma(x) > 1$ für $x \neq 0$;

d) die Funktionen $\sigma(x)$, $\gamma(x)$ sind durch ($\bar{\text{I}}$) und ($\bar{\text{II}}$) eindeutig bestimmt; e) es gelten die Additionstheoreme

$$\gamma(x+\alpha)=\gamma(x)\,\gamma(\alpha)+\sigma(x)\,\sigma(\alpha),\quad \sigma(x+\alpha)=\sigma(x)\,\gamma(\alpha)+\gamma(x)\,\sigma(\alpha).$$

f) Es ist $\gamma(x)$ eine gerade, $\sigma(x)$ eine ungerade Funktion; g) es gelten die Grenzwertbeziehungen:

$$\lim_{x\to\infty}\frac{1}{\gamma(x)}=\lim_{x\to\infty}\frac{1}{\sigma(x)}=\lim_{x\to\infty}(\gamma(x)-\sigma(x))=0,\ \lim_{x\to\infty}\frac{\gamma(x)}{\sigma(x)}=1;$$

h) die Taylorschen Reihen lauten:

$$\gamma(x)=\sum_{k=0}^{\infty}\frac{x^{2k}}{(2k)!}\,,\quad \sigma(x)=\sum_{k=0}^{\infty}\frac{x^{2k+1}}{(2k+1)!}$$

Dann beweise man die Existenz von $\gamma(x)$ und $\sigma(x)$ indem man bestätigt, daß

$$\gamma(x)=\frac{1}{2}(e^{x}+e^{-x}),\quad \sigma(x)=\frac{1}{2}(e^{x}-e^{-x})$$

die Eigenschaften ($\bar{\text{I}}$) und ($\bar{\text{II}}$) haben.

Man bezeichnet die Funktionen $\gamma(x)$ und $\sigma(x)$ als *Hyperbelfunktionen* und verwendet die Funktionssymbole $\gamma(x)=\operatorname{Cos} x$, $\sigma(x)=\operatorname{Sin} x$.

2. Existenz der Funktionen cos x und sin x

Nun beweisen wir die Existenz der Funktionen $C(x)$ und $S(x)$, indem wir zeigen: Durch

$$C(x)=\sum_{k=0}^{\infty}(-1)^{k}\frac{x^{2k}}{(2k)!}\,,\quad S(x)=\sum_{k=0}^{\infty}(-1)^{k}\frac{x^{2k+1}}{(2k+1)!}$$

sind zwei Funktionen $C(x)$, $S(x)$ für alle $x\in\mathfrak{R}$ definiert, die die Bedingungen (I) und (II) erfüllen.

1. Zunächst ist zu beweisen, daß die angegebenen Reihen konvergieren. Wir verwenden das Cauchysche Konvergenzkriterium. Es ist

$$\left|\sum_{k=n}^{m}(-1)^{k}\frac{x^{2k}}{(2k)!}\right|\leqq\sum_{k=n}^{m}\frac{|x|^{2k}}{(2k)!}\leqq\sum_{l=2n}^{2m}\frac{|x|^{l}}{l!}<\varepsilon,$$

wobei die letzte Ungleichung für vorgegebenes $\varepsilon>0$ für alle $2n$, $2m>N$ auf Grund der Konvergenz der Reihe

$e^{|x|} = \sum_{l=0}^{\infty} \frac{|x|^l}{l!}$ folgt. — Genauso beweist man die Konvergenz der Reihe für $S(x)$.

2. Es ist $C(0) = 1$ und $S(0) = 0$. Also erfüllen $C(x)$ und $S(x)$ die Anfangsbedingungen (II).

3. Es ist $C'(x) = -S(x)$ für jedes $x \in \mathfrak{D}$. Es ist zu zeigen, daß $\lim\limits_{h \to 0} \frac{C(x+h)-C(x)}{h} - (-S(x)) = 0$ ist. Wir wissen, daß die drei hier auftretenden Reihen für $C(x+h)$, $C(x)$ und $S(x)$ konvergieren. In den folgenden Umformungen wenden wir die Gesetze über das Rechnen mit konvergenten Reihen an (vgl. IV. 4, Bem. 2). Wir finden

$$\frac{1}{h}(C(x+h) - C(x)) + S(x) = \sum_{k=0}^{\infty} (-1)^k \frac{(x+h)^{2k}}{h(2k)!}$$

$$- \sum_{k=0}^{\infty} (-1)^k \frac{x^{2k}}{h(2k)!} + \sum_{l=0}^{\infty} (-1)^l \frac{x^{2l+1}}{(2l+1)!}$$

$$= \sum_{k=0}^{\infty} (-1)^k \frac{(x+h)^{2k} - x^{2k}}{h(2k)!} + \sum_{k=1}^{\infty} (-1)^{k-1} \frac{x^{2k-1}}{(2k-1)!}$$

Hierin ergibt sich nach der binomischen Formel

$$(x+h)^{2k} - x^{2k} = h \cdot \sum_{i=1}^{2k} \binom{2k}{i} x^{2k-i} h^{i-1}$$

$$= h^2 \sum_{i=2}^{2k} \binom{2k}{i} x^{2k-i} h^{i-2} + h \cdot 2k \cdot x^{2k-1}$$

und also

$$\frac{1}{h}(C(x+h) - C(x)) + S(x)$$

$$= \sum_{k=1}^{\infty} \frac{(-1)^k}{(2k)!} \cdot h \left(\sum_{i=2}^{2k} \binom{2k}{i} x^{2k-i} h^{i-2} \right)$$

$$+ \sum_{k=1}^{\infty} (-1)^k \, 2k \frac{x^{2k-1}}{(2k)!} + \sum_{k=1}^{\infty} (-1)^{k-1} \frac{x^{2k-1}}{(2k-1)!}$$

$$= h \cdot \sum_{k=1}^{\infty} \frac{(-1)^k}{(2k)!} \sum_{i=2}^{2k} \binom{2k}{i} x^{2k-i} \cdot h^{i-2},$$

da die Summe der beiden Reihen in der dritten Formelzeile 0 ist. Wenn wir beweisen können, daß der Faktor von h nicht größer als eine von h unabhängige Schranke M wird, so ist

$$\left|\frac{1}{h}(C(x+h)-C(x))+S(x)\right| \leqq |h|\,M,$$

woraus die Behauptung folgt.

Tatsächlich ergibt sich bei Anwendung der binomischen Formel für jedes n und $|h|<1$

$$\left|\sum_{k=1}^{n}\frac{(-1)^k}{(2k)!}\sum_{i=2}^{2k}\binom{2k}{i}x^{2k-i}h^{i-2}\right|$$

$$\leqq \sum_{k=0}^{n}\frac{1}{(2k)!}\sum_{i=0}^{2k}\binom{2k}{i}|x|^{2k-i}=\sum_{k=0}^{n}\frac{(1+|x|)^{2k}}{(2k)!}$$

$$<\sum_{l=0}^{2n}\frac{(1+|x|)^l}{l!}<e^{1+|x|}=M,$$

woraus sich die benutzte Abschätzung

$$\left|\sum_{k=1}^{\infty}\frac{(-1)^k}{(2k)!}\sum_{i=2}^{2k}\binom{2k}{i}x^{2k-i}h^{i-2}\right|\leqq M$$

ergibt.

Damit ist gezeigt, daß die Reihen für $C(x)$, $S(x)$ die erste der beiden Bedingungen (I) befriedigen. Den Beweis für die zweite der Beziehungen führt man entsprechend.

Aufgabe 1: Man führe den Beweis von $S'(x)=C(x)$ für die durch die Reihen definierten Funktionen $C(x)$, $S(x)$ tatsächlich durch.

Aufgabe 2: Man beweise den Satz: Es gibt in $\mathfrak{D}=\mathfrak{R}$ genau eine Funktion $c(x)$ und genau eine Funktion $s(x)$, die in $\mathfrak{D}$ den Funktionalgleichungen

$$(\hat{\mathrm{I}})\qquad \begin{aligned} c(x_1-x_2)&=c(x_1)\,c(x_2)+s(x_1)\,s(x_2)\\ s(x_1-x_2)&=s(x_1)\,c(x_2)-c(x_1)\,s(x_2)\end{aligned}$$

und der Grenzwertbeziehung

$$(\hat{\mathrm{II}})\qquad \lim_{x\to 0}\frac{s(x)}{x}=1$$

genügen. Man zeige hierzu, daß Funktionen, die die Bedingungen ($\hat{\text{I}}$) und ($\hat{\text{II}}$) erfüllen, notwendig in $\mathfrak{D} = \mathfrak{R}$ differenzierbar sind, und daß diese den Differentialgleichungen $c'(x) = -s(x)$, $s'(x) = c(x)$ und den Anfangsbedingungen $c(0) = 1$, $s(0) = 0$ genügen. Damit kommt man zu dem von uns gewählten Ausgangspunkt und weiß, daß, falls es überhaupt Funktionen gibt, die ($\hat{\text{I}}$) und ($\hat{\text{II}}$) erfüllen, notwendig $c(x) = C(x)$, $s(x) = S(x)$ sein muß. Man hat dann noch nachzuweisen, daß $C(x)$, $S(x)$ die Bedingungen ($\hat{\text{I}}$) und ($\hat{\text{II}}$) erfüllen.

Wenn man an Stelle von ($\hat{\text{I}}$) die Additionstheoreme (siehe 4.) setzen würde, wären die Funktionen $c(x)$ und $s(x)$ nicht eindeutig bestimmt (Beispiel: $c(x) = e^x C(x)$, $s(x) = e^x S(x)$).

3. Umkehrfunktionen der Winkelfunktionen

1. Hier führen wir die Umkehrfunktionen der Winkelfunktionen in einer knappen, tabellarischen Übersicht ein. Wir beziehen uns dabei auf die Eigenschaften der Funktionen $C(x)$ und $S(x)$ in $\mathfrak{D} = \mathfrak{R}$, wie sie in Abschnitt 1. hergeleitet wurden.

Wir schreiben in Zukunft

$$C(x) = \cos x, \quad S(x) = \sin x.$$

Nach Definition von $\frac{\pi}{2}$ ist $\cos x \geqq 0$ in $0 \leqq x \leqq \frac{\pi}{2}$; speziell ist $\cos 0 = 1$, $\cos \frac{\pi}{2} = 0$. Die Werte der Funktion $\cos x$ in diesem Intervall lassen sich näherungsweise leicht mit der Taylorschen Formel berechnen. Verwendet man dann die Beziehungen $\cos x = \cos(-x)$, $\cos(x + \pi) = -\cos x$ und $\cos(x + 2\pi) = \cos x$, so gewinnt man mittels der Funktionswerte in dem angegebenen Intervall die Werte der Funktion

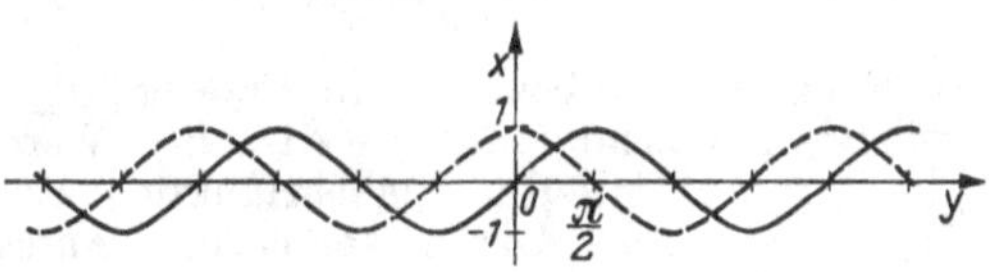

Fig. 38

für jedes $x \in \mathfrak{R}$. Wegen $\sin x = -\cos\left(x + \frac{\pi}{2}\right)$ ist damit auch die Funktion $\sin x$ bestimmt. In Figur 38 sind $y = \cos x$ (gestrichelt) und $y = \sin x$ dargestellt.

Die Funktionen $\cos x$, $\sin x$ sind periodisch mit der Periode 2π, d. h. es gilt $\cos(x + 2\pi) = \cos x$, $\sin(x + 2\pi) = \sin x$ für alle $x \in \mathfrak{R}$. Es gibt keine kleinere Periode; dies entnimmt man der folgenden Tabelle; die Funktionen sind in den angegebenen Intervallen streng monoton:

	$-\pi$	$-\pi < x < -\frac{\pi}{2}$	$-\frac{\pi}{2}$	$-\frac{\pi}{2} < x < 0$	0
$\cos x$	-1	wachsend	0	wachsend	1
$\sin x$	0	fallend	-1	wachsend	0

	0	$0 < x < \frac{\pi}{2}$	$\frac{\pi}{2}$	$\frac{\pi}{2} < x < \pi$	π
$\cos x$	1	fallend	0	fallend	-1
$\sin x$	0	wachsend	1	fallend	0

Die Monotonieeigenschaften ergeben sich unmittelbar aus den Differentialgleichungen

$$(\cos x)' = -\sin x, \quad (\sin x)' = \cos x.$$

2. Die Funktion $y = \cos x$ ist in $\mathfrak{D} = \{x \mid 0 \leqq x \leqq \pi\}$ streng monoton fallend und liefert die Wertemenge $\mathfrak{W} = \{y \mid -1 \leqq y \leqq 1\}$. Die Umkehrfunktion bezeichnet man mit $x = \arccos y$. Die entsprechende Aussage für $\sin x$ fügen wir hinzu:

$y = \cos x,$ $\mathfrak{D} = \{x \mid 0 \leqq x \leqq \pi\}$	$x = \arccos y,$ $\bar{\mathfrak{D}} = \{y \mid -1 \leqq y \leqq 1\}$
$y = \sin x,$ $\mathfrak{D} = \left\{x \mid -\frac{\pi}{2} \leqq x \leqq \frac{\pi}{2}\right\}$	$x = \arcsin y,$ $\bar{\mathfrak{D}} = \{y \mid -1 \leqq y \leqq 1\}$

Nach VII. 1. 5 und wegen $(\cos x)^2 + (\sin x)^2 = 1$ folgt für $-1 < y < 1$: $(\arccos y)' =$

$$= \frac{1}{(\cos x)'} = -\frac{1}{\sin x} = -\frac{1}{\sqrt{1-\cos^2 x}} = -\frac{1}{\sqrt{1-y^2}}.$$

(Es ist üblich, statt $(\cos x)^2$ zu schreiben $\cos^2 x$ und entsprechend $\sin^2 x$ statt $(\sin x)^2$.) Ebenso berechnet man $(\arcsin y)'$; wir stellen zusammen:

$$(\arccos y)' = -\frac{1}{\sqrt{1-y^2}}, \quad (\arcsin y)' = \frac{1}{\sqrt{1-y^2}}.$$

3. Man definiert

$$y = \operatorname{cotg} x = \frac{\cos x}{\sin x},$$

$$\mathfrak{D} = \{x \mid x \neq k\pi, k = 0, \pm 1, \pm 2, \pm 3, \ldots\},$$

$$y = \operatorname{tg} x = \frac{\sin x}{\cos x},$$

$$\mathfrak{D} = \left\{x \mid x \neq (2k+1)\frac{\pi}{2}, k = 0, \pm 1, \pm 2, \pm 3, \ldots\right\}.$$

Die Funktionen $\operatorname{cotg} x$ und $\operatorname{tg} x$ sind periodisch mit der Periode π, denn es ist etwa $\frac{\cos(x+\pi)}{\sin(x+\pi)} = \frac{-\cos x}{-\sin x} = \frac{\cos x}{\sin x}$.

Die Funktion $\operatorname{cotg} x$ ist in $\hat{\mathfrak{D}} = \{x \mid 0 < x < \pi\}$ streng monoton fallend, die Funktion $\operatorname{tg} x$ in $\hat{\mathfrak{D}} = \left\{x \mid -\frac{\pi}{2} < x < \frac{\pi}{2}\right\}$ streng monoton wachsend, denn es ist

$$(\operatorname{cotg} x)' = -\frac{1}{\sin^2 x} < 0, \quad (\operatorname{tg} x)' = \frac{1}{\cos^2 x} > 0.$$

Wir zeigen, daß die Wertemenge $\mathfrak{W}$ der Funktion $y = \operatorname{cotg} x$ in $\hat{\mathfrak{D}} = \{x \mid 0 < x < \pi\}$ aus allen reellen Zahlen besteht. Wegen der Stetigkeit der Funktionen $\sin x$ und $\cos x$ gibt es nach Wahl von $\varepsilon > 0$ eine Umgebung $\mathfrak{U}$ von 0, in der $\sin x < \varepsilon$ und $\cos x \geqq \frac{1}{2}$ ist. Für alle $x \in \hat{\mathfrak{D}} \cap \mathfrak{U}$ gilt also $\frac{\cos x}{\sin x} > \frac{1}{2} \cdot \frac{1}{\varepsilon}$; ebenso zeigt man, daß $\frac{\cos x}{\sin x} < -\frac{1}{2} \cdot \frac{1}{\varepsilon}$ in einer Umgebung von π gilt. Nach dem Zwischenwertsatz folgt daraus, daß jedes Intervall $[-K, K]$ Teilmenge der Wertemenge der Funktion $\operatorname{cotg} x$ in $\hat{\mathfrak{D}}$ ist. $\left(\text{Zu vorgegebenem } K \text{ wählt man } \varepsilon = \frac{1}{2K}\right)$. Das bedeutet aber, daß $\mathfrak{W} = \mathfrak{R}$ ist.

In Figur 39 sind $y = \operatorname{cotg} x$ (gestrichelt) und $y = \operatorname{tg} x$ dargestellt.

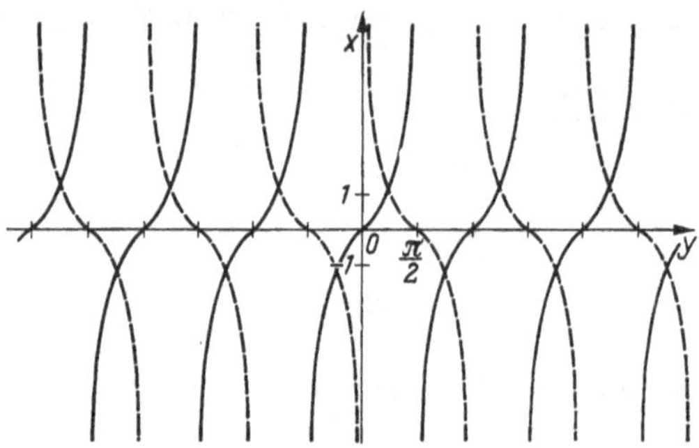

Fig. 39

Aufgabe 1: Man zeige, daß auch die Wertemenge der Funktion $y = \operatorname{tg} x$ in $\hat{\mathfrak{D}} = \left\{x \,\middle|\, -\frac{\pi}{2} < x < \frac{\pi}{2}\right\}$ aus allen reellen Zahlen besteht. Betrachtet man $y = \operatorname{cotg} x$ in $\hat{\mathfrak{D}} = \{x \mid 0 < x < \pi\}$ und $y = \operatorname{tg} x$ in $\hat{\mathfrak{D}} = \left\{x \,\middle|\, -\frac{\pi}{2} < x < \frac{\pi}{2}\right\}$, so lassen sich hierzu jeweils Umkehrfunktionen definieren:

$y = \operatorname{cotg} x, \ \hat{\mathfrak{D}} = \{x \mid 0 < x < \pi\}$	$x = \operatorname{arccotg} y, \ \overline{\mathfrak{D}} = \mathfrak{R}$
$y = \operatorname{tg} x, \ \hat{\mathfrak{D}} = \left\{x \,\middle|\, -\frac{\pi}{2} < x < \frac{\pi}{2}\right\}$	$x = \operatorname{arctg} y, \ \overline{\mathfrak{D}} = \mathfrak{R}$

Aufgabe 2: Man zeige, daß für die Funktion $\operatorname{tg} x$ das folgende „Additionstheorem" gilt:

$$\operatorname{tg}(x_1 + x_2) = \frac{\operatorname{tg} x_1 + \operatorname{tg} x_2}{1 - \operatorname{tg} x_1 \cdot \operatorname{tg} x_2}.$$

Liegen x_1, x_2 und $x_1 + x_2$ im Intervall $\left]-\frac{\pi}{2}, \frac{\pi}{2}\right[$, so erhält man für die Umkehrfunktion $x = \operatorname{arctg} y$:

$$x_1 + x_2 = \operatorname{arctg} \frac{\operatorname{tg} x_1 + \operatorname{tg} x_2}{1 - \operatorname{tg} x_1 \cdot \operatorname{tg} x_2}$$

oder

$$\operatorname{arctg} y_1 + \operatorname{arctg} y_2 = \operatorname{arctg} \frac{y_1 + y_2}{1 - y_1 \cdot y_2}.$$

Man zeige, daß diese Beziehung für alle reellen Zahlen y_1, y_2, die der Bedingung

$$y_1 \cdot y_2 < 1$$

genügen, gilt. (Zum Beweis gehe man von $\cos(x_1 + x_2) > 0$ aus.)

Da weiterhin (Beweis!)

$$\lim_{y \to 0} \frac{\operatorname{arctg} y}{y} = 1$$

ist, erfüllt die Funktion $\operatorname{arctg} y$ die in VI. 1 Aufg. 6 angegebenen Eigenschaften. Durch diese Eigenschaften war aber genau eine Funktion $A(y)$ bestimmt; deshalb muß

$$A(y) = \operatorname{arctg} y$$

sein.

Aufgabe 3: Man zeige:

$$(\operatorname{arctg} y)' = \frac{1}{1 + y^2}, \quad (\operatorname{arccotg} y)' = -\frac{1}{1 + y^2}$$

(vgl. auch VII. 1, Aufg. 2).

Aufgabe 4: Man zeige (vgl. VIII. 1, Aufg. 3): Die Hyperbelfunktionen besitzen in den angegebenen Definitionsmengen Umkehrfunktionen

$y = \operatorname{Cos} x,\ \hat{\mathfrak{D}} = \{x \mid x \geqq 0\}$	$x = \operatorname{ArCos} y,\ \overline{\mathfrak{D}} = \{y \mid y \geqq 1\}$
$y = \operatorname{Sin} x,\ \mathfrak{D} = \mathfrak{R}$	$x = \operatorname{ArSin} y,\ \overline{\mathfrak{D}} = \mathfrak{R}$

Weiter definiert man

$$\operatorname{Cotg} x = \frac{\operatorname{Cos} x}{\operatorname{Sin} x},\quad \mathfrak{D} = \{x \mid x \neq 0\}\ ;\quad \operatorname{Tg} x = \frac{\operatorname{Sin} x}{\operatorname{Cos} x},\quad \mathfrak{D} = \mathfrak{R}.$$

Man zeige, daß auch diese Funktionen in den angegebenen Definitionsmengen Umkehrfunktionen besitzen:

$y = \operatorname{Cotg} x,\ \mathfrak{D} = \{x \mid x \neq 0\}$	$x = \operatorname{ArCotg} y,\ \overline{\mathfrak{D}} = \{y \mid \lvert y \rvert > 1\}$
$y = \operatorname{Tg} x,\ \mathfrak{D} = \mathfrak{R}$	$x = \operatorname{ArTg} y,\ \overline{\mathfrak{D}} = \{y \mid \lvert y \rvert < 1\}$.

Symbole

Sachverzeichnis

SAMMLUNG GÖSCHEN

GESAMTVERZEICHNIS

Jeder Band DM 3,60 · Doppelband DM 5,80

Februar 1963

WALTER DE GRUYTER & CO., BERLIN 30

Inhaltsübersicht

Geisteswissenschaften

Philosophie

Einführung in die Philosophie von *H. Leisegang* †. 5. Auflage. 145 Seiten. 1963. In Vorbereitung (281)

Hauptprobleme der Philosophie von *G. Simmel* †. 7., unveränderte Auflage. 177 Seiten. 1950. (500)

Geschichte der Philosophie

I: Die griechische Philosophie von *W. Capelle*. 1. Teil. Von Thales bis Leukippos. 2., erweiterte Auflage. 135 Seiten. 1953. (857)

II: Die griechische Philosophie von *W. Capelle*. 2. Teil. Von der Sophistik bis zum Tode Platons. 2., stark erweiterte Auflage. 144 Seiten. 1953. (858)

III: Die griechische Philosophie von *W. Capelle*. 3. Teil. Vom Tode Platons bis zur Alten Stoa. 2., stark erweiterte Auflage. 132 Seiten. 1954. (859)

IV: Die griechische Philosophie von *W. Capelle*. 4. Teil. Von der Alten Stoa bis zum Eklektizismus im 1. Jh. v. Chr. 2., stark erweiterte Auflage. 132 Seiten. 1954. (863)

V: Die Philosophie des Mittelalters von *J. Koch*. In Vorbereitung. (826)

VI: Von der Renaissance bis Kant von *K. Schilling*. 234 Seiten. 1954. (394/394a)

VII: Immanuel Kant von *G. Lehmann*. In Vorbereitung. (536)

VIII: Die Philosophie des 19. Jahrhunderts von *G. Lehmann*. 1. Teil. 151 Seiten. 1953. (571)

IX: Die Philosophie des 19. Jahrhunderts von *G. Lehmann*. 2. Teil. 168 Seiten. 1953. (709)

X: Die Philosophie im ersten Drittel des 20. Jahrhunderts 1. Teil von *G. Lehmann*. 128 Seiten. 1957. (845)

XI: Die Philosophie im ersten Drittel des 20. Jahrhunderts 2. Teil von *G. Lehmann*. 114 Seiten. 1960. (850)

Die geistige Situation der Zeit (1931) von *K. Jaspers*. 5., unveränderter Abdruck der im Sommer 1932 bearbeiteten 5. Auflage. 211 Seiten. 1960. (1000)

Erkenntnistheorie von *G. Kropp*.
1. Teil: Allgemeine Grundlegung. 143 Seiten. 1950. (807)

Formale Logik von *P. Lorenzen*. 2., verbesserte Auflage. 165 Seiten. 1962. (1176/1176a)

Philosophisches Wörterbuch von *M. Apel* †. 5., völlig neubearbeitete Auflage von *P. Ludz*. 315 Seiten. 1958. (1031/1031a)

Philosophische Anthropologie. Menschliche Selbstdeutung in Geschichte und Gegenwart von *M. Landmann*. 266 Seiten. 1955. (156/156a)

Pädagogik, Psychologie, Soziologie

Geschichte der Pädagogik von *Herm. Weimer*. 15., neubearbeitete und vermehrte Auflage von *Heinz Weimer*. 184 Seiten. 1962. (145)
Therapeutische Psychologie. Ihr Weg durch die Psychoanalyse von *W. M. Kranefeldt*. Mit einer Einführung von *C. G. Jung*. 3. Auflage. 152 Seiten. 1956. (1034)
Allgemeine Psychologie von *Th. Erismann †*. 4 Bände. 2., neubearbeitete Auflage.
I: Grundprobleme. 146 Seiten. 1958. (831)
II: Grundarten des psychischen Geschehens. 248 Seiten. 1959. (832/832a)
III: Experimentelle Psychologie und ihre Grundlagen. 1. Teil. 112 Seiten, 7 Abbildungen. 1962. (833)
IV: Experimentelle Psychologie und ihre Grundlagen. 2. Teil. 199 Seiten, 20 Abbildungen. 1962. (834/834a)
Soziologie. Geschichte und Hauptprobleme von *L. von Wiese*. 6. Auflage. 175 Seiten. 1960. (101)
Ideengeschichte der sozialen Bewegung des 19. und 20. Jh. von *W. Hofmann*. 243 Seiten. 1962. (1205/1205a)
Sozialpsychologie von *P. R. Hofstätter*. 181 Seiten, 15 Abbildungen, 22 Tabellen. 1956. (104/104a)
Psychologie des Berufs- und Wirtschaftslebens von *W. Moede †*. 190 Seiten, 48 Abbildungen. 1958. (851/851a)
Industrie- und Betriebssoziologie von *R. Dahrendorf*. 2., umgearbeitete und erweiterte Auflage. 142 Seiten, 3 Figuren. 1962. (103)
Einführung in die Sozialethik von *H.-D. Wendland*. 144 Seiten. 1963. (1203)

Religion

Jesus von *M. Dibelius †*. 3. Auflage, mit einem Nachtrag von *W. G. Kümmel*. 140 Seiten. 1960. (1130)
Paulus von *M. Dibelius †*. Nach dem Tode des Verfassers herausgegeben und zu Ende geführt von *W. G. Kümmel*. 2., durchgesehene Auflage. 155 Seiten. 1956. (1160)
Luther von *F. Lau*. 151 Seiten. 1959. (1187)
Melanchthon von *R. Stupperich*. 139 Seiten. 1960. (1190)
Einführung in die Konfessionskunde der orthodoxen Kirchen von *K. Onasch*. 291 Seiten. 1962. (1197/1197a)
Geschichte des christlichen Gottesdienstes von *W. Nagel*. 215 Seiten. 1962. (1202/1202a)
Geschichte Israels. Von den Anfängen bis zur Zerstörung des Tempels (70 n. Chr.) von *E. L. Ehrlich*. 158 Seiten, 1 Tafel. 1958. (231/231a)
Römische Religionsgeschichte von *F. Altheim*. 2 Bände. 2., umgearbeitete Auflage.
I: Grundlagen und Grundbegriffe. 116 Seiten. 1956. (1035)
II: Der geschichtliche Ablauf. 164 Seiten. 1956. (1052)
Die Religion des Buddhismus von *D. Schlingloff*. 2 Bände.
I: Der Heilsweg des Mönchtums. 122 Seiten, 11 Abbildungen, 1 Karte. 1962. (174)
II: Der Heilsweg für die Welt. In Vorbereitung. (770)

Musik

Musikästhetik von *H. J. Moser*. 180 Seiten. Mit zahlreichen Notenbeispielen. 1953. (344)

Systematische Modulation von *R. Hernried*. 2. Auflage. 136 Seiten. Mit zahlreichen Notenbeispielen. 1950. (1094)

Der polyphone Satz von *E. Pepping*. 2 Bände.
I: Der cantus-firmus-Satz. 2. Auflage. 223 Seiten. Mit zahlreichen Notenbeispielen. 1950. (1148)
II: Übungen im doppelten Kontrapunkt und im Kanon. 137 Seiten. Mit zahlreichen Notenbeispielen. 1957. (1164/1164a)

Allgemeine Musiklehre von *H. J. Moser*. 2., durchgesehene Auflage. 155 Seiten. Mit zahlreichen Notenbeispielen. 1955. (220/220a)

Harmonielehre von *H. J. Moser*. 2 Bände.
I: 109 Seiten. Mit 120 Notenbeispielen. 1954. (809)

Die Musik des 19. Jahrhunderts von *W. Oehlmann*. 180 Seiten. 1953. (170)

Die Musik des 20. Jahrhunderts von *W. Oehlmann*. 312 Seiten. 1961. (171/171a)

Technik der deutschen Gesangskunst von *H. J. Moser*. 3., durchgesehene und verbesserte Auflage. 144 Seiten, 5 Figuren sowie Tabellen und Notenbeispiele. 1954. (576/576a)

Die Kunst des Dirigierens von *H. W. von Waltershausen †*. 2., vermehrte Auflage. 138 Seiten. Mit 19 Notenbeispielen. 1954. (1147)

Die Technik des Klavierspiels aus dem Geiste des musikalischen Kunstwerkes von *K. Schubert †*. 3. Auflage. 110 Seiten. Mit Notenbeispielen. 1954. (1045)

Kunst

Stilkunde von *H. Weigert*. 2 Bände. 3., durchgesehene und ergänzte Auflage.
I: Vorzeit, Antike, Mittelalter. 136 Seiten, 94 Abbildungen. 1958. (80)
II: Spätmittelalter und Neuzeit. 150 Seiten, 88 Abbildungen. 1958. (781)

Archäologie von *A. Rumpf*. 2 Bände.
I: Einleitung, historischer Überblick. 143 Seiten, 6 Abbildungen, 12 Tafeln. 1953. (538)
II: Die Archäologensprache. Die antiken Reproduktionen. 136 Seiten, 7 Abbildungen, 12 Tafeln. 1956. (539)

Geschichte

Einführung in die Geschichtswissenschaft von *P. Kirn*. 4., durchgesehene Auflage. 127 Seiten. 1963. (270)

Einführung in die Zeitgeschichte von *B. Scheurig*. 101 Seiten. 1962. (1204)

Zeitrechnung der römischen Kaiserzeit, des Mittelalters und der Neuzeit für die Jahre 1—2000 n. Chr. von *H. Lietzmann †*. 3. Auflage, durchgesehen von *K. Aland*. 130 Seiten. 1956. (1085)

GEISTESWISSENSCHAFTEN

Kultur der Urzeit von *F. Behn.* 3 Bände. 4. Auflage der Kultur der Urzeit Bd. 1—3 von *M. Hoernes.*

I: Die vormetallischen Kulturen. (Die Steinzeiten Europas. Gleichartige Kulturen in anderen Erdteilen.) 172 Seiten, 48 Abbildungen. 1950. (564)

II: Die älteren Metallkulturen. (Der Beginn der Metallbenutzung, Kupfer- und Bronzezeit in Europa, im Orient und in Amerika.) 160 Seiten, 67 Abbildungen. 1950. (565)

III: Die jüngeren Metallkulturen. (Das Eisen als Kulturmetall, Hallstatt-Latène-Kultur in Europa. Das erste Auftreten des Eisens in den anderen Weltteilen.) 149 Seiten, 60 Abbildungen. 1950. (566)

Vorgeschichte Europas von *F. Behn.* Völlig neue Bearbeitung der 7. Auflage der „Urgeschichte der Menschheit" von *M. Hoernes.* 125 Seiten, 47 Abbildungen. 1949. (42)

Der Eintritt der Germanen in die Geschichte von *J. Haller †.* 3. Auflage, durchgesehen von *H. Dannenbauer.* 120 Seiten, 6 Kartenskizzen. 1957. (1117)

Von den Karolingern zu den Staufern. Die altdeutsche Kaiserzeit (900—1250) von *J. Haller †.* 4., durchgesehene Auflage von *H. Dannenbauer.* 142 Seiten, 4 Karten. 1958. (1065)

Von den Staufern zu den Habsburgern. Auflösung des Reichs und Emporkommen der Landesstaaten (1250—1519) von *J. Haller †.* 2., durchgesehene Auflage von *H. Dannenbauer.* 118 Seiten, 6 Kartenskizzen. 1960. (1077)

Deutsche Geschichte im Zeitalter der Reformation, der Gegenreformation und des dreißigjährigen Krieges von *F. Hartung.* 2., durchgesehene Auflage. 128 Seiten. 1963. (1105)

Deutsche Geschichte von 1648—1740. Politischer und geistiger Wiederaufbau von *W. Treue.* 120 Seiten. 1956. (35)

Deutsche Geschichte von 1713—1806. Von der Schaffung des europäischen Gleichgewichts bis zu Napoleons Herrschaft von *W. Treue.* 168 Seiten. 1957. (39)

Deutsche Geschichte von 1806—1890. Vom Ende des alten bis zur Höhe des neuen Reiches von *W. Treue.* 128 Seiten. 1961. (893)

Deutsche Geschichte von 1890 bis zur Gegenwart von *W. Treue.* In Vorbereitung. (894)

Quellenkunde der Deutschen Geschichte im Mittelalter (bis zur Mitte des 15. Jahrhunderts) von *K. Jacob †.* 3 Bände.

I: Einleitung. Allgemeiner Teil. Die Zeit der Karolinger. 6. Auflage, bearbeitet von *H. Hohenleutner.* 127 Seiten. 1959. (279)

II: Die Kaiserzeit (911—1250). 5. Auflage, neubearbeitet von *H. Hohenleutner.* 141 Seiten. 1961. (280)

III: Das Spätmittelalter (vom Interregnum bis 1500). Herausgegeben von *F. Weden.* 152 Seiten. 1952. (284)

Geschichte Englands von *H. Preller.* 2 Bände.

I: bis 1815. 3., stark umgearbeitete Auflage. 135 Seiten, 7 Stammtafeln, 2 Karten. 1952. (375)

II: Von 1815 bis 1910. 2., völlig umgearbeitete Auflage. 118 Seiten, 1 Stammtafel, 7 Karten. 1954. (1088)

Römische Geschichte von *F. Altheim*. 4 Bände. 2., verbesserte Auflage.
I: Bis zur Schlacht bei Pydna (168 v. Chr.). 124 Seiten. 1956. (19)
II: Bis zur Schlacht bei Actium (31 v. Chr.). 129 Seiten. 1956. (677)
III: Bis zur Schlacht an der Milvischen Brücke (312 n. Chr.). 148 Seiten. 1958. (679)
IV: Bis zur Schlacht am Yarmuk (636 n. Chr.). In Vorbereitung. (684)

Geschichte der Vereinigten Staaten von Amerika von *O. Graf zu Stolberg-Wernigerode*. 192 Seiten, 10 Karten. 1956. (1051/1051 a)

Deutsche Sprache und Literatur

Geschichte der Deutschen Sprache von *H. Sperber*. 4. Auflage, besorgt von *W. Fleischhauer*. 128 Seiten. 1963. In Vorbereitung. (915)

Deutsches Rechtschreibungswörterbuch von *M. Gottschald †*. 2., verbesserte Auflage. 219 Seiten. 1953. (200/200 a)

Deutsche Wortkunde. Kulturgeschichte des deutschen Wortschatzes von *A. Schirmer*. 4. Auflage von *W. Mitzka*. 123 Seiten. 1960. (929)

Deutsche Sprachlehre von *W. Hofstaetter*. 10. Auflage. Völlige Umarbeitung der 8. Auflage. 150 Seiten. 1960. (20)

Stimmkunde für Beruf, Kunst und Heilzwecke von *H. Biehle*. 111 Seiten. 1955. (60)

Redetechnik. Einführung in die Rhetorik von *H. Biehle*. 2., erweiterte Auflage. 151 Seiten. 1961. (61)

Sprechen und Sprachpflege (Die Kunst des Sprechens) von *H. Feist*. 2., verbesserte Auflage. 99 Seiten, 25 Abbildungen. 1952. (1122)

Deutsches Dichten und Denken von der germanischen bis zur staufischen Zeit von *H. Naumann †*. (Deutsche Literaturgeschichte vom 5.—13. Jahrhundert.) 2., verbesserte Auflage. 166 Seiten. 1952. (1121)

Deutsches Dichten und Denken vom Mittelalter zur Neuzeit von *G. Müller* (1270 bis 1700). 3., durchgesehene Auflage. 159 Seiten. 1963. In Vorbereitung. (1086)

Deutsches Dichten und Denken von der Aufklärung bis zum Realismus (Deutsche Literaturgeschichte von 1700—1890) von *K. Viëtor †*. 3., durchgesehene Auflage. 159 Seiten. 1958. (1096)

Der Nibelunge Nôt in Auswahl mit kurzem Wörterbuch von *K. Langosch*. 10., durchgesehene Auflage. 164 Seiten. 1956. (1)

Kudrun und Dietrich-Epen in Auswahl mit Wörterbuch von *O. L. Jiriczek*. 6. Auflage, bearbeitet von *R. Wisniewski*. 173 Seiten. 1957. (10)

Wolfram von Eschenbach. Parzival. Eine Auswahl mit Anmerkungen und Wörterbuch von *H. Jantzen*. 2. Auflage, bearbeitet von *H. Kolb*. 128 Seiten. 1957. (921)

Hartmann von Aue. Der arme Heinrich nebst einer Auswahl aus der „Klage", dem „Gregorius" und den Liedern (mit einem Wörterverzeichnis) herausgegeben von *F. Maurer*. 96 Seiten. 1958. (18)

Gottfried von Strassburg in Auswahl herausgegeben von *F. Maurer*. 142 Seiten. 1959. (22)

Die deutschen Personennamen von *M. Gottschald †*. 2., verbesserte Auflage. 151 Seiten. 1955. (422)
Althochdeutsches Elementarbuch. Grammatik und Texte von *H. Naumann †* und *W. Betz*. 3., verbesserte und vermehrte Auflage. 183 Seiten. 1962. (1111/1111a)
Mittelhochdeutsche Grammatik von *H. de Boor* und *R. Wisniewski*. 3., verbesserte und ergänzte Auflage. 150 Seiten. 1963. (1108)

Indogermanisch, Germanisch

Indogermanische Sprachwissenschaft von *H. Krahe*. 2 Bände. 4., überarbeitete Auflage.
I: Einleitung und Lautlehre. 110 Seiten. 1962. (59)
II: Formenlehre. 124 Seiten. 1963. (64)
Gotisches Elementarbuch. Grammatik, Texte mit Übersetzung und Erläuterungen von *H. Hempel*. 3., umgearbeitete Auflage. 166 Seiten. 1962. (79/79a)
Germanische Sprachwissenschaft von *H. Krahe*. 2 Bände.
I: Einleitung und Lautlehre. 5., überarbeitete Auflage. 149 Seiten. 1963. (238)
II: Formenlehre. 4., überarbeitete Auflage. 149 Seiten. 1961. (780)
Altnordisches Elementarbuch. Schrift, Sprache, Texte mit Übersetzung und Wörterbuch von *F. Ranke*. 2., durchgesehene Auflage. 146 Seiten. 1949. (1115)

Englisch, Romanisch

Altenglisches Elementarbuch. Einführung, Grammatik, Texte mit Übersetzung und Wörterbuch von *M. Lehnert*. 5., verbesserte Auflage. 178 Seiten. 1962. (1125)
Historische neuenglische Laut- und Formenlehre von *E. Ekwall*. 3., durchgesehene Auflage. 150 Seiten. 1956. (735)
Englische Phonetik von *H. Mutschmann †*. 2. Auflage. Etwa 117 Seiten. 1963. In Vorbereitung. (601)
Englische Literaturgeschichte von *F. Schubel*. 4 Bände.
I: Die alt- und mittelenglische Periode. 163 Seiten. 1954. (1114)
II: Von der Renaissance bis zur Aufklärung. 160 Seiten. 1956. (1116)
III: Romantik und Viktorianismus. 160 Seiten. 1960. (1124)
Beowulf von *M. Lehnert*. Eine Auswahl mit Einführung, teilweiser Übersetzung, Anmerkungen und etymologischem Wörterbuch. 3., verbesserte Auflage. 135 Seiten. 1959. (1135)
Shakespeare von *P. Meißner †*. 2. Auflage, neubearbeitet von *M. Lehnert*. 136 Seiten. 1954. (1142)
Italienische Literaturgeschichte von *K. Voßler †*. 5. Auflage, neubearbeitet von *A. Noyer-Weidner*. In Vorbereitung. (125)

Romanische Sprachwissenschaft von *H. Lausberg*. 4 Bände.
I: Einleitung und Vokalismus. 2. Auflage. 160 Seiten. 1963. In Vorbereitung. (128/128a)
II: Konsonantismus. 95 Seiten. 1956. (250)
III: Formenlehre. 1. Teil. 99 Seiten. 1962. (1199)
III: Formenlehre. 2. Teil. S. 99—260. 1962. (1200/1200a)
IV: Wortlehre. In Vorbereitung. (1208)

Griechisch, Lateinisch

Griechische Sprachwissenschaft von *W. Brandenstein*. 2 Bände.
I: Einleitung, Lautsystem, Etymologie. 160 Seiten. 1954. (117)
II: Wortbildung und Formenlehre. 192 Seiten. 1959. (118/118a)
Geschichte der griechischen Sprache. 2 Bände.
I: Bis zum Ausgang der klassischen Zeit von *O. Hoffmann †*. 3. Auflage, bearbeitet von *A. Debrunner †*. 156 Seiten. 1953. (111)
II: Grundfragen und Grundzüge des nachklassischen Griechisch von *A. Debrunner †*. 144 Seiten. 1954. (114)
Geschichte der griechischen Literatur von *W. Nestle*. 2. Bände. 3. Auflage, bearbeitet von *W. Liebich*.
I: 144 Seiten. 1961. (70)
II: In Vorbereitung. (557)
Grammatik der neugriechischen Volkssprache von *J. Kalitsunakis*. 3., völlig neubearbeitete und erweiterte Auflage. 197 Seiten. 1963. (756/756a)
Neugriechisch-deutsches Gesprächsbuch von *J. Kalitsunakis*. 2. Auflage, bearbeitet von *A. Steinmetz*. 99 Seiten. 1960. (587)
Geschichte der lateinischen Sprache von *F. Stolz*. 4. Auflage von *A. Debrunner †*. In Vorbereitung. (492)
Geschichte der römischen Literatur von *L. Bieler*. 2 Bände.
I: Die Literatur der Republik. 160 Seiten. 1961. (52)
II: Die Literatur der Kaiserzeit. 133 Seiten. 1961. (866)

Hebräisch, Sanskrit, Russisch

Hebräische Grammatik von *G. Beer †*. 2 Bände. Völlig neubearbeitet von *R. Meyer*.
I: Schrift-, Laut- und Formenlehre I. 3. Auflage. 157 Seiten. In Vorbereitung. (763/763a)
II: Formenlehre II. Syntax und Flexionstabellen. 2. Auflage. 195 Seiten. 1955. (764/764a)
Hebräisches Textbuch zu *G. Beer-R. Meyer*, Hebräische Grammatik von *R. Meyer*. 170 Seiten. 1960. (769/769a)
Sanskrit-Grammatik von *M. Mayrhofer*. 89 Seiten. 1953. (1158)
Russische Grammatik von *E. Berneker †*. 6., verbesserte Auflage vor *M. Vasmer †*. 155 Seiten. 1961. (66)
Slavische Sprachwissenschaft von *H. Bräuer*. 2 Bände.
I: Einleitung, Lautlehre. 221 Seiten. 1961. (1191/1191a)

Erd- und Länderkunde, Kartographie

Afrika von *F. Jaeger*. Ein geographischer Überblick. 2 Bände. 3. Auflage.
I: Der Lebensraum. 179 Seiten, 18 Abbildungen. 1963. In Vorbereitung. (910)
II: Mensch und Kultur. 155 Seiten, 6 Abbildungen. 1963. In Vorbereitung. (911)

Australien und Ozeanien von *H. J. Krug*. 176 Seiten, 46 Skizzen. 1953. (319)

Kartographie von *V. Heissler*. 213 Seiten, 125 Abb., 8 Anlagen. 1962. (30/30 a)

Volkswirtschaft, Statistik, Publizistik

Allgemeine Betriebswirtschaftslehre von *K. Mellerowicz*. 4 Bände. 11., durchgesehene Auflage.
I: 224 Seiten. 1961. (1008/1008 a)
II: 188 Seiten. 1962. (1153/1153 a)
III: 260 Seiten. 1963. (1154/1154 a)
IV: 209 Seiten. 1963. (1186/1186 a)

Geschichte der Volkswirtschaftslehre von *S. Wendt*. 182 Seiten. 1961. (1194)

Allgemeine Volkswirtschaftslehre von *A. Paulsen*. 4 Bände.
I: Grundlegung, Wirtschaftskreislauf. 4., neubearbeitete Auflage. 154 Seiten. 1962. (1169)
II: Haushalte, Unternehmungen, Marktformen. 4., neubearbeitete Auflage. 168 Seiten, 32 Abbildungen. 1963. (1170)
III: Produktionsfaktoren. 3. Auflage. 200 Seiten. 1963. (1171)
IV: Gesamtbeschäftigung, Konjunkturen, Wachstum. 2. Auflage. 174 Seiten. 1962. (1172)

Allgemeine Volkswirtschaftspolitik von *H. Ohm*. 2 Bände.
I: Systematisch-Theoretische Grundlegung. 137 Seiten, 6 Abbildungen. 1962. (1195)
II: Der volkswirtschaftliche Gesamtorganismus als Objekt der Wirtschaftspolitik. In Vorbereitung. (1196)

Finanzwissenschaft von *H. Kolms*. 4 Bände.
I: Grundlegung, Öffentliche Ausgaben. 2. Auflage. 160 Seiten. 1963. In Vorbereitung. (148)
II: Erwerbseinkünfte, Gebühren und Beiträge; Allgemeine Steuerlehre. 148 Seiten. 1960. (391)
III: Besondere Steuerlehre. 178 Seiten. 1962. (776)
IV: Öffentlicher Kredit. Haushaltswesen. Finanzausgleich. In Vorbereitung. (782)

Finanzmathematik von *M. Nicolas.* 192 Seiten, 11 Tafeln, 8 Tabellen und 72 Beispiele. 1959. (1183/1183a)

Industrie- und Betriebssoziologie von *R. Dahrendorf.* 2., umgearbeitete und erweiterte Auflage. 142 Seiten, 3 Figuren. 1962. (103)

Wirtschaftssoziologie von *F. Fürstenberg.* 122 Seiten. 1961. (1193)

Psychologie des Berufs- und Wirtschaftslebens von *W. Moede †.* 190 Seiten, 48 Abbildungen. 1958. (851/851a)

Allgemeine Methodenlehre der Statistik von *J. Pfanzagl.* 2 Bände.
I: Elementare Methoden unter besonderer Berücksichtigung der Anwendungen in den Wirtschafts- und Sozialwissenschaften. 2. Auflage. Etwa 205 Seiten, 35 Abbildungen. 1963. (746/746a)
II: Höhere Methoden unter besonderer Berücksichtigung der Anwendungen in Naturwissenschaft, Medizin und Technik. 295 Seiten, 39 Abbildungen. 1962. (747/747a)

Zeitungslehre von *E. Dovifat.* 2 Bände. 4., neubearbeitete Auflage.
I: Theoretische und rechtliche Grundlagen — Nachricht und Meinung — Sprache und Form. 149 Seiten. 1962. (1039)
II: Redaktion — Die Sparten: Verlag und Vertrieb, Wirtschaft und Technik — Sicherung der öffentlichen Aufgabe. 168 Seiten. 1962. (1040)

Naturwissenschaften

Mathematik

Geschichte der Mathematik von *J. E. Hofmann*. 4 Bände.
I: Von den Anfängen bis zum Auftreten von Fermat und Descartes. 2., verbesserte und vermehrte Auflage. 200 Seiten. 1963. (226/226a)
II: Von Fermat und Descartes bis zur Erfindung des Calculus und bis zum Ausbau der neuen Methoden. 109 Seiten. 1957. (875)
III: Von den Auseinandersetzungen um den Calculus bis zur französischen Revolution. 107 Seiten. 1957. (882)
IV: Geschichte der Mathematik der neuesten Zeit von *N. Stuloff*. In Vorbereitung. (883)

Mathematische Formelsammlung von *F. O. Ringleb*. 7., erweiterte Auflage. 320 Seiten, 40 Figuren. 1960. (51/51a)

Vierstellige Tafeln und Gegentafeln für logarithmisches und trigonometrisches Rechnen in zwei Farben zusammengestellt von *H. Schubert* und *R. Haussner*. 3., neubearbeitete Auflage von *J. Erlebach*. 158 Seiten. 1960. (81)

Fünfstellige Logarithmen mit mehreren graphischen Rechentafeln und häufig vorkommenden Zahlenwerten von *A. Adler*. 4. Auflage, überarbeitet von *J. Erlebach*. 127 Seiten, 1 Tafel. 1962. (423)

Arithmetik von *P. B. Fischer †*. 3. Auflage von *H. Rohrbach*. 152 Seiten, 19 Abbildungen. 1958. (47)

Höhere Algebra von *H. Hasse*. 2 Bände.
I: Lineare Gleichungen. 5., neubearbeitete Auflage. 150 Seiten. 1963. (931)
II: Gleichungen höheren Grades. 4., durchgesehene Auflage. 158 Seiten, 5 Figuren. 1958. (932)

Aufgabensammlung zur höheren Algebra von *H. Hasse* und *W. Klobe*. 3., verbesserte Auflage. 183 Seiten. 1961. (1082)

Elementare und klassische Algebra vom modernen Standpunkt von *W. Krull*. 2 Bände.
I: 3., erweiterte Auflage. 136 Seiten. 1963. In Vorbereitung. (930)
II: 132 Seiten. 1959. (933)

Algebraische Kurven und Flächen von *W. Burau*. 2 Bände.
I: Algebraische Kurven der Ebene. 153 Seiten, 28 Abbildungen. 1962. (435)
II: Algebraische Flächen 3. Grades und Raumkurven 3. und 4. Grades. 162 Seiten, 17 Abbildungen. 1962. (436/436a)

Einführung in die Zahlentheorie von *A. Scholz †*. Überarbeitet und herausgegeben von *B. Schoeneberg*. 3. Auflage. 128 Seiten. 1961. (1131)

Formale Logik von *P. Lorenzen*. 2., verbesserte Auflage. 165 Seiten. 1962. (1176/1176a)

Topologie von *W. Franz*. 2 Bände.
I: Allgemeine Topologie. 144 Seiten, 9 Figuren. 1960. (1181)
II: Algebraische Topologie. In Vorbereitung. (1182)

Elemente der Funktionentheorie von *K. Knopp †*. 6. Auflage. 144 Seiten, 23 Figuren. 1963. In Vorbereitung. (1109)
Funktionentheorie von *K. Knopp †*. 2 Bände. 10. Auflage.
I: Grundlagen der allgemeinen Theorie der analytischen Funktionen. 144 Seiten, 8 Figuren. 1961. (668)
II: Anwendungen und Weiterführung der allgemeinen Theorie. 130 Seiten, 7 Figuren. 1962. (703)
Aufgabensammlung zur Funktionentheorie von *K. Knopp †*. 2 Bände.
I: Aufgaben zur elementaren Funktionentheorie. 6. Auflage. 135 Seiten. 1962. (877)
II: Aufgaben zur höheren Funktionentheorie. 5. Auflage. 151 Seiten. 1959. (878)
Differential- und Integralrechnung von *M. Barner*. (Früher *Witting*). 4 Bände.
I: Grenzwertbegriff, Differentialrechnung. 2. Auflage. Etwa 176 Seiten. 1963. In Vorbereitung. (86/86a)
Gewöhnliche Differentialgleichungen von *G. Hoheisel*. 6., neubearbeitete und erweiterte Auflage. 128 Seiten. 1960. (920)
Partielle Differentialgleichungen von *G. Hoheisel*. 4., durchgesehene Auflage. 128 Seiten. 1960. (1003)
Aufgabensammlung zu den gewöhnlichen und partiellen Differentialgleichungen von *G. Hoheisel*. 4., durchgesehene und verbesserte Auflage. 124 Seiten. 1958. (1059)
Integralgleichungen von *G. Hoheisel*. 2., durchgesehene Auflage. Etwa 125 Seiten. 1963. (1099)
Mengenlehre von *E. Kamke*. 4., verbesserte Auflage. 194 Seiten, 6 Figuren. 1962. (999/999a)
Gruppentheorie von *L. Baumgartner*. 3., neubearbeitete Auflage. 110 Seiten, 3 Tafeln. 1958. (837)
Ebene und sphärische Trigonometrie von *G. Hessenberg †*. 5. Auflage, durchgesehen von *H. Kneser*. 172 Seiten, 60 Figuren. 1957. (99)
Darstellende Geometrie von *W. Haack*. 3 Bände.
I: Die wichtigsten Darstellungsmethoden. Grund- und Aufriß ebenflächiger Körper. 4., durchgesehene und ergänzte Auflage. 113 Seiten, 120 Abbildungen. 1963. (142)
II: Körper mit krummen Begrenzungsflächen. Kotierte Projektionen. 3., durchgesehene Auflage. 129 Seiten, 86 Abbildungen. 1962. (143)
III: Axonometrie und Perspektive. 2., durchgesehene und ergänzte Auflage. 129 Seiten, 100 Abbildungen. 1962. (144)
Analytische Geometrie von *K. P. Grotemeyer*. 2., erweiterte Auflage. 218 Seiten, 73 Abbildungen. 1962. (65/65a)
Nichteuklidische Geometrie. Hyperbolische Geometrie der Ebene von *R. Baldus †*. Durchgesehen und herausgegeben von *F. Löbell*. 3., verbesserte Auflage. 140 Seiten, 70 Figuren. 1953. (970)
Differentialgeometrie von *K. Strubecker* (früher *Rothe*). 3 Bände.
I: Kurventheorie der Ebene und des Raumes. 150 Seiten, 18 Figuren. 1955. (1113/1113a)
II: Theorie der Flächenmetrik. 195 Seiten, 14 Figuren. 1958. (1179/1179a)
III: Theorie der Flächenkrümmung. 254 Seiten, 38 Figuren. 1959. (1180/1180a)

Variationsrechnung von *L. Koschmieder*. 2 Bände. 2., neubearbeitete Auflage.
I: Das freie und gebundene Extrem einfacher Grundintegrale. 128 Seiten, 23 Figuren. 1962. (1074)
II: Anwendung klassischer Verfahren auf allgemeine Fragen des Extrems. — Neuere unmittelbare Verfahren. In Vorbereitung. (1075)

Einführung in die konforme Abbildung von *L. Bieberbach*. 5., erweiterte Auflage. 180 Seiten, 42 Figuren. 1956. (768/768a)

Vektoren und Matrizen von *S. Valentiner*. 2. Auflage. (9., erweiterte Auflage der „Vektoranalysis"). Mit Anhang: Aufgaben zur Vektorrechnung von *H. König*. 202 Seiten, 35 Figuren. 1960. (354/354a)

Versicherungsmathematik von *F. Böhm*. 2 Bände.
I: Elemente der Versicherungsrechnung. 3., vermehrte und verbesserte Auflage. Durchgesehener Neudruck. 151 Seiten. 1953. (180)
II: Lebensversicherungsmathematik. Einführung in die technischen Grundlagen der Sozialversicherung. 2., verbesserte und vermehrte Auflage. 205 Seiten. 1953. (917/917a)

Finanzmathematik von *M. Nicolas*. 192 Seiten, 11 Tafeln, 8 Tabellen und 72 Beispiele. 1959. (1183/1183a)

Physik

Einführung in die theoretische Physik von *W. Döring*. 5 Bände.
I: Mechanik. 2., verbesserte Auflage. 123 Seiten, 25 Abbildungen. 1960. (76)
II: Das elektromagnetische Feld. 2., verbesserte Auflage. 132 Seiten, 15 Abbildungen. 1962. (77)
III: Optik. 2., verbesserte Auflage. 117 Seiten, 32 Abbildungen. 1963. (78)
IV: Thermodynamik. 107 Seiten, 9 Abbildungen. 1956. (374)
V: Statistische Mechanik. 114 Seiten, 12 Abbildungen. 1957. (1017)

Mechanik deformierbarer Körper von *M. Päsler*. 199 Seiten, 48 Abbildungen. 1960. (1189/1189a)

Atomphysik von *K. Bechert*, *Ch. Gerthsen †* und *A. Flammersfeld*. 7 Bände.
I: Allgemeine Grundlagen. 1. Teil. 4., durchgesehene Auflage von *A. Flammersfeld*. 124 Seiten, 35 Abbildungen. 1959. (1009)
II: Allgemeine Grundlagen. 2. Teil. 4., umgearbeitete Auflage von *A. Flammersfeld*. Etwa 112 Seiten. 1963. (1033)
III: Theorie des Atombaus. 1. Teil von *K. Bechert*. 4., umgearbeitete Auflage. 148 Seiten, 16 Abbildungen. 1963. (1123/1123a)
IV: Theorie des Atombaus. 2. Teil von *K. Bechert*. 4., umgearbeitete Auflage. 170 Seiten, 14 Abbildungen. 1963. In Vorbereitung. (1165/1165a)

Differentialgleichungen der Physik von *F. Sauter*. 3., durchgesehene und ergänzte Auflage. 148 Seiten, 16 Figuren. 1958. (1070)

Physikalische Formelsammlung von *G. Mahler †*. Neubearbeitet von *H. Graewe*. 11. Auflage. 153 Seiten, 69 Figuren. 1963. (136)

Physikalische Aufgabensammlung von *G. Mahler †*. Neubearbeitet von *K. Mahler*. Mit den Ergebnissen. 11. Auflage. 127 Seiten. 1961. (243)

Chemie

Geschichte der Chemie in kurzgefaßter Darstellung von *G. Lockemann*. 2 Bände.
I: Vom Altertum bis zur Entdeckung des Sauerstoffs. 142 Seiten, 8 Bildnisse. 1950. (264)
II: Von der Entdeckung des Sauerstoffs bis zur Gegenwart. 151 Seiten, 16 Bildnisse. 1955. (265/265a)

Anorganische Chemie von *W. Klemm*. 12., neubearbeitete und erweiterte Auflage. 255 Seiten, 34 Abbildungen. 1962. (37/37a)

Organische Chemie von *W. Schlenk*. 9., erweiterte Auflage. 273 Seiten, 16 Abbildungen. 1963. (38/38a)

Physikalische Methoden in der Organischen Chemie von *G. Kresze*. 2 Bände.
I: 119 Seiten, 65 Abbildungen. 1962. (44)
II: 164 Seiten. 1962. (45/45a)

Allgemeine und physikalische Chemie von *W. Schulze*. 2 Bände.
I: 5., durchgesehene Auflage. 139 Seiten, 10 Figuren. 1960. (71)
II: 5., verbesserte Auflage. 178 Seiten, 37 Figuren. 1961. (698/698a)

Einfache Versuche zur allgemeinen und physikalischen Chemie von *E. Dehn*. 371 Versuche mit 40 Abbildungen. 272 Seiten. 1962. (1201/1201a)

Molekülbau. Theoretische Grundlagen und Methoden der Strukturermittlung von *W. Schulze*. 123 Seiten, 43 Figuren. 1958. (786)

Physikalisch-chemische Rechenaufgaben von *E. Asmus*. 3., verbesserte Auflage. 96 Seiten. 1958. (445)

Maßanalyse. Theorie und Praxis der klassischen und der elektrochemischen Titrierverfahren von *G. Jander* und *K. F. Jahr*. 9., durchgesehene Auflage. 313 Seiten, 49 Figuren. 1961. (221/221a)

Qualitative Analyse von *H. Hofmann* u. *G. Jander*. 308 Seiten, 5 Abbildungen. 1960. (247/247a)

Thermochemie von *W. A. Roth †*. 2., verbesserte Auflage. 109 Seiten, 16 Figuren. 1952. (1057)

Stöchiometrische Aufgabensammlung von *W. Bahrdt †* und *R. Scheer*. Mit den Ergebnissen. 7., durchgesehene Auflage. 119 Seiten. 1960. (452)

Elektrochemie von *K. Vetter*. 2 Bände.
I: 1963. In Vorbereitung. (252)
II: 1963. In Vorbereitung. (253)

Technologie

Die Chemie der Kunststoffe von *K. Hamann*, unter Mitarbeit von *W. Funke* und *H. D. Hermann*. 143 Seiten. 1960. (1173)
Warenkunde von *K. Hassak* und *E. Beutel †*. 2 Bände.
I: Anorganische Waren sowie Kohle und Erdöl. 8. Auflage. Neubearbeitet von *A. Kutzelnigg*. 119 Seiten, 18 Figuren. 1958. (222)
II: Organische Waren. 8. Auflage. Vollständig neubearbeitet von *A. Kutzelnigg*. 157 Seiten, 32 Figuren. 1959. (223)
Die Fette und Öle von *Th. Klug*. 6., verbesserte Auflage. 143 Seiten. 1961. (335)
Die Seifenfabrikation von *K. Braun †*. 3., neubearbeitete und verbesserte Auflage von *Th. Klug*. 116 Seiten, 18 Abbildungen. 1953. (336)
Thermische Verfahrenstechnik von *H. Bock*. 3 Bände.
I: Eigenschaften und Verhalten der realen Stoffe. 1963. Im Druck. (1209/1209a)
Textilindustrie von *A. Blümcke*.
I: Spinnerei und Zwirnerei. 111 Seiten, 43 Abbildungen. 1954. (184)

Biologie

Einführung in die allgemeine Biologie und ihre philosophischen Grund- und Grenzfragen von *M. Hartmann*. 132 Seiten, 2 Abbildungen. 1956. (96)
Hormone von *G. Koller*. 2., neubearbeitete und erweiterte Auflage. 187 Seiten, 60 Abbildungen, 19 Tabellen. 1949. (1141)
Fortpflanzung im Tier- und Pflanzenreich von *J. Hämmerling*. 2., ergänzte Auflage. 135 Seiten, 101 Abbildungen. 1951. (1138)
Geschlecht und Geschlechtsbestimmung im Tier- und Pflanzenreich von *M. Hartmann*. 2., verbesserte Auflage. 116 Seiten, 61 Abbildungen, 7 Tabellen. 1951. (1127)
Symbiose der Tiere mit pflanzlichen Mikroorganismen von *P. Buchner*. 2., verbesserte und vermehrte Auflage. 130 Seiten, 121 Abbildungen. 1949. (1128)
Grundriß der Allgemeinen Mikrobiologie von *W.* u. *A. Schwartz*. 2 Bände. 2., verbesserte und ergänzte Auflage.
I: 147 Seiten, 25 Abbildungen. 1960. (1155)
II: 142 Seiten, 29 Abbildungen. 1961. (1157)

Botanik

Entwicklungsgeschichte des Pflanzenreiches von *H. Heil*. 2. Auflage. 138 Seiten, 94 Abbildungen, 1 Tabelle. 1950. (1137)
Morphologie der Pflanzen von *L. Geitler*., 3., umgearbeitete Auflage. 126 Seiten, 114 Abbildungen. 1953. (141)
Pflanzengeographie von *L. Diels †*. 5., völlig neubearbeitete Auflage von *F. Mattick*. 195 Seiten, 2 Karten. 1958. (389/389a)

Die Laubhölzer. Kurzgefaßte Beschreibung der in Mitteleuropa gedeihenden Laubbäume und Sträucher von *F. W. Neger †* und *E. Münch †*. 3., durchgesehene Auflage, herausgegeben von *B. Huber*. 143 Seiten, 63 Figuren, 7 Tabellen. 1950. (718)

Die Nadelhölzer (Koniferen) und übrigen Gymnospermen von *F. W. Neger †* und *E. Münch †*. 4. Auflage, durchgesehen und ergänzt von *B. Huber*. 140 Seiten, 75 Figuren, 4 Tabellen, 3 Karten. 1952. (355)

Pflanzenzüchtung von *H. Kuckuck*. 2 Bände.

I: Grundzüge der Pflanzenzüchtung. 3., völlig umgearbeitete und erweiterte Auflage. 132 Seiten, 22 Abbildungen. 1952. (1134)

II: Spezielle gartenbauliche Pflanzenzüchtung (Züchtung von Gemüse, Obst und Blumen). 178 Seiten, 27 Abbildungen. 1957. (1178/1178a)

Zoologie

Entwicklungsphysiologie der Tiere von *F. Seidel*. 2 Bände.

I: Ei und Furchung. 126 Seiten, 29 Abbildungen. 1953. (1162)

II: Körpergrundgestalt und Organbildung. 159 Seiten, 42 Abbildungen. 1953. (1163)

Das Tierreich

I: Einzeller, Protozoen von *E. Reichenow*. 115 Seiten. 59 Abbildungen. 1956. (444)

II: Schwämme und Hohltiere von *H. J. Hannemann*. 95 Seiten, 80 Abbildungen. 1956. (442)

III: Würmer. Platt-, Hohl-, Schnurwürmer, Kamptozoen, Ringelwürmer, Protracheaten, Bärtierchen, Zungenwürmer von *S. Jaeckel*. 114 Seiten, 36 Abbildungen. 1955. (439)

IV, 1: Krebse von *H. E. Gruner* und *K. Deckert*. 114 Seiten, 43 Abbildungen. 1956. (443)

IV, 2: Spinnentiere (Trilobitomorphen, Fühlerlose) und Tausendfüßler von *A. Kaestner*. 96 Seiten, 55 Abbildungen. 1955. (1161)

IV, 3: Insekten von *H. von Lengerken*. 128 Seiten, 58 Abbildungen. 1953. (594)

V: Weichtiere. Urmollusken, Schnecken, Muscheln und Kopffüßer von *S. Jaeckel*. 92 Seiten. 34 Figuren. 1954. (440)

VI: Stachelhäuter. Tentakulaten, Binnenatmer und Pfeilwürmer von *S. Jaeckel*. 100 Seiten, 46 Abbildungen. 1955. (441)

VII, 1: Manteltiere, Schädellose, Rundmäuler von *Th. Haltenorth*. In Vorbereitung. (448)

VII, 2: Fische von *D. Lüdemann*. 130 Seiten, 65 Abbildungen. 1955. (356)

VII, 3: Lurche (Chordatiere) von *K. Herter*. 143 Seiten, 129 Abbildungen. 1955. (847)

VII, 4: Kriechtiere (Chordatiere) von *K. Herter*. 200 Seiten, 42 Abbildungen. 1960. (447/447a)

VII, 5: Vögel (Chordatiere) von *H.-A. Freye*. 156 Seiten, 69 Figuren. 1960. (869)

VII, 6: Säugetiere (Chordatiere) von *Th. Haltenorth*. In Vorbereitung. (282)

Land- und Forstwirtschaft

Landwirtschaftliche Tierzucht. Die Züchtung und Haltung der landwirtschaftlichen Nutztiere von *H. Vogel.* 139 Seiten, 11 Abbildungen. 1952. (228)

Kulturtechnische Bodenverbesserungen von *O. Fauser.* 2 Bände. 5., verbesserte und vermehrte Auflage.
I: Allgemeines, Entwässerung. 127 Seiten, 49 Abbildungen. 1959. (691)
II: Bewässerung, Ödlandkultur, Flurbereinigung. 159 Seiten, 71 Abbildungen. 1961. (692)

Agrikulturchemie von *K. Scharrer.* 2 Bände.
I: Pflanzenernährung. 143 Seiten. 1953. (329)
II: Futtermittelkunde. 192 Seiten. 1956. (330/330a)

Geologie, Mineralogie, Kristallographie

Geologie von *F. Lotze.* 2., verbesserte Auflage. 178 Seiten, 80 Abbildungen. 1961. (13)

Erzkunde von *H. von Philipsborn.* In Vorbereitung. (1207)

Mineral- und Erzlagerstättenkunde von *H. Huttenlocher †.* 2 Bände.
I: 2. Auflage. 128 Seiten, 34 Abbildungen. In Vorbereitung. (1014)
II: 156 Seiten, 48 Abbildungen. 1954. (1015/1015a)

Allgemeine Mineralogie. 11., erweiterte Auflage der „Mineralogie" von *R. Brauns †*, bearbeitet von *K. F. Chudoba.* 152 Seiten, 143 Textfiguren, 1 Tafel, 3 Tabellen. 1963. (29/29a)

Spezielle Mineralogie. 10., erweiterte Auflage der „Mineralogie" von *R. Brauns †*, bearbeitet von *K. F. Chudoba.* 170 Seiten, 125 Textfiguren, 4 Tabellen. 1959. (31/31a)

Petrographie (Gesteinskunde) von *W. Bruhns †.* Neubearbeitet von *P. Ramdohr.* 5., erweiterte Auflage. 141 Seiten, 10 Figuren. 1960. (173)

Kristallographie von *W. Bruhns †.* 5. Auflage, neubearbeitet von *P. Ramdohr.* 109 Seiten, 164 Abbildungen. 1958. (210)

Einführung in die Kristalloptik von *E. Buchwald.* 5., verbesserte Auflage. Etwa 138 Seiten, 117 Figuren. 1963. In Vorbereitung. (619)

Lötrohrprobierkunde. Mineraldiagnose mit Lötrohr und Tüpfelreaktion von *M. Henglein.* 4., durchgesehene und erweiterte Auflage. 108 Seiten, 12 Figuren. 1962. (483)

Technik

Graphische Darstellung in Wissenschaft und Technik von *M. Pirani.* 3., erweiterte Auflage bearbeitet von *J. Fischer* unter Benutzung der von *I. Runge* besorgten 2. Auflage. 216 Seiten, 104 Abbildungen. 1957. (728/728a)

Technische Tabellen und Formeln von *W. Müller.* 5., verbesserte und erweiterte Auflage von *E. Schulze.* 165 Seiten, 114 Abbildungen, 99 Tafeln. 1962. (579)

Grundlagen der Straßenverkehrstechnik. Theorie der Leistungsfähigkeit von *E. Engel.* 101 Seiten, 55 Abbildungen. 1962. (1198)

Elektrotechnik

Grundlagen der allgemeinen Elektrotechnik von *O. Mohr.* 2., durchgesehene Auflage. 260 Seiten, 136 Bilder, 14 Tafeln. 1961. (196/196a)

Die Gleichstrommaschine von *K. Humburg.* 2 Bände. 2., durchgesehene Auflage.
I: 102 Seiten, 59 Abbildungen. 1956. (257)
II: 101 Seiten, 38 Abbildungen. 1956. (881)

Die Synchronmaschine von *W. Putz.* 92 Seiten, 64 Bilder. 1962. (1146)

Induktionsmaschinen von *F. Unger.* 2., erweiterte Auflage. 142 Seiten, 49 Abbildungen. 1954. (1140)

Die komplexe Berechnung von Wechselstromschaltungen von *H. H. Meinke.* 3. Auflage. 180 Seiten, 120 Abbildungen. 1963. In Vorbereitung. (1156/1156a)

Theoretische Grundlagen zur Berechnung der Schaltgeräte von *F. Kesselring.* 3. Auflage. 144 Seiten, 92 Abbildungen. 1950. (711)

Einführung in die Technik selbsttätiger Regelungen von *W. zur Megede.* 2., durchgesehene Auflage. 180 Seiten, 86 Abbildungen. 1961. (714/714a)

Elektromotorische Antriebe (Grundlagen für die Berechnung) von *A. Schwaiger.* 3., neubearbeitete Auflage. 96 Seiten, 34 Abbildungen. 1952. (827)

Überspannungen und Überspannungsschutz von *G. Frühauf.* Durchgesehener Neudruck. 122 Seiten, 98 Abbildungen. 1950. (1132)

Elektrische Höchstspannungs-Schaltanlagen von *G. Meiners* und *K. H. Wiesenewsky.* 1963. In Vorbereitung. (796)

Transformatoren von *W. Schäfer.* 4., überarbeitete und ergänzte Auflage. 130 Seiten, 73 Abbildungen. 1962. (952)

Maschinenbau

Metallkunde von *H. Borchers*. 3 Bände. 5. Auflage.
I: Aufbau der Metalle und Legierungen. 120 Seiten, 90 Abbildungen, 2 Tabellen. 1962. (432)
II: Eigenschaften, Grundzüge der Form- und Zustandsgebung. Etwa 180 Seiten, 107 Abbildungen, 10 Tabellen. 1963. (433/433a)
III: Die metallkundlichen Untersuchungsmethoden von *E. Hanke*. In Vorbereitung. (434)

Die Werkstoffe des Maschinenbaues von *A. Thum †* und *C. M. v. Meysenbug*. 2 Bände.
I: Einführung in die Werkstoffprüfung. 2., neubearbeitete Auflage. 100 Seiten, 7 Tabellen, 56 Abbildungen. 1956. (476)
II: Die Konstruktionswerkstoffe. 132 Seiten, 40 Abbildungen. 1959. (936)

Dynamik von *W. Müller*. 2 Bände. 2., verbesserte Auflage.
I: Dynamik des Einzelkörpers. 128 Seiten, 48 Figuren. 1952. (902)
II: Systeme von starren Körpern. 102 Seiten, 41 Figuren. 1952. (903)

Technische Schwingungslehre von *L. Zipperer*. 2 Bände. 2., neubearbeitete Auflage.
I: Allgemeine Schwingungsgleichungen, einfache Schwinger. 120 Seiten, 101 Abbildungen. 1953. (953)
II: Torsionsschwingungen in Maschinenanlagen. 102 Seiten, 59 Abbildungen. 1955. (961/961a)

Werkzeugmaschinen für Metallbearbeitung von *K. P. Matthes*. 2 Bände.
I: 100 Seiten 27 Abbildungen, 11 Zahlentafeln, 1 Tafelanhang. 1954. (561)
II: Fertigungstechnische Grundlagen der neuzeitlichen Metallbearbeitung. 101 Seiten, 30 Abbildungen, 5 Tafeln. 1955. (562)

Das Maschinenzeichnen mit Einführung in das Konstruieren von *W. Tochtermann*. 2 Bände. 4. Auflage.
I: Das Maschinenzeichnen. 156 Seiten, 75 Tafeln. 1950. (589)
II: Ausgeführte Konstruktionsbeispiele. 130 Seiten, 58 Tafeln. 1950. (590)

Die Maschinenelemente von *E. A. vom Ende †*. 4., überarbeitete Auflage. 184 Seiten, 179 Figuren, 11 Tafeln. 1963. (3/3a)

Die Maschinen der Eisenhüttenwerke von *L. Engel*. 156 Seiten, 95 Abbildungen. 1957. (583/583a)

Walzwerke von *H. Sedlaczek †* unter Mitarbeit von *F. Fischer* und *M. Buch*. 232 Seiten, 157 Abbildungen. 1958. (580/580a)

Getriebelehre von *P. Grodzinski †*. 2 Bände. 3., neubearbeitete Auflage von *G. Lechner*.
I: Geometrische Grundlagen. 164 Seiten, 131 Figuren. 1960. (1061)
II: Angewandte Getriebelehre. In Vorbereitung. (1062)

Kinematik von *H. R. Müller*. 171 Seiten, 75 Figuren. 1963. (584/584a)

Gießereitechnik von *H. Jungbluth*. 2 Bände.
I: Eisengießerei. 126 Seiten, 44 Abbildungen. 1951. (1159)

Die Dampfturbinen. Ihre Wirkungsweise, Berechnung und Konstruktion von *C. Zietemann*. 3 Bände.
I: Theorie der Dampfturbinen. 4. Auflage. 139 Seiten, 48 Abbildungen. 1963. In Vorbereitung. (274)
II: Die Berechnung der Dampfturbinen und die Konstruktion der Einzelteile. 3., verbesserte Auflage. 132 Seiten, 111 Abbildungen. 1956. (715)
III: Die Regelung der Dampfturbinen, die Bauarten, Turbinen für Sonderzwecke, Kondensationsanlagen. 3., verbesserte Auflage. 126 Seiten, 90 Abbildungen. 1956. (716)

Verbrennungsmotoren von *W. Endres*. 3 Bände.
I: Überblick. Motor-Brennstoffe. Verbrennung im Motor allgemein, im Otto- und Diesel-Motor. 153 Seiten, 57 Abbildungen. 1958. (1076/1076a)
II: Die heutigen Typen der Verbrennungskraftmaschine. In Vorbereitung. (1184)
III: Die Einzelteile des Verbrennungsmotors. In Vorbereitung. (1185)

Autogenes Schweißen und Schneiden von *H. Niese*. 5. Auflage, neubearbeitet von *A. Küchler*. 136 Seiten, 71 Figuren. 1953. (499)

Die elektrischen Schweißverfahren von *H. Niese*. 2. Auflage, neubearbeitet von *H. Dienst*. 136 Seiten, 58 Abbildungen. 1955. (1020)

Die Hebezeuge. Entwurf von Winden und Kranen von *G. Tafel*. 2., verbesserte Auflage. 176 Seiten, 230 Figuren. 1954. (414/414a)

Wasserbau

Wasserkraftanlagen von *A. Ludin* unter Mitarbeit von *W. Borkenstein*. 2 Bände.
I: Planung, Grundlagen und Grundzüge. 124 Seiten, 60 Abbildungen. 1955. (665)
II: Anordnung und Ausbildung der Hauptbauwerke. 184 Seiten, 91 Abbildungen. 1958. (666/666a)

Verkehrswasserbau von *H. Dehnert*. 3 Bände.
I: Entwurfsgrundlagen, Flußregelungen. 103 Seiten, 53 Abbildungen. 1950. (585)
II: Flußkanalisierung und Schiffahrtskanäle. 94 Seiten, 60 Abbildungen. 1950. (597)
III: Schleusen und Hebewerke. 98 Seiten, 70 Abbildungen. 1950. (1152)

Wehr- und Stauanlagen von *H. Dehnert*. 134 Seiten, 90 Abbildungen. 1952. (965)

Talsperren von *F. Tölke*. 122 Seiten, 70 Abbildungen. 1953. (1044)

Vermessungswesen

Vermessungskunde von *W. Grossmann.* 3 Bände.
I: Stückvermessung und Nivellieren. 11., verbesserte Auflage. 144 Seiten, 117 Figuren. 1962. (468)
II: Horizontalaufnahmen und ebene Rechnungen. 9. Auflage. Etwa 133 Seiten, 97 Figuren. 1963. In Vorbereitung. (469)
III: Trigonometrische und barometrische Höhenmessung. Tachymetrie und Absteckungen. 7., völlig neubearbeitete Auflage. 136 Seiten, 97 Figuren. 1960. (862)

Kartographie von *V. Heissler.* 213 Seiten, 125 Abbildungen, 8 Anlagen. 1962. (30/30a)

Photogrammetrie von *G. Lehmann.* 189 Seiten, 132 Abbildungen. 1959. (1188/1188a)

Hoch- und Tiefbau

Die wichtigsten Baustoffe des Hoch- und Tiefbaus von *O. Graf †.* 4., verbesserte Auflage. 131 Seiten, 63 Abbildungen. 1953. (984)

Baustoffverarbeitung und Baustellenprüfung des Betons von *A. Kleinlogel.* 2., neubearbeitete und erweiterte Auflage. 126 Seiten, 35 Abbildungen. 1951. (978)

Festigkeitslehre. 2 Bände.
I: Elastizität, Plastizität und Festigkeit der Baustoffe und Bauteile von *W. Gehler †* und *W. Herberg.* Durchgesehener und erweiterter Neudruck. 159 Seiten, 118 Abbildungen. 1952. (1144)
II: Formänderung, Platten, Stabilität und Bruchhypothesen von *W. Herberg* und *N. Dimitrov.* 187 Seiten, 94 Abbildungen. 1955. (1145/1145a)

Grundlagen des Stahlbetonbaus von *A. Troche.* 2., neubearbeitete und erweiterte Auflage. 208 Seiten, 75 Abbildungen, 17 Bemessungstafeln, 20 Rechenbeispiele. 1953. (1078)

Statik der Baukonstruktionen von *A. Teichmann.* 3 Bände.
I: Grundlagen. 101 Seiten, 51 Abbildungen, 8 Formeltafeln. 1956. (119)
II: Statisch bestimmte Stabwerke. 107 Seiten, 52 Abbildungen, 7 Tafeln. 1957. (120)
III: Statisch unbestimmte Systeme. 112 Seiten, 34 Abbildungen, 7 Formeltafeln. 1958. (122)

Fenster, Türen, Tore aus Holz und Metall. Eine Anleitung zu ihrer guten Gestaltung, wirtschaftlichen Bemessung und handwerksgerechten Konstruktion von *W. Wickop* †. 4., überarbeitete und ergänzte Auflage. 155 Seiten, 95 Abbildungen. 1955. (1092)

Heizung und Lüftung von *W. Körting*. 2 Bände. 9., neubearbeitete Auflage.
I: Das Wesen und die Berechnung der Heizungs- und Lüftungsanlagen. 171 Seiten, 29 Abbildungen, 36 Zahlentafeln. 1962. (342/342a)
II: Die Ausführung der Heizungs- und Lüftungsanlagen. 1963. In Vorbereitung. (343)

Industrielle Kraft- und Wärmewirtschaft von *F. A. F. Schmidt* und *A. Beckers*. 167 Seiten, 73 Abbildungen. 1957. (318/318a)

Sammlung Göschen / Bandnummernfolge

1 Langosch, Der Nibelunge Nôt
3/3a v. Ende, Maschinenelemente
10 Jiriczek-Wisniewski, Kudrun- und Dietrich-Epen
13 Lotze, Geologie
18 Maurer, Hartmann von Aue. Der arme Heinrich
19 Altheim, Römische Geschichte I
20 Hofstaetter, Dt. Sprachlehre
22 Maurer, Gottfried von Strassburg
29/29a Brauns-Chudoba, Allgemeine Mineralogie
30/30a Heissler, Kartographie
31/31a Brauns-Chudoba, Spezielle Mineralogie
35 Treue, Dt. Geschichte von 1648—1740
37/37a Klemm, Anorganische Chemie
38/38a Schlenk, Organische Chemie
39 Treue, Dt. Geschichte von 1713—1806
42 Behn-Hoernes, Vorgeschichte Europas
44 Kresze, Physikalische Methoden in der Organischen Chemie I
45/45a Kresze, Physikalische Methoden in der Organischen Chemie II
47 Fischer-Rohrbach, Arithmetik
51/51a Ringleb, Mathem. Formelsammlung
52 Bieler, Röm. Literaturgesch. I
59 Krahe, Indog. Sprachwiss. I
60 Biehle, Stimmkunde
61 Biele, Redetechnik
64 Krahe, Indog. Sprachwiss. II
65/65a Grotemeyer, Analyt. Geometrie
66 Berneker-Vasmer, Russische Grammatik
70 Nestle-Liebich, Gesch. d. griechischen Literatur I
71 Schulze, Allgemeine und physikalische Chemie I
76 Döring, Einf. i. d. th. Physik I
77 Döring, Einf. i. d. th. Physik II
78 Döring, Einf. i. d. th. Physik III
79/79a Hempel, Got. Elementarbuch
80 Weigert, Stilkunde I
81 Schubert-Haussner-Erlebach, Vierstell. Logarithmentafeln
86/86a Barner, Differential- u. Integralrechnung I
96 Hartmann, Einf. in die allgem. Biologie
99 Hessenberg-Kneser, Ebene und sphär. Trigonometrie
101 v. Wiese, Soziologie
103 Dahrendorf, Industrie- und Betriebssoziologie
104/104a Hofstätter, Sozialpsychologie
111 Hoffmann-Debrunner, Gesch. der griechischen Sprache I
114 Debrunner, Gesch. der griechischen Sprache II
117 Brandenstein, Griechische Sprachwissenschaft I
118/118a Brandenstein, Griechische Sprachwissenschaft II
119 Teichmann, Statik der Baukonstruktionen I
120 Teichmann, Statik der Baukonstruktionen II
122 Teichmann, Statik der Baukonstruktionen III
125 Vossler-Noyer-Weidner, Ital. Literaturgeschichte
128/128a Lausberg, Romanische Sprachwissenschaft I

136 Mahler-Graewe, Physikal. Formelsammlung
141 Geitler, Morphologie der Pflanzen
142 Haack, Darst. Geometrie I
143 Haack, Darst. Geometrie II
144 Haack, Darst. Geometrie III
145 Weimer, Gesch. der Pädagogik
148 Kolms, Finanzwissenschaft I
156/156a Landmann, Philosophische Anthropologie
170 Oehlmann, Musik des 19. Jhs.
171/171a Oehlmann, Musik des 20. Jhs.
173 Bruhns-Ramdohr, Petrographie
174 Schlingloff, Religion des Buddhismus I
180 Böhm, Versicherungsmathematik I
184 Blümcke, Textilindustrie I
196/196a Mohr, Grundlagen der allgem. Elektrotechnik
200/200a Gottschald, Dt. Rechtschreibungswörterbuch
210 Bruhns-Ramdohr, Kristallographie
220/220a Moser, Allg. Musiklehre
221/221a Jander-Jahr, Maßanalyse
222 Hassak-Beutel-Kutzelnigg, Warenkunde I
223 Hassak-Beutel-Kutzelnigg, Warenkunde II
226/226a Hofmann, Gesch. der Mathematik I
228 Vogel, Landw. Tierzucht
231/231a Ehrlich, Gesch. Israels
238 Krahe, Germ. Sprachwiss. I
243 Mahler, Physikal. Aufgabensammlung
247/247a Hofmann-Jander, Qualitative Analyse
250 Lausberg, Romanische Sprachwissenschaft II
252 Vetter, Elektrochemie I
253 Vetter, Elektrochemie II
257 Humburg, Gleichstrommaschine I
264 Lockemann, Gesch. der Chemie I
265/265a Lockemann, Geschichte der Chemie II
270 Kirn, Einführung in die Geschichtswissenschaft
274 Zietemann, Dampfturbinen I
279 Jacob-Hohenleutner, Quellenkunde der deutschen Geschichte I
280 Jacob-Hohenleutner, Quellenkunde der deutschen Geschichte II
281 Leisegang, Einführung in die Philosophie
282 Haltenorth, Säugetiere
284 Jacob-Weden, Quellenkunde der deutschen Geschichte III
318/318a Schmidt-Beckers, Industrielle Kraft- u. Wärmewirtschaft
319 Krug, Australien und Ozeanien
329 Scharrer, Agrikulturchemie I
330/330a Scharrer, Agrikulturchemie II
335 Klug, Fette und Öle
336 Braun-Klug, Seifenfabrikation
342/342a Körting, Heizung und Lüftung I
343 Körting, Heizung und Lüftung II
344 Moser, Musikästhetik
354/354a Valentiner-König, Vektoren und Matrizen
355 Neger-Münch-Huber, Nadelhölzer
356 Lüdemann, Fische
374 Döring, Einführung in die theoret. Physik IV
375 Preller, Geschichte Englands I
389/389a Diels-Mattick, Pflanzengeographie
391 Kolms, Finanzwissenschaft II
394/394a Schilling, Von der Renaissance bis Kant
414/414a Tafel, Hebezeuge
422 Gottschald, Dt. Personennamen
423 Adler-Erlebach, Fünfstellige Logarithmen
432 Borchers, Metallkunde I
433/433a Borchers, Metallkunde II
434 Borchers-Hanke, Metallkunde III

435 Burau, Algebr. Kurven u. Flächen I
436/436a Burau, Algebr. Kurven und Flächen II
439 Jaeckel, Würmer
440 Jaeckel, Weichtiere
441 Jaeckel, Stachelhäuter
442 Hannemann, Schwämme und Hohltiere
443 Gruner-Deckert, Krebse
444 Reichenow, Einzeller
445 Asmus, Physikal.-chem. Rechenaufgaben
447/447a Herter, Kriechtiere
448 Haltenorth, Manteltiere
452 Bahrdt-Scheer, Stöchiometrische Aufgabensammlung
468 Grossmann, Vermessungskunde I
469 Grossmann, Vermessungskunde II
476 Thum-Meysenbug, Die Werkstoffe des Maschinenbaues I
483 Henglein, Lötrohrprobierkunde
492 Stolz-Debrunner, Geschichte der lateinischen Sprache
499 Niese-Küchler, Autogenes Schweißen
500 Simmel, Hauptprobleme der Philosophie
536 Lehmann, Kant
538 Rumpf, Archäologie I
539 Rumpf, Archäologie II
557 Nestle-Liebich, Gesch. der griech. Literatur II
561 Matthes, Werkzeugmaschinen I
562 Matthes, Werkzeugmaschinen II
564 Behn-Hoernes, Kultur der Urzeit I
565 Behn-Hoernes, Kultur der Urzeit II
566 Behn-Hoernes, Kultur der Urzeit III
571 Lehmann, Philosophie des 19. Jahrhunderts I
576/576a Moser, Gesangskunst
579 Müller-Schulze, Techn. Tabellen
580/580a Sedlaczek-Fischer-Buch, Walzwerke
583/583a Engel, Maschinen der Eisenhüttenwerke
584/584a Müller, Kinematik
585 Dehnert, Verkehrswasserbau I
587 Kalitsunakis-Steinmetz, Neugriech.-dt. Gesprächsbuch
589 Tochtermann, Maschinenzeichnen I
590 Tochtermann, Maschinenzeichnen II
594 v. Lengerken, Insekten
597 Dehnert, Verkehrswasserbau II
601 Mutschmann, Engl. Phonetik
619 Buchwald, Kristalloptik
665 Ludin-Borkenstein, Wasserkraftanlagen I
666/666a Ludin-Borkenstein, Wasserkraftanlagen II
668 Knopp, Funktionentheorie I
677 Altheim, Röm. Geschichte II
679 Altheim, Röm. Geschichte III
684 Altheim, Röm. Geschichte IV
691 Fauser, Kulturtechn. Bodenverbesserungen I
692 Fauser, Kulturtechn. Bodenverbesserungen II
698/698a Schulze, Allgemeine u. physikalische Chemie II
703 Knopp, Funktionentheorie II
709 Lehmann, Philosophie des 19. Jahrhunderts II
711 Kesselring, Berechnung der Schaltgeräte
714/714a zur Megede, Technik selbsttätiger Regelungen
715 Zietemann, Dampfturbinen II
716 Zietemann, Dampfturbinen III
718 Neger-Münch-Huber, Laubhölzer
728/728a Pirani-Fischer-Runge, Graph. Darstellung in Wissenschaft u. Technik
735 Ekwall, Historische neuengl. Laut- und Formenlehre
746/746a Pfanzagl, Allg. Methodenlehre der Statistik I
747/747a Pfanzagl, Allg. Methodenlehre der Statistik II
756/756a Kalitsunakis, Gramm. d. Neugriech. Volksspr.

763/763a Beer-Meyer, Hebräische Grammatik I
764/764a Beer-Meyer, Hebräische Grammatik II
768/768a Bieberbach, Einführung in die konforme Abbildung
769/769a Beer-Meyer, Hebräisches Textbuch
770 Schlingloff, Religion des Buddhismus II
776 Kolms, Finanzwissensch. III
780 Krahe, German. Sprachwiss. II
781 Weigert, Stilkunde II
782 Kolms, Finanzwissensch. IV
786 Schulze, Molekülbau
796 Meiners-Wiesenewsky, Elektr. Höchstspannungs-Schaltanlagen
807 Kropp, Erkenntnistheorie
809 Moser, Harmonielehre I
826 Koch, Philosophie d. Mittelalters
827 Schwaiger, Elektromotorische Antriebe
831 Erismann, Allg. Psychologie I
832/382a Erismann, Allg. Psychologie II
833 Erismann, Allg. Psychologie III
834/834a Erismann, Allg. Psychologie IV
837 Baumgartner, Gruppentheorie
845 Lehmann, Philosophie im ersten Drittel des 20. Jhs. I
847 Herter, Lurche
850 Lehmann, Philosophie im ersten Drittel des 20. Jhs. II
851/851a Moede, Psychologie des Berufs- und Wirtschaftslebens
857 Capelle, Griech. Philosophie I
858 Capelle, Griech. Philos. II
859 Capelle, Griech. Philos. III
862 Grossmann, Vermessungskunde III
863 Capelle, Griech. Philos. IV
866 Bieler, Röm. Literaturgeschichte II
869 Freye, Vögel
875 Hofmann, Geschichte der Mathematik II
877 Knopp, Aufgabensammlung zur Funktionentheorie I
878 Knopp, Aufgabensammlung zur Funktionentheorie II
881 Humburg, Gleichstrommaschine II
882 Hofmann, Geschichte der Mathematik III
883 Stuloff, Mathematik der neuesten Zeit
893 Treue, Dt. Geschichte von 1806—1890
894 Treue, Dt. Geschichte von 1890 bis zur Gegenwart
902 Müller, Dynamik I
903 Müller, Dynamik II
910 Jaeger, Afrika I
911 Jaeger, Afrika II
915 Sperber-Fleischhauer, Gesch. der Deutschen Sprache
917/917a Böhm, Versicherungsmathematik II
920 Hoheisel, Gewöhnliche Differentialgleichungen
921 Jantzen-Kolb, W. v. Eschenbach. Parzival
929 Schirmer-Mitzka, Dt. Wortkunde
930 Krull, Elementare und klassische Algebra I
931 Hasse, Höhere Algebra I
932 Hasse, Höhere Algebra II
933 Krull, Elementare und klassische Algebra II
936 Thum-Meysenbug, Werkstoffe d. Maschinenbaues II
952 Schäfer, Transformatoren
953 Zipperer, Techn. Schwingungslehre I
961/691a Zipperer, Techn. Schwingungslehre II
965 Dehnert, Wehr- und Stauanlagen
970 Baldus-Löbell, Nichteuklidische Geometrie
978 Kleinlogel, Baustoffverarbeitung und Baustellenprüfung d. Betons
984 Graf, Baustoffe des Hoch- und Tiefbaues
999/999a Kamke, Mengenlehre

1000 Jaspers, Geistige Situat. der Zeit
1003 Hoheisel, Partielle Differentialgleichung
1008/1008a Mellerowicz, Allgem. Betriebswirtschaftslehre I
1009 Bechert-Gerthsen-Flammersfeld, Atomphysik I
1014 Huttenlocher, Mineral- und Erzlagerstättenkunde I
1015/1015a Huttenlocher, Mineral- u. Erzlagerstättenkunde I
1017 Döring, Einführung in die theoret. Physik V
1020 Niese-Dienst, Elektrische Schweißverfahren
1031/1031a Apel-Ludz, Philosophisches Wörterbuch
1033 Bechert-Gerthsen-Flammersfeld, Atomphysik II
1034 Kranefeldt-Jung, Therapeutische Psychologie
1035 Altheim, Röm. Religionsgeschichte I
1039 Dovifat, Zeitungslehre I
1040 Dovifat, Zeitungslehre II
1044 Tölke, Talsperren
1045 Schubert, Technik des Klavierspiels
1051/1051a Stolberg-Wernigerode, Gesch. d. Vereinigten Staaten
1052 Altheim, Röm. Religionsgeschichte II
1057 Roth, Thermochemie
1059 Hoheisel, Aufgabenslg z. d. gew. u. part. Differentialgl.
1061 Grodzinski-Lechner, Getriebelehre I
1062 Grodzinski-Lechner, Getriebelehre II
1065 Haller-Dannenbauer, Von d. Karolingern zu den Staufern
1070 Sauter, Differentialgleichungen der Physik
1074 Koschmieder, Variationsrechnung I
1075 –, Variationsrechnung II
1076/1076a Endres, Verbrennungsmotoren I
1077 Haller-Dannenbauer, Von den Staufern zu den Habsburgern
1078 Troche, Stahlbetonbau
1082 Hasse-Klobe, Aufgabensammlung zur höheren Algebra
1085 Lietzmann-Aland, Zeitrechnung
1086 Müller, Dt. Dichten und Denken
1088 Preller, Gesch. Englands II
1092 Wickop, Fenster, Türen, Tore
1094 Hernried, System. Modulation
1096 Viëtor, Dt. Dichten und Denken
1099 Hoheisel, Integralgleichungen
1105 Hartung, Dt. Geschichte im Zeitalter der Reformation
1108 de Boor-Wisniewski, Mittelhochdeutsche Grammatik
1109 Knopp, Elemente der Funktionentheorie
1111/1111a Naumann-Betz, Althochdt. Elementarbuch
1113/1113a Strubecker, Differentialgeometrie I
1114 Schubel, Engl. Literaturgeschichte I
1115 Ranke, Altnord. Elementarbuch
1116 Schubel, Engl. Literaturgeschichte II
1117 Haller-Dannenbauer, Eintritt der Germanen in die Geschichte
1121 Naumann, Dt. Dichten u. Denken
1122 Feist, Sprechen und Sprachpflege
1123/1123a Bechert-Gerthsen-Flammersfeld, Atomphysik III
1124 Schubel, Engl. Literaturgeschichte III
1125 Lehnert, Altengl. Elementarbuch
1127 Hartmann, Geschlecht u. Geschlechtsbestimmung im Tier- und Pflanzenreich
1128 Buchner, Symbiose der Tiere
1130 Dibelius-Kümmel, Jesus
1131 Scholz-Schoeneberg, Einführung in die Zahlentheorie
1132 Frühauf, Überspannungen

1134 Kuckuck, Pflanzenzüchtung I
1135 Lehnert, Beowulf
1137 Heil, Entwicklungsgesch. d. Pflanzenreiches
1138 Hämmerling, Fortpflanzung im Tier- und Pflanzenreich
1140 Unger, Induktionsmaschine
1141 Koller, Hormone
1142 Meissner-Lehnert, Shakespeare
1144 Gehler-Herberg, Festigkeitslehre I
1145/1145a Herberg-Dimitrov, Festigkeitslehre II
1146 Putz, Synchronmaschine
1147 v. Waltershausen, Kunst d. Dirigierens
1148 Pepping, Der polyphone Satz I
1152 Dehnert, Verkehrswasserbau III
1153/1153a Mellerowicz, Allgem. Betriebswirtschaftslehre II
1154/1154a Mellerowicz, Allgem. Betriebswirtschaftslehre III
1155 Schwartz, Mikrobiologie I
1156/1156a Meinke, Komplexe Berechnungen v. Wechselstromschaltungen
1157 Schwartz, Mikrobiologie II
1158 Mayrhofer, Sanskrit-Grammatik
1159 Jungbluth, Gießereitechnik I
1160 Dibelius-Kümmel, Paulus
1161 Kaestner, Spinnentiere
1162 Seidel, Entwicklungsphysiologie der Tiere I
1163 Seidel, Entwicklungsphysiologie der Tiere II
1164/1164a Pepping, Der polyphone Satz II
1165/1165a Bechert-Gerthsen-Flammersfeld, Atomphysik IV
1169 Paulsen, Allgemeine Volkswirtschaftslehre I
1170 Paulsen, II
1171 Paulsen, III
1172 Paulsen, IV
1173 Hamann-Funke-Hermann, Chemie der Kunststoffe
1176/1176a Lorenzen, Form. Logik
1178/1178a Kuckuck, Pflanzenzüchtung II
1179/1179a Strubecker, Differentialgeometrie II
1180/1180a Strubecker, Differentialgeometrie III
1181 Franz, Topologie I
1182 Franz, Topologie II
1183/1183a Nicolas, Finanzmathematik
1184 Endres, Verbrennungsmotoren II
1185 Endres, Verbrennungsmotoren III
1186/1186a Mellerowicz, Allgem. Betriebswirtschaftslehre IV
1187 Lau, Luther
1188/1188a Lehmann, Photogrammetrie
1189/1189a Päsler, Mechanik
1190 Stupperich, Melanchthon
1191/1191a Bräuer, Slav. Sprachwissenschaft I
1193 Fürstenberg, Wirtschaftssoziologie
1194 Wendt, Gesch. d. Volkswirtschaftslehre
1195 Ohm, Allgem. Volkswirtschaftspolitik I
1196 Ohm, — II
1197/1197a Onasch, Einf. in die Konfessionskunde der orthodoxen Kirchen
1198 Engel, Straßenverkehrstechnik
1199 Lausberg, Romanische Sprachwissenschaft III, 1. Teil
1200/1200a Lausberg, Romanische Sprachwissenschaft III, 2. Teil
1201/1201a Dehn, Versuche zur allgem. u. phys. Chemie
1202/1202a Nagel, Gesch. des christl. Gottesdienstes
1203 Wendland, Sozialethik
1204 Scheurig, Zeitgeschichte
1205/1205a Hofmann, Ideengeschichte d. soz. Bewegung
1207 Philipsborn, Erzkunde
1208 Lausberg, Romanische Sprachwissenschaft IV
1209/1209a Bock, Therm. Verfahrenstechnik I

Autorenregister

GJG

FSC
www.fsc.org
MIX
Papier | Fördert
gute Waldnutzung
FSC® C083411

Zeitfracht Medien GmbH
Ferdinand-Jühlke-Straße 7
99095 Erfurt, Deutschland
produktsicherheit@kolibri360.de